全国高等院校计算机职业技能应用规划教材

数字电子技术及 EDA 设计项目教程

主　编　王艳芬　侯聪玲

副主编　刘益标

U0386198

中国人民大学出版社

·北京·

数字电子技术及 EDA 技术设计项目教程

中国人民大学出版社
·北京·

前　言

　　根据高等职业教育培养目标的要求，高职教育培养的人才必须具有大学专科的理论基础，以及较强的专业技术应用技能。高职教育培养的人才是面向基层、面向生产第一线的实用人才，这类人才不同于将学科体系转化为图纸和设计方案的工程技术人员，而主要是如何把方案和图纸转化为实物和产品的实施型高级技术人才。因此，课程内容必然要按照培养目标来制定。

　　由于数字电子技术涉及的各个领域发展非常迅速，数字电子技术教材的基本内容也必须逐步更新。特别是在大规模集成电路被广泛采用的今天，数字电子技术正朝着专用电子集成电路方向发展，以至于向硬件、软件合为一体的各种电子系统集成方向发展，以硬件电路设计为主的传统设计方向也向器件内部资源及外部引脚功能加以利用的方向转化。只有培养学生会思考、会学习，才能跟上飞速发展的时代节拍。

　　高职高专教育以就业为导向、以学生为主体的指导思想，必然要求在掌握数字电子技术的基本理论、方法和技能的基础上，把教学的重点从以逻辑门和触发器等通用器件为载体、以真值表和逻辑方程为表达方式和依靠手工调试的传统数字电路设计方法向以可编程逻辑器件为载体、以硬件描述语言为表达方式、以 EDA（电子设计自动化）技术为调试手段的现代数字系统设计方法转变。而将 EDA 技术引入高等职业技术教育的数字电子技术课程教学中，并将二者融为一体是编写此书的目的。

　　本书介绍了数字电子技术和 EDA 技术的相关知识，并结合实例讲解如何利用 EDA 工具进行数字电路及数字系统的设计。各部分内容均以高等职业教学中的实际技能要求为主旨，内容简明扼要，突出重点。编写方法上注重发挥实例教学的优势，引入众多实例和操作实训，便于读者对全书内容的融会贯通，加深理解。其特色主要有如下几点：

　　1. 将数字电子技术与 EDA 技术融为一体。数字电子技术是电类相关专业的必修课，也是电子技术未来发展的趋势，而基于 EDA 技术的设计方法正在成为现代数字系统设计的主流。作为即将成为工程技术人员的职业技术学院电类相关专业的学生只懂得电子技术的基本理论和方法而不懂得现代电子技术的设计方法，无疑对就业和未来的发展都是一种阻碍。如果作为两个课程来分别学习则又不适应高职高专的学制长度。因此，将数字电子技术与 EDA 技术有机地融为一体是高职高专教育目标和思想的要求，也是未来发展的需要。

　　2. 将理论教学与实践教学融于一体。本书本着教、学、做相结合的教学模式，从应用

1

实例出发，由实际问题入手，通过技能训练引入相关知识和理论，将理论寓于实践，依托实践，再用理论指导实践，达到技能形成的目的。

3. 重视应用。对于各种数字电路器件只着重介绍其外特性以及使用方法和设计方法，而内部结构和电路原理则不做太多阐述。

4. 课程的整体设计上，强调与工程实践的联系，使学生们在学习了一定的知识、掌握了相关的技能后，能够应用于工程中。

本书由广东工贸职业技术学院王艳芬和侯聪玲共同担任主编，刘益标担任副主编。其中第1篇由王艳芬编写；第2篇由侯聪玲编写；第3篇由刘益标编写。全书由熊尚坤高级工程师审稿，王艳芬统稿。

◆本书EDA实训中使用的实验箱是由武汉恒科有限公司提供的HK－EDA实验箱。

由于编者水平有限，书中疏漏与差错之处在所难免，恳请读者批评指正。

编者

目　录

第 1 篇　数字电子技术基础篇

第1章 数字电路基础

1.1 数字电路的认识

1.1.1 数字信号与数字电路

在模拟电子技术中，被传递、加工和处理的信号是模拟信号，这类信号的特点是在时间上和幅度上都是连续变化的，如广播电视中传送的各种语音信号和图像信号，如图1—1（a）所示。用于传递、加工和处理模拟信号的电子电路，称作模拟电路。

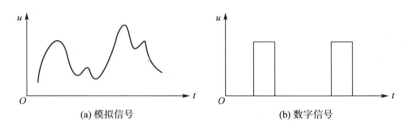

(a) 模拟信号　　　　　　　　　　　　(b) 数字信号

图1—1　模拟信号和数字信号

在数字电子技术中，被传递、加工和处理的信号是数字信号，这类信号的特点是在时间上和幅度上都是断续变化的离散信号，这类信号只在某些特定时间内出现，如图1—1（b）所示。用于传递、加工和处理数字信号的电路，称作数字电路。

1.1.2 数字电路的特点与分类

1. 数字电路的特点

数字电路主要研究输出和输入信号之间的对应逻辑关系，其分析的主要工具是逻辑代数。因此数字电路又称作逻辑电路。与模拟电路相比，数字电路主要有如下特点：

（1）便于高度集成化。由于数字电路采用二进制代码，一个事物凡具有两个对立状态并可构成电路，都可用0和1来表示这两个状态。因此，基本单元电路的结构简单，允许电路参数有较大的离散性，有利于将众多的基本单元电路集成在同一硅片上并进行批量生产。

（2）工作可靠性高、抗干扰能力强。数字信号用1和0来表示信号的有和无，数字电路辨别信号的有和无是很容易做到的，从而大大提高了电路工作的可靠性。同时，数字信号的抗干扰能力很强，不易受到噪声干扰。数字信号1和0除了表示为逻辑状态进行逻辑运算，还可用来表示二进制数符，进行算术运算。

（3）数字信息便于长期保存。借助磁盘、光盘等媒体可将数字信息长期保存。

（4）数字集成电路产品系列多、通用性强、成本低。

（5）保密性好。数字信息容易进行加密处理，不易被窃取。

2. 数字电路的分类

根据电路结构的不同，数字电路可分为分立元件电路和集成电路两大类。分立元件电路是将晶体管、电阻、电容等元器件用导线在线路板上连接起来的电路，而集成电路则是将上述元器件和导线通过半导体制造工艺做在一块硅片上而成为一个不可分割的整体的电路。集成电路体积小、使用方便，已得到极为广泛的应用。

根据一块半导体芯片上包含元器件的多少，可分为小规模、中规模、大规模和超大规模集成电路。一般认为，包含的元器件在 100 个以内的称为小规模集成电路（简称 SSI）；包含的元器件为 100～1 000 个的称为中规模集成电路（简称 MSI）；包含的元器件为 1 000～100 000 个的称为大规模集成电路（简称 LSI）；包含的元器件在 10 万个以上的称为超大规模集成电路（简称 VLSI）。

根据半导体的导电类型不同，可分为单极型电路和双极型电路。以单极型 MOS 管作为基本器件的数字电路，称为单极型电路，如 NMOS、PMOS、CMOS 集成电路等；以双极型晶体管作为基本器件的数字电路，称为双极型电路，如 TTL、ECL 集成电路等。

1.2 数制及码制

1.2.1 数制及其转换

数制是计数的方法，它是计数进位制的简称。在数字电路中，常用的数制有十进制、二进制、八进制和十六进制等。

1. 十进制

十进制是以 10 为基数的计数体制。在十进制中，每一位有 0、1、2、3、4、5、6、7、8、9 十个数码，它的进位规律是逢十进一，即 $1+9=10$。在十进制中，数码所处的位置不同时，它所代表的数值也是不同的。例如：

$$(246.134)_{10}=2\times10^2+4\times10^1+6\times10^0+1\times10^{-1}+3\times10^{-2}+4\times10^{-3}$$

上式称为十进制数的按权展开式。式中，10^2、10^1、10^0 为整数部分百位、十位、个位的权，而 10^{-1}、10^{-2}、10^{-3} 为小数部分十分位、百分位和千分位的权，它们都是 10 的幂。数码与权的乘积，称为加权系数，因此，十进制数的数值为各位加权系数之和。

2. 二进制、八进制和十六进制

二进制是以 2 为基数的计数体制。在二进制中，每位只有 0 和 1 两个数码，它的进位规律是逢二进一，即 $1+1=10$。在二进制数中，各位的权都是 2 的幂，例如：

$$(1001.01)_2=1\times2^3+0\times2^2+0\times2^1+1\times2^0+0\times2^{-1}+1\times2^{-2}=(9.25)_{10}$$

式中，整数部分的权分别为 2^3、2^2、2^1、2^0，小数部分的权分别为 2^{-1}、2^{-2}。

八进制是以 8 为基数的计数体制，在八进制中，每位有 0、1、2、3、4、5、6、7 八个数码，它的进位规律是逢八进一，各位的权为 8 的幂。如八进制数 $(437.25)_8$ 可表示如下：

$$(437.25)_8=4\times8^2+3\times8^1+7\times8^0+2\times8^{-1}+5\times8^{-2}=(287.328\ 125)_{10}$$

式中，8^2、8^1、8^0、8^{-1}、8^{-2} 分别为八进制数各位的权。

十六进制是以 16 为基数的计数体制，在十六进制中，每位有 0、1、2、3、4、5、6、

7、8、9、A(10)、B(11)、C(12)、D(13)、E(14)、F(15) 十六个不同的数码，它的进位规律是逢十六进一，各位的权为 16 的幂。如十六进制数（3BE.C4）$_{16}$可表示如下：

$$（3BE.C4）_{16}=3\times16^2+11\times16^1+14\times16^0+12\times16^{-1}+4\times16^{-2}=（958.765\ 625）_{10}$$

式中，16^2、16^1、16^0、16^{-1}、16^{-2}分别为十六进制数各位的权。表 1—1 中列出了十进制、二进制、八进制、十六进制不同数制的对照关系。

3. 不同数制间的转换

（1）非十进制转换为十进制。

二进制、八进制和十六进制转换为十进制时，只要把它们按权展开，求出各加权系数之和，就得到相应十进制的数。

【例 1—1】 $（11010.011）_2=1\times2^4+1\times2^3+0\times2^2+1\times2^1+0\times2^0+0\times2^{-1}+1\times2^{-2}+1\times2^{-3}=（26.375）_{10}$

【例 1—2】 $（172.01）_8=1\times8^2+7\times8^1+2\times8^0+0\times8^{-1}+1\times8^{-2}=（122.015\ 625）_{10}$

【例 1—3】 $（4C2）_{16}=4\times16^2+12\times16^1+2\times16^0=（1\ 218）_{10}$

表 1—1　　　　　　　　　　十进制、二进制、八进制、十六进制对照表

十进制	二进制	八进制	十六进制	十进制	二进制	八进制	十六进制
0	0000	0	0	8	1000	10	8
1	0001	1	1	9	1001	11	9
2	0010	2	2	10	1010	12	A
3	0011	3	3	11	1011	13	B
4	0100	4	4	12	1100	14	C
5	0101	5	5	13	1101	15	D
6	0110	6	6	14	1110	16	E
7	0111	7	7	15	1111	17	F

（2）十进制转换为非十进制。

整数部分转换可用"除基取余法"，即将原十进制数连续除以要转换的计数体制的基数，每次除完所得余数就作为要转换数的系数（数码）。先得到的余数为转换数的低位，后得到的为高位，直到除得的商为 0。这种方法概括起来就是"除基数，得余数，作系数，从低位，到高位"。符号 LSB 表示最低位，符号 MSB 表示最高位。

【例 1—4】 $（26）_{10}=（\quad）_2=（\quad）_{16}$

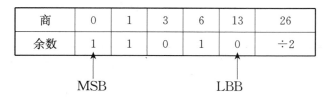

上式中右侧表示原十进制数 26，欲转换为二进制数，需将 26 连除 2。左侧上方表示每次除的商，左侧下方表示每次所得的余数，从左至右，先得的余数为二进制数的最低位

LSB，最后得的余数为二进制数的最高位 MSB。所以 $(26)_{10}=(11010)_2$。

同理，欲将 $(26)_{10}$ 转换为十六进制数，则有

商	0	1	26
余数	1	A	÷16

所以，$(26)_{10}=(1A)_{16}$。

小数部分转换可采用"乘基取整法"，即将原十进制纯小数乘以要转换的数制的基数，取其积的整数部分作为系数，剩余的纯小数部分再乘基数，先得到的整数作为数的高位（MSB），后得到的作为低位（LSB），直到其纯小数部分为 0 或到一定精度为止。这种方法可概括为"乘基数，取整数，从高位，到低位"。

【例 1—5】 将 $(0.875)_{10}$ 转换为二进制数。

$$0.875 \times 2 = 1.750 \cdots\cdots 1 \qquad MSB$$
$$0.750 \times 2 = 1.500 \cdots\cdots 1$$
$$0.500 \times 2 = 1.000 \cdots\cdots 1 \qquad LSB$$

所以，$(0.875)_{10}=(0.111)_2$。

（3）二进制与八进制、十六进制数间的转换。

由于八进制的基数 $8=2^3$，十六进制的基数 $16=2^4$，每位八进制数码都可以用 3 位二进制数来表示，每位十六进制数码都可以用 4 位二进制数来表示。所以二进制数码转换为八进制数的方法是：整数部分从低位开始，每三位二进制数为一组，最后不足三位的，则在高位加 0 补足三位；小数点后的二进制数则从高位开始，每三位二进制数为一组，最后不足三位的，则在低位加 0 补足三位，然后写出每组对应的八进制数，按顺序排列即为所转换的八进制数。同理，二进制数转换为十六进制数与上述方法一样，所不同的是每四位为一组。例如：

$$(11100101.11101011)_2=(011\ 100\ 101.111\ 010\ 110)_2=(345.726)_8$$
$$(10011111011.111011)_2=(0100\ 1111\ 1011.1110\ 1100)_2=(4FB.EC)_{16}$$

上述方法是可逆的，将八进制数的每一位写成 3 位二进制数；十六进制数的每一位写成 4 位二进制数，左右顺序不变，就能从八进制、十六进制直接转化为二进制。

$$(745.361)_8=(111\ 100\ 101.011\ 110\ 001)_2=(111100101.011110001)_2$$
$$(3BE5.97D)_{16}=(0011\ 1011\ 1110\ 0101.1001\ 0111\ 1101)_2=(11101111100101.100101111101)_2$$

1.2.2　几种常用编码

码制是指利用二进制代码表示数字或符号的编码方法。十进制数码（0～9）是不能在数字电路中运行的，必须将其转换为二进制数。用二进制码表示十进制码的编码方法称为二一十进制码，即 BCD 码。常用 BCD 码的几种编码方法如表 1—2 所示。

表 1—2　　　　　　　　　　　　　　常用的几种 BCD 码

十进制数码＼BCD 码	8421 码	5421 码	2421 码	余 3 码（无权码）	格雷码（无权码）
0	0000	0000	0000	0011	0000
1	0001	0001	0001	0100	0001

十进制数码 \ BCD 码	8421 码	5421 码	2421 码	余 3 码（无权码）	格雷码（无权码）
2	0010	0010	0010	0101	0011
3	0011	0011	0011	0110	0010
4	0100	0100	0100	0111	0110
5	0101	1000	1011	1000	0111
6	0110	1001	1100	1001	0101
7	0111	1010	1101	1010	0100
8	1000	1011	1110	1011	1100
9	1001	1100	1111	1100	1000

将十进制数转换为 BCD 码，就是分别将十进制数中的每一位按顺序写为 4 位二进制码。例如：

$$(129)_{10} = (0001 \quad 0010 \quad 1001)_{8421BCD}$$

BCD 码分为有权码和无权码。表 1—2 中的 8421 码、5421 码、2421 码为有权码，它们都是将自然 4 位二进制数的十六个组合舍去六个而得到的，只不过舍去的具体组合不同而已。被保留的十个组合的每一位都是有权的，它们的按权展开式的计算结果分别对应十个阿拉伯数字，所以也称为二—十进制码。

在表 1—2 中，余 3 码、格雷码为无权码。余 3 码是由 8421 码加 3（0011）得到的，不能用按权展开式来表示其转换关系。格雷码的特点是：相邻的两个码组之间仅有一位不同，因而常用于模拟量和数字量的转换，在模拟量发生微小变化而可能引起数字量发生变化时，格雷码只改变一位，这样与其他码同时改变两位或多位的情况相比更为可靠，即可减少转换和传输出错的可能性。另外还有其他编码方法，如奇偶校验码、汉明码等。

国际上还规定了一些专门用于字母、专用符号、数字处理和常用程序指令的二进制代码，如 ISO 码、ASCII 码等，读者可根据需要查阅有关书籍和手册。

1.3 逻辑事件与逻辑代数

1.3.1 基本逻辑事件的表示方法

1. 非

图 1—2（a）是一个简单的非逻辑电路。分析电路可以知道，只有开关 A 断开的时候，灯泡 F 才亮。它们之间的关系，可以用图 1—2（b）所示的状态表来表示。开关 A 有断开和闭合两种状态，灯泡 F 有亮和灭两种状态。这两种对立的逻辑状态我们可以用"0"和"1"来表示，但注意此时的"0"，"1"并不代表数量的大小，只表示两种对立的状态。假设开关断开和灯泡不亮用"0"表示，开关闭合和灯泡亮用"1"表示，又可以得到图 1—2（c），该图称为真值表。从真值表可以看出，逻辑非的含义为：当条件不具备时，事件才发生。

在逻辑电路中，把能实现非运算的基本单元叫做非门，其逻辑符号如图 1—2（d）所示。

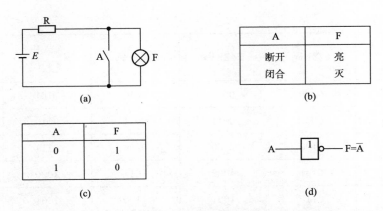

图 1—2　非逻辑电路、状态表、真值表和符号

对逻辑变量 A 进行逻辑非运算的表达式为

$$F=\overline{A}$$

其中 $\overline{A}$ 读作 A 非或 A 反。注意在这个表达式中，变量（A、F）的含义与普通代数有本质的区别：无论输入量（A）还是输出量（F）都只有两种取值 0、1，没有任何第三种值。

2. 与、与非

图 1—3（a）是两个开关 A、B 和灯泡 F 及电源组成的串联电路，这是一个简单的与逻辑电路。分析电路可知，只有当开关 A 和 B 都闭合时，灯泡 F 才会亮；A 和 B 只要有一个断开或者全都断开，则灯泡灭。它们之间的关系可以用图 1—3（b）所示的状态表表示，其真值表如图 1—3（c）所示。与的含义是：只有当决定一个事件的所有条件都全部具备时，这个事件才会发生。逻辑与也叫做逻辑乘。在逻辑电路中，把能实现与运算的基本单元叫做与门，其逻辑符号如图 1—3（d）所示。逻辑函数 F 与逻辑变量 A、B 的与运算表达式如下：

$$F=A \cdot B$$

式中"·"为逻辑与运算符，也可以省略。

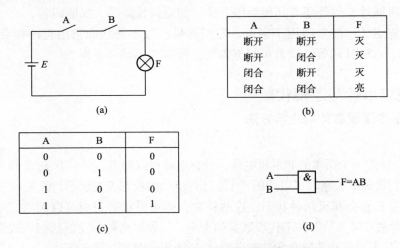

图 1—3　与逻辑电路、状态表、真值表和符号

表达式 $F=\overline{AB}$ 称作逻辑变量 A、B 的与非，其真值表如图 1—4（a）所示，逻辑符号如

图 1—4（b）所示。

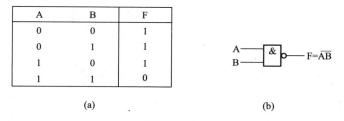

(a)   (b)

图 1—4　F＝$\overline{AB}$的真值表和逻辑符号

3. 或、或非

图 1—5（a）是一个简单的或逻辑电路，逻辑变量 A、B、F 如前所述。分析电路可知，A、B 中只要有一个为 1，则 F＝1，即 A＝1、B＝0，A＝0、B＝1 或 A＝1、B＝1 时都有 F＝1；只有 A、B 全为 0 时，F 才为 0，其真值表如图 1—5（b）所示。因此，"或"的含义是：在决定一个事件的各条件中，只要有一个或一个以上的条件具备，这个事件就会发生。逻辑或也叫逻辑加。

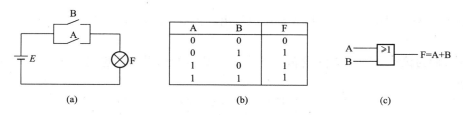

(a)   (b)   (c)

图 1—5　或逻辑电路、真值表和逻辑符号

在逻辑电路中，把能实现或运算的基本单元叫做或门，其逻辑符号如图 1—5（c）所示。逻辑函数 F 与逻辑变量 A、B 的或运算表达式如下：

$$F＝A＋B$$

式中"＋"为逻辑或运算符。

表达式 F＝$\overline{A＋B}$称作逻辑变量 A、B 的或非，其真值表和逻辑符号如图 1—6 所示。

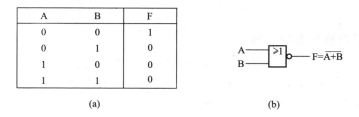

(a)   (b)

图 1—6　F＝$\overline{A＋B}$的真值表和逻辑符号

4. 同或和异或

逻辑表达式 F＝$\overline{A}B＋A\overline{B}$表示 A 和 B 的异或运算。其真值表和逻辑符号如图 1—7 所示，从真值表可以看出，异或运算的含义是：当输入变量相同时，输出为 0；当输入变量不同时，输出为 1。F＝$\overline{A}B＋A\overline{B}$又可表示为 F＝A $\oplus$ B，符号"$\oplus$"读作异或。

A	B	F
0	0	0
0	1	1
1	0	1
1	1	0

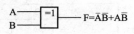

图 1—7　F＝$\overline{A}$B＋A$\overline{B}$的真值表和逻辑符号

逻辑表达式 F＝$\overline{A}\,\overline{B}$＋AB 表示 A 和 B 的同或运算，其真值表和逻辑符号如图 1—8 所示。从真值表可以看出，同或运算的含义是：当输入变量相同时，输出为 1；当输入变量不同时，输出为 0。F＝$\overline{A}\,\overline{B}$＋AB 又可表示为 F＝A⊙B，符号"⊙"读作同或。

A	B	F
0	0	1
0	1	0
1	0	0
1	1	1

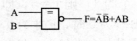

图 1—8　F＝$\overline{A}\,\overline{B}$＋AB 的真值表和逻辑符号

通过图 1—7 和图 1—8 的真值表也可以看出，异或和同或互为非运算，即

$$F=A\odot B=\overline{A\oplus B}$$

上面我们讨论了几种基本的逻辑运算，这些基本的逻辑关系也可以推广到多变量的情况，例如：

$$F=A\cdot B\cdot C\cdot\cdots$$
$$F=A+B+C+\cdots$$

实际的逻辑问题往往非常复杂，但是它们可以通过基本逻辑关系的组合来实现，例如：

$$F=\overline{A\cdot B\cdot C} \qquad 为与非运算；$$
$$F=\overline{A+B+C} \qquad 为或非运算；$$
$$F=\overline{AB+CD} \qquad 为与或非运算；$$
$$F=\overline{A(B+C)}+DEF \qquad 为复杂运算。$$

在复合逻辑运算中要特别注意运算的优先顺序。其优先顺序为：圆括号、非运算、与运算、或运算。

1.3.2　逻辑变量与逻辑函数

分析研究各种逻辑事件、逻辑电路，就必须借助逻辑代数这一数学工具。逻辑代数中的变量称为逻辑变量，用字母 A、B、C…表示，如前述的照明灯控制开关 A、B。逻辑变量只有两种取值：真和假，一般用"1"表示真，用"0"表示假。表达式 F＝A·B 称为逻辑函数。掌握逻辑函数的运算法则是研究数字电路的基础。

1. 逻辑代数的基本运算

熟悉和掌握逻辑函数的运算法则，将为分析和设计数字电路提供很多方便。逻辑函数的运算法则包括公理、基本定律、基本规则和一些公式。

（1）公理和基本定律。

逻辑代数的公理：

①$\overline{1}=0$；$\overline{0}=1$

②$1 \cdot 1=1$；$0+0=0$

③$1 \cdot 0=0 \cdot 1=0$；$1+0=0+1=1$

④$0 \cdot 0=0$；$1+1=1$

⑤如果 $A \neq 0$，则 $A=1$；如果 $A \neq 1$，则 $A=0$

这些公理符合逻辑推理，不证自明。

逻辑代数的基本定律：

①交换律：$A \cdot B=B \cdot A$；$A+B=B+A$

②结合律：$A(BC)=(AB)C$；$A+(B+C)=(A+B)+C$

③分配律：$A(B+C)=AB+AC$；$A+BC=(A+B)(A+C)$

④0—1律：$1 \cdot A=A$；$0+A=A$；$0 \cdot A=0$；$1+A=1$

⑤互补律：$A \cdot \overline{A}=0$；$A+\overline{A}=1$

⑥重叠律：$A \cdot A=A$；$A+A=A$

⑦反演律——德·摩根定律：$\overline{A \cdot B}=\overline{A}+\overline{B}$；$\overline{A+B}=\overline{A} \cdot \overline{B}$

⑧还原律：$\overline{\overline{A}}=A$

如果两个逻辑函数具有相同的真值表，则这两个逻辑函数相等。因此，证明以上定律的基本方法是利用真值表，即分别列出等式两边逻辑表达式的真值表，若两张真值表完全一致，就说明两个逻辑表达式相等。

【例1—6】 证明德·摩根定律：$\overline{A \cdot B}=\overline{A}+\overline{B}$。

解：等式两边的真值表如表1—3所示。

表1—3　　　　　　　　　　　　　$\overline{A \cdot B}=\overline{A}+\overline{B}$的真值表

A	B	$\overline{A \cdot B}$	$\overline{A}+\overline{B}$
0	0	1	1
0	1	1	1
1	0	1	1
1	1	0	0

从表1—3可以看出，$\overline{A \cdot B}$与$\overline{A}+\overline{B}$的真值表完全一样，因此等式成立。

（2）逻辑代数的3个基本规则。

①代入规则。在任何一个含有变量 A 的逻辑代数等式中，如果将出现 A 的所有地方都代之以一个逻辑函数，则等式仍然成立，这个规则称为代入规则。

例如，在等式 $B(A+C)=BA+BC$ 中，将所有 A 用函数（A+D）代替，则：

等式左边为

$$B[(A+D)+C]=B(A+D)+BC=BA+BD+BC$$

等式右边为

$$B(A+D)+BC=BA+BD+BC$$

显然，等式仍然成立。

②反演规则。已知逻辑函数 F，将其中所有的与"·"换成或"+"，所有的或"+"换成与"·"；"0"换成"1"，"1"换成"0"；原变量换成反变量，反变量换成原变量，则

得 F 的反函数。这个规则成为反演规则。

利用反演规则，可以较容易地求出一个函数的反函数。但变换时要注意两点，一是要保持原式中逻辑运算的优先顺序；二是不是一个变量上的反号应保持不变，否则就会出错。例如，$F=\overline{A}\,\overline{B}+CD$，则反函数为 $\overline{F}=(A+B)\cdot(\overline{C}+\overline{D})$，而不是 $\overline{F}=A+B\cdot\overline{C}+\overline{D}$；又如，$F=\overline{A+B+\overline{C}+\overline{D+\overline{E}}}$，则反函数为 $\overline{F}=\overline{A}\cdot\overline{B}\cdot C\cdot\overline{D}\cdot\overline{E}$。

③对偶规则。对于一个逻辑表达式 F，如果将 F 中的与"·"换成或"+"，或"+"换成与"·"；"1"换成"0"，"0"换成"1"，那么就得到一个新的逻辑表达式，这个新的表达式称为 F 的对偶式 F'。求对偶式时要注意变量和原式中的优先顺序应保持不变。

例如，$F=A\cdot(B+C)$，则对偶式 $F'=A+B\cdot C$。

又如，$F=(A+0)\cdot(B\cdot1)$，则对偶式 $F'=A\cdot1+(B+0)$。

对偶规则是指当某个恒等式成立时，则其对偶式也成立。

如果两个逻辑表达式相等，那么它们的对偶式也相等，即若 F＝G，则 $F'=G'$。

（3）常用公式。利用上面的公理、定律、规则可以得到一些常用的公式，掌握这些常用公式，对逻辑函数的化简很有帮助。

①吸收律：

$A+A\cdot B=A$；$A(A+B)=A$；$A+\overline{A}B=A+B$；$A\cdot(\overline{A}+B)=A\cdot B$

②还原律：

$AB+A\overline{B}=A$；$(A+B)(A+\overline{B})=A$

③冗余律：

$AB+\overline{A}C+BC=AB+\overline{A}C$

证明：

$$
\begin{aligned}
AB+\overline{A}C+BC &=AB+\overline{A}C+BC\ (A+\overline{A})\\
&=AB+\overline{A}C+ABC+\overline{A}BC\\
&=(AB+ABC)+(\overline{A}C+\overline{A}BC)\\
&=AB+\overline{A}C
\end{aligned}
$$

推论：

$AB+\overline{A}C+BCDE=AB+\overline{A}C$

上述其他公式请读者自己证明。

2. 逻辑函数的表示方法

逻辑函数可以用逻辑函数表达式、真值表、卡诺图和逻辑图几种方式表示。

（1）逻辑函数表达式。用与或非等逻辑运算表示逻辑变量之间关系的代数式叫做逻辑函数表达式，例如，$F=A+B$，$G=A\cdot B+C+D$ 等。

（2）真值表。在前面的论述中，已经多次用到真值表。描述逻辑函数各个输入变量的取值组合和输出逻辑函数取值之间对应关系的表格，叫做真值表。每一个输入变量有 0，1 两个取值，n 个变量就有 2^n 个不同的取值组合。如果将输入变量的全部取值组合和对应的输出函数值一一对应地列举出来，即可得到真值表。表 1—4 分别列出两个变量与、或、与非以及异或运算的真值表。下面举例说明列真值表的方法。

表 1—4

变量		函数			
A	B	AB	A+B	$\overline{AB}$	A⊕B
0	0	0	0	1	0
0	1	0	1	1	1
1	0	0	1	1	1
1	1	1	1	0	0

【例 1—7】 列出函数 $F=\overline{AB}$ 的真值表。

解： 该函数有两个输入变量，共有 4 种输入取值组合，分别将它们代入函数表达式，并进行求解，可求得相应的函数值（输出值）。将输入、输出值一一对应列出，即可得到如表 1—5 所示的真值表。

表 1—5 　　　　　　　　　　　　　　　　　**函数 $F=\overline{AB}$ 的真值表**

A	B	F
0	0	1
0	1	1
1	0	1
1	1	0

【例 1—8】 列出函数 $F=AB+\overline{A}C$ 的真值表。

解： 该函数有 3 个输入变量，共有 $2^3=8$ 种输入取值组合，分别将它们代入函数表达式，并进行求解，可求得相应的函数值。将输入、输出值一一对应列出，即可得到如表 1—6 所示的真值表。

注意： 在列真值表时，输入变量的取值组合应按照二进制递增的顺序排列，这样做既不容易遗漏，也不容易重复。

（3）卡诺图。卡诺图是图形化的真值表。如果把各种输入变量取值组合下的输出函数值填入一种特殊的方格图中，即可得到逻辑函数的卡诺图。有关卡诺图的详细介绍参见 1.3.3 小节。

表 1—6 　　　　　　　　　　　　　　　　**函数 $F=AB+\overline{A}C$ 的真值表**

A	B	C	F
0	0	0	0
0	0	1	1
0	1	0	0
0	1	1	1
1	0	0	0
1	0	1	0
1	1	0	1
1	1	1	1

（4）逻辑图。用逻辑符号表示逻辑函数的图形，叫做逻辑电路图，简称逻辑图。例如，$F=\overline{A}B+A\overline{C}$的逻辑图如图1—9所示。

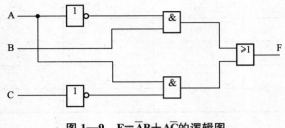

图1—9　$F=\overline{A}B+A\overline{C}$的逻辑图

1.3.3　逻辑函数的化简

在实际问题中，直接根据逻辑要求而归纳的逻辑函数是比较复杂的，含有较多的逻辑变量和逻辑运算符。逻辑函数的表达式并不是唯一的，可以写成各种不同的形式，因而实现同一种逻辑关系的数字电路也可以有多种形式。为了提高数字电路的可靠性，尽可能减少所用的元器件数目，希望能求得逻辑函数最简单的表达式。通过化简的方法可找出逻辑函数的最简形式。例如，下列两式是同一逻辑函数的两个不同表达式：

$$F_1=\overline{A}B+B+A\overline{B}$$
$$F_2=A+B$$

显然，F_2比F_1简单得多。

在各种逻辑函数表达式中，最常用的是与或表达式，由它很容易推导出其他形式的表达式。与或表达式是用逻辑函数的原变量和反变量组合成多个逻辑乘积项，再将这些逻辑乘积项逻辑相加而成的表达式。例如，$F=AB+\overline{A}\,\overline{B}$就是与或表达式。所谓化简，是指化为最简的与或表达式。判断与或表达式是否最简的条件是：

（1）逻辑乘积项最少；

（2）每个乘积项中变量最少。

最常用的化简逻辑函数的方法有公式法和卡诺图法。

1. 逻辑函数的公式化简法

逻辑函数的公式化简法，就是利用逻辑代数的基本公式、基本定理和常用公式，将复杂的逻辑函数予以化简的方法。常用的公式化简法有并项法、吸收法、消去法和配项法。

（1）并项法。利用公式$A+\overline{A}=1$，将两项合并为一项。例如：

$$\overline{A}BC+\overline{A}\,\overline{B}\,\overline{C}=\overline{A}\,\overline{B}\,(C+\overline{C})=\overline{A}\,\overline{B}$$
$$A(BC+\overline{B}\,\overline{C})+A(\overline{B}C+B\overline{C})=ABC+A\overline{B}\,\overline{C}+A\overline{B}C+AB\overline{C}$$
$$=AB(C+\overline{C})+A\overline{B}(C+\overline{C})$$
$$=AB+A\overline{B}$$
$$=A(B+\overline{B})$$
$$=A$$

（2）吸收法。利用公式$A+AB=A$，吸收掉多余的项。例如：

$$\overline{A}+\overline{A}\,BC=\overline{A}$$
$$\overline{A}B+\overline{A}B\overline{C}(D+\overline{E})=\overline{A}B$$

（3）消去法。利用公式$A+\overline{A}B=A+B$，消去多余的因子。例如：

$$AB + \overline{A}C + \overline{B}C = AB + (\overline{A} + \overline{B})C = AB + \overline{AB}C = AB + C$$

（4）配项法。利用公式 $A = A(B + \overline{B})$，先添上 $(B + \overline{B})$ 作配项用，以便消去更多的项，例如：

$$
\begin{aligned}
A\overline{B} + B\overline{C} + \overline{B}C + \overline{A}B &= A\overline{B} + B\overline{C} + \overline{B}C(A + \overline{A}) + \overline{A}B(C + \overline{C}) \\
&= A\overline{B} + B\overline{C} + A\overline{B}C + \overline{A}\,\overline{B}C + \overline{A}BC + \overline{A}B\overline{C} \\
&= (A\overline{B} + A\overline{B}C) + (B\overline{C} + \overline{A}B\overline{C}) + (\overline{A}\,\overline{B}C + \overline{A}BC) \\
&= A\overline{B} + B\overline{C} + \overline{A}C
\end{aligned}
$$

【例 1—9】 用公式法化简 $F = AB + \overline{A}C + BC$。

解：

$$
\begin{aligned}
F &= AB + \overline{A}C + BC \\
&= AB + \overline{A}C + BC(A + \overline{A}) \\
&= AB + ABC + \overline{A}C + \overline{A}BC \\
&= AB + \overline{A}C
\end{aligned}
$$

图 1—10 为该逻辑函数化简前后的逻辑电路图。显然，化简后不仅使逻辑图得到了简化，而且使用的逻辑器件相对较少。

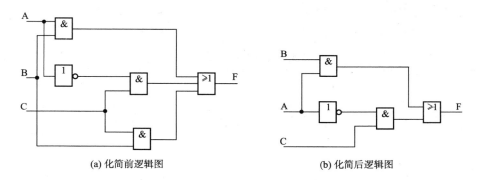

(a) 化简前逻辑图　　　　　　　　　　(b) 化简后逻辑图

图 1—10　逻辑函数化简前后的逻辑电路图

【例 1—10】 用公式法化简 $F = AB + A\overline{C} + \overline{B}C + \overline{C}B + \overline{B}D + \overline{D}B + ADE(\overline{F} + G)$。

解： 根据公式 $AB + A\overline{C} = A(B + \overline{C}) = A\,\overline{\overline{B}C}$，可得

$$F = A\overline{\overline{B}C} + \overline{B}C + \overline{C}B + \overline{B}D + \overline{D}B + ADE(\overline{F} + G)$$

根据公式 $A + \overline{A}B = A + B$，可得

$$A\overline{\overline{B}C} + \overline{B}C = A + \overline{B}C$$

即 $F = A + \overline{B}C + \overline{C}B + \overline{B}D + \overline{D}B + ADE(\overline{F} + G)$

根据公式 $A + AB = A$，得

$$A + ADE(\overline{F} + G) = A$$

即 $F = A + \overline{B}C + \overline{C}B + \overline{B}D + \overline{D}B$

利用配项法再进行化简，可得

$$
\begin{aligned}
F &= A + \overline{B}C + \overline{C}B + \overline{B}D + \overline{D}B \\
&= A + \overline{B}C(D + \overline{D}) + \overline{C}B + \overline{B}D + \overline{D}B(C + \overline{C}) \\
&= A + \overline{B}CD + \overline{B}C\overline{D} + \overline{C}B + \overline{B}D + \overline{D}B\overline{C} + \overline{D}BC \\
&= A + (\overline{B}CD + \overline{B}D) + (\overline{B}C\overline{D} + \overline{D}BC) + (\overline{C}B + \overline{D}B\overline{C})
\end{aligned}
$$

$$=A+\overline{B}D+\overline{D}C+\overline{C}B$$

2. 逻辑函数的卡诺图化简法

卡诺图就是将逻辑函数的最小项按一定规则排列而构成的正方形或矩形的方格图。图中分成若干个小方格，每个小方格填入一个最小项，按一定的规则把小方格中所有的最小项进行合并处理，就可得到最简的逻辑函数表达式。在介绍该方法之前，说明一下最小项的基本概念。

（1）最小项和最小项表达式。

假设由三个变量 A、B、C 组成逻辑函数。这三个变量可以组成许多乘积项，如 $\overline{A}B$，$A(B+C)$，$A\overline{B}C$，$A\overline{B}\,\overline{C}$，$AB\overline{C}$ 等，其中有一类乘积项为

$$\overline{A}\,\overline{B}\,\overline{C},\ \overline{A}\,BC,\ \overline{A}B\overline{C},\ \overline{A}BC,\ A\overline{B}\,\overline{C},\ A\overline{B}C,\ AB\overline{C},\ ABC$$

这八个乘积项具有以下特点：每个乘积项包括三个变量；每个变量都以原变量（A，B，C）或反变量（$\overline{A}$，$\overline{B}$，$\overline{C}$）的形式在每个乘积项中出现且仅出现一次。这八个乘积项即是三变量函数的最小项。

推而广之，对于有 n 个变量的逻辑函数，如果与或表达式中的每个乘积项都包含 n 个因子，而这 n 个因子分别为 n 个变量的原变量或反变量，并且每个变量在乘积项中出现且仅出现一次，这样的乘积项就称为逻辑函数的最小项。n 个变量的逻辑函数，一共有 2^n 个最小项。为了分析最小项的性质，在表 1—7 中列出了三变量函数所有最小项的真值表。

表 1—7 三变量所有最小项的真值表

变量 ABC	全部最小项							
	M_0	M_1	M_2	M_3	M_4	M_5	M_6	M_7
	$\overline{A}\,\overline{B}\,\overline{C}$	$\overline{A}\,\overline{B}C$	$\overline{A}B\overline{C}$	$\overline{A}BC$	$A\overline{B}\,\overline{C}$	$A\overline{B}C$	$AB\overline{C}$	ABC
000	1	0	0	0	0	0	0	0
001	0	1	0	0	0	0	0	0
010	0	0	1	0	0	0	0	0
011	0	0	0	1	0	0	0	0
100	0	0	0	0	1	0	0	0
101	0	0	0	0	0	1	0	0
110	0	0	0	0	0	0	1	0
111	0	0	0	0	0	0	0	1

由表 1—7 可以看出，最小项具有下列性质：

①对于任意一个最小项，只有变量的一组取值使得它的值为 1，而取其他值时，这个最小项的值都为 0。不同的最小项，使其值为 1 的那一组变量的取值也不同。例如，最小项 $A\overline{B}\,\overline{C}$，只有在变量取值为 100 时，$A\overline{B}\,\overline{C}$ 的值为 1；其他七组取值下，其值都为 0；而对于最小项 $A\overline{B}C$，只有在变量的取值为 101 时，$A\overline{B}C$ 的值才为 1。

②对于同一个变量取值，任意两个最小项的乘积恒为 0。因为在相同的变量取值下，不可能使两个不相同的最小项同时取值为 1。

③对于任意一种取值，全体最小项的和为 1。

为方便起见，常对最小项进行编号。以 $A\overline{B}\overline{C}$ 为例，因为与 100 相对应，所以就称 $A\overline{B}\overline{C}$ 是和 100 相对应的最小项，而 100 相当于十进制中的 4，所以把 $A\overline{B}\overline{C}$ 记作 m_4。按此规则，三变量函数的最小项编号也列在表 1—7 中。

逻辑函数的最小项表达式，就是把逻辑函数取值为 1 的最小项，用或"＋"逻辑符号连接而成的表达式，又称标准的与或表达式。下面介绍求逻辑函数最小项表达式的方法。

①从一般表达式求最小项表达式。

【例 1—11】 写出 $F(A，B，C)＝AB＋\overline{B}C$ 的最小项表达式。

解：$F(A,B,C)＝AB＋\overline{B}C＝AB(C＋\overline{C})＋(A＋\overline{A})\overline{B}C＝ABC＋AB\overline{C}＋A\overline{B}C＋\overline{A}\overline{B}C$

上式即为 F 的最小项表达式。对照表 1—7，上式的最小项可分别表示为 m_1、m_5、m_6、m_7，所以上式又可写为

$$F(A,B,C)＝m_1＋m_5＋m_6＋m_7$$

或 $$F(A,B,C)＝\sum m(1,5,6,7)$$

或 $$F(A,B,C)＝\sum(1,5,6,7)$$

②通过真值表求最小项表达式。首先，列出逻辑函数 F 的真值表，然后从真值表中找出使逻辑函数 F 为 1 的变量取值组合，并写出这些变量组合相对应的最小项，最后将这些最小项相或，即得到该逻辑函数 F 的最小项表达式。

【例 1—12】 一个三变量逻辑函数的真值表如表 1—8 所示，试写出其最小项表达式。

表 1—8 一个三变量逻辑函数的真值表

A	B	C	F
0	0	0	0
0	0	1	1
0	1	0	0
0	1	1	0
1	0	0	1
1	0	1	1
1	1	0	0
1	1	1	0

解：根据上面介绍的方法，其最小项表达式为

$$F(A,B,C)＝\overline{A}\overline{B}C＋A\overline{B}\overline{C}＋A\overline{B}C$$

或 $$F(A,B,C)＝m_1＋m_4＋m_5＝\sum m(1,4,5)$$

（2）卡诺图。

卡诺图是由美国工程师卡诺（Karnaugh）首先提出的一种用来描述逻辑函数的特殊方格图。在这个方格图中，每一个方格代表逻辑函数的一个最小项，而且几何相邻（在几何位置上，上下或左右相邻）的小方格具有逻辑相邻性。所谓逻辑相邻性，是指两相邻小方格所代表的最小项只有一个变量的取值不同。

对于有 n 个变量的逻辑函数，其最小项有 2^n 个，因此该逻辑函数的卡诺图由 2^n 个小方格构成，每个小方格都满足逻辑相邻项的要求。图 1—11、图 1—12、图 1—13、图 1—14 分别画出了二、三、四、五变量卡诺图的一般形式。

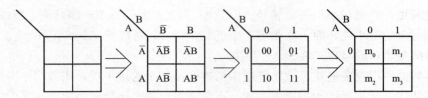

图 1—11　二变量的卡诺图

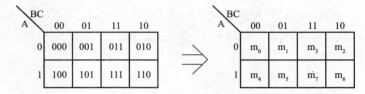

图 1—12　三变量的卡诺图

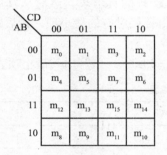

图 1—13　四变量的卡诺图

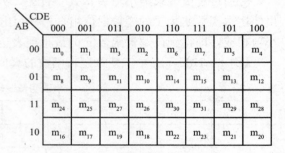

图 1—14　五变量的卡诺图

图中小方格中 m 的下标数字代表相应最小项的编号。

根据逻辑函数的最小项表达式，就可以得到该逻辑函数相应的卡诺图。具体做法为：对表达式中出现的最小项，在其对应的小方格内填上 1；对表达式中不出现的最小项，在其对应的小方格内填上 0 或者什么都不填。

【例 1—13】　画出逻辑函数 $F(A,B,C,D) = \sum m(0,1,2,5,7,8,10,11,14,15)$ 的卡诺图。

解：画出四变量卡诺图的一般形式，然后在该图中将对应于最小项的编号为 0、1、2、5、7、8、10、11、14、15 的位置填入 1，其余位置填 0 或空着，即可得到该逻辑函数的卡诺图，如图 1—15 所示。

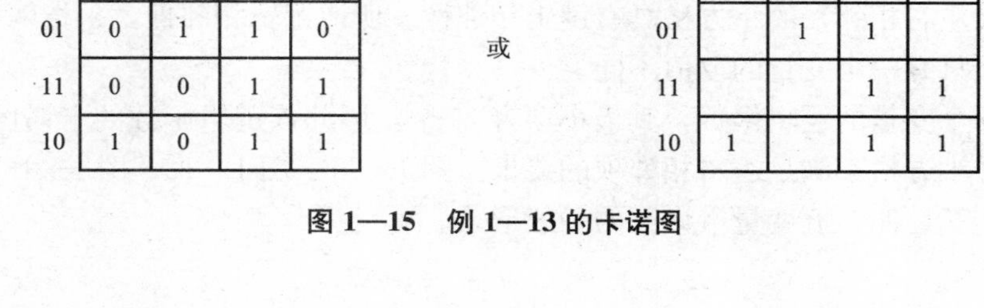

AB\CD	00	01	11	10
00	1	1	0	1
01	0	1	1	0
11	0	0	1	1
10	1	0	1	1

或

AB\CD	00	01	11	10
00	1	1		1
01		1	1	
11			1	1
10	1		1	1

图 1—15　例 1—13 的卡诺图

（3）逻辑函数的卡诺图化简法。

利用卡诺图化简逻辑函数的方法称为逻辑函数的卡诺图化简法。卡诺图的逻辑相邻性保证了在卡诺图中相邻两方格所代表的最小项只有一个变量不同。因此，若相邻的两方格都为 1（简称 1 格）时，则对应的最小项就可以进行合并。合并后的结果是消去这个不同的变量，保留相同的变量，这是卡诺图化简法的依据。

①卡诺图中两个相邻 1 格的最小项可以合并成一个与项，并消去一个变量。

图 1—16 是两个 1 格合并后消去一个变量的例子。在图 1—16（a）中，m_1 和 m_5 为两个相邻 1 格，则有 $m_1 + m_5 = \overline{A}\,\overline{B}C + A\,\overline{B}C = (\overline{A} + A)\overline{B}C = \overline{B}C$。

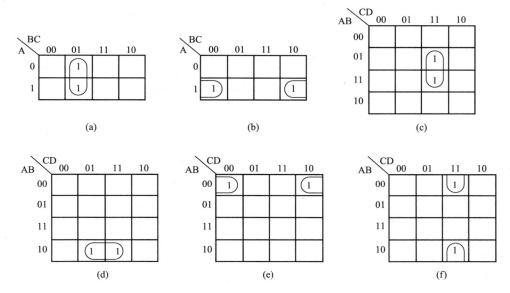

图 1—16　两个相邻 1 格合并后消去一个变量

在图 1—16（b）图中，m_4 和 m_6 为两个相邻 1 格，则有 $m_4 + m_6 = A\overline{B}\,\overline{C} + AB\,\overline{C} = (\overline{B} + B)A\,\overline{C} = A\,\overline{C}$。

图 1—16 中还有其他的一些例子，请读者自行分析。

图 1—16 的合并结果为：（a）$\overline{B}C$；（b）$A\overline{C}$；（c）$BC\overline{D}$；（d）$A\overline{B}D$；（e）$\overline{A}\,\overline{B}\,\overline{D}$；（f）$\overline{B}CD$。

②卡诺图中 4 个相邻 1 格的最小项可以合并成一个与项，并消去两个变量。

图 1—17 是 4 个 1 格合并后消去两个变量的例子。

在图 1—17（a）中，m_1，m_3，m_5，m_7 为 4 个相邻 1 格，把它们圈在一起加以合并，可消去两个变量，即

$$m_1 + m_3 + m_5 + m_7 = \overline{A}\,\overline{B}C + \overline{A}BC + A\overline{B}C + ABC$$
$$= \overline{A}C(\overline{B} + B) + AC(\overline{B} + B)$$
$$= \overline{A}C + AC = (\overline{A} + A)C = C$$

图 1—17 中还有其他一些 4 个相邻 1 格合并后消去两个变量的例子，请读者自行分析。

图 1—17 的合并结果为：（a）C；（b）$\overline{A}$；（c）$\overline{C}$；（d）$\overline{C}D$；（e）$\overline{A}C$；（f）BD；（g）$\overline{B}\,\overline{D}$。

③卡诺图中 8 个相邻的 1 格可以合并成一个与项，并消去三个变量。

对此，请读者自行画卡诺图进行分析。

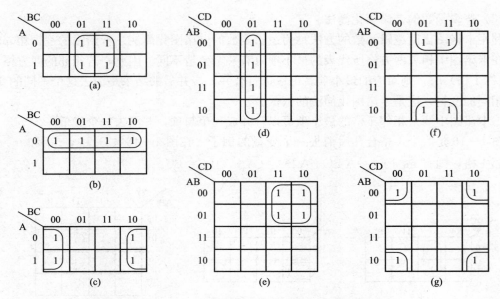

图 1—17 4个相邻1格合并后消去两个变量

总之，在 n 变量卡诺图中，若有 2^k 个1格相邻（$k=0,1,2,\cdots,n$），它们可以圈在一起加以合并，合并后可消去 k 个不同的变量，使逻辑函数简化为一个具有（$n-k$）个变量的与项。若 $k=n$，则合并后可消去全部变量，结果为1。

用卡诺图化简法求最简与或表达式的步骤如下：

a. 画出函数的卡诺图；

b. 合并最小项；

c. 写出最简与或表达式。

【例1—14】 用卡诺图化简法求逻辑函数 $F(A,B,C)=\sum(1,2,3,6,7)$ 的最简与或表达式。

解： 首先，画出该函数的卡诺图。对于函数 F 的标准与或表达式中出现的那些最小项，在该卡诺图的对应小方格中填上1，其余方格不填，结果如图1—18所示。

其次，合并最小项。把图中相邻且能够合并在一起的1格圈在一个大圈中。

最后，写出最简与或表达式。对卡诺图中所画每一个圈进行合并，保留相同的变量，去掉互反的变量。例如，$m_1=\overline{A}\,\overline{B}C=001$ 和 $m_3=\overline{A}BC=011$ 合并时，保留 $\overline{A}C$，去掉互反的变量 B、$\overline{B}$，得到其相应的与项为 $\overline{A}C$。

将 $m_2=\overline{A}B\overline{C}=010$、$m_3=\overline{A}BC=011$、$m_6=AB\overline{C}=110$ 和 $m_7=ABC=111$ 进行合并，保留 B，去掉 A、$\overline{A}$ 及 C、$\overline{C}$，得到其相应的与项为 B。将这两个与项相或，便得到最简与或表达式：

$$F=\overline{A}C+B$$

【例1—15】 用卡诺图化简函数 $F(A,B,C,D)=\overline{A}\,\overline{B}CD+A\overline{B}\,\overline{C}D+AB\overline{C}D+A\overline{B}CD$。

解： 根据最小项的编号规则，可知 $F=m_3+m_9+m_{11}+m_{13}$。

依据该式可以画出该函数的卡诺图，如图1—19所示。用例1—14的方法对其化简，化简后与或表达式为

$$F=A\overline{C}D+\overline{B}CD$$

【例 1—16】 用卡诺图化简函数 F（A，B，C，D）＝$\overline{A}\,\overline{B}\,\overline{C}$＋$\overline{A}C\overline{D}$＋$ABCD$＋$A\overline{B}\,\overline{C}$。

解： 从表达式中可以看出，F 为四变量的逻辑函数，但是有的乘积项中缺少一个变量，不符合最小项的规定。因此，首先将每个乘积项中缺少的变量补上。因为

$$\overline{A}\,\overline{B}\,\overline{C}=\overline{A}\,\overline{B}\,\overline{C}(D+\overline{D})=\overline{A}\,\overline{B}\,\overline{C}D+\overline{A}\,\overline{B}\,\overline{C}\,\overline{D}$$

$$\overline{A}C\overline{D}=\overline{A}C\overline{D}(B+\overline{B})=\overline{A}BC\overline{D}+\overline{A}\,\overline{B}C\overline{D}$$

$$A\overline{B}\,\overline{C}=A\overline{B}\,\overline{C}(D+\overline{D})=A\overline{B}\,\overline{C}D+A\overline{B}\,\overline{C}\,\overline{D}$$

所以

$$F=(A,B,C,D)$$
$$=\overline{A}\,\overline{B}\,\overline{C}D+\overline{A}\,\overline{B}\,\overline{C}\,\overline{D}+\overline{A}BC\overline{D}+\overline{A}\,\overline{B}C\overline{D}+A\overline{B}\,\overline{C}D+A\overline{B}\,\overline{C}D+A\overline{B}\,\overline{C}\,\overline{D}$$
$$=m_0+m_1+m_2+m_6+m_8+m_9+m_{10}$$

根据上式画出卡诺图如图 1—20 所示。对其进行化简，得到最简表达式如下：

$$F=\overline{B}\,\overline{C}+\overline{B}\,\overline{D}+\overline{A}C\overline{D}$$

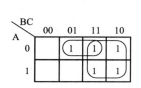

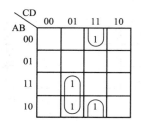

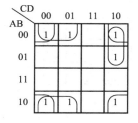

图 1—18　例 1—14 的卡诺图　　　图 1—19　例 1—15 的卡诺图　　　图 1—20　例 1—16 的卡诺图

在用卡诺图化简时，最关键的是画圈这一步。化简时应注意以下几个问题：

①列出逻辑函数的最小项表达式，由最小项表达式确定变量的个数（如果最小项中缺少变量，应按例 1—16 的方法补齐）。

②画出最小项表达式对应的卡诺图。

③将卡诺图中的 1 格画圈，一个也不能漏圈，否则最后得到的表达式就会与所给函数不等；1 格允许被一个以上的圈所包围。

④圈的个数应尽可能少，即在保证 1 格一个也不漏圈的前提下，圈的个数越少越好。因为一个圈和一个与项相对应，圈数越少，与或表达式的与项就越少。

⑤按照 2^k 个方格来组合（即圈内的 1 格数必须为 1，2，4，8 等），圈的面积越大越好。因为圈越大，可消去的变量就越多，与项中的变量就越少。

⑥每个圈应至少包含一个新的 1 格，否则这个圈是多余的。图 1—21 给出了一些画圈的例子，供读者参考。

最后还有一点要说明，用卡诺图化简所得到的最简与或式不是唯一的。

（4）具有约束项的逻辑函数的卡诺图化简法。

实际应用中经常会遇到这样的问题，对于变量的某些取值，函数的值可以是任意的，或者说这些变量的取值根本不会出现。例如，一个逻辑电路的输入为 8421BCD 码，显然信息中有 6 个变量组合（1010～1111）是不使用的，这些变量取值所对应的最小项称为约束项。如果电路正常工作，这些约束项决不会出现，那么与这些约束项所对应电路的输出是什么，也就无所谓了，可以假定为 1，也可以假定为 0。

约束项的意义在于，它的值可以取 0 也可以取 1，具体取什么值，可以根据使函数尽量简化这个原则而定。

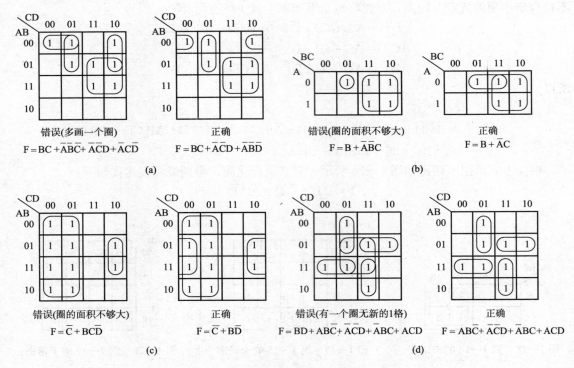

图 1—21　卡诺图化简例子

化简具有约束项的逻辑函数时，在逻辑函数表达式中用 $\sum d(\cdots)$ 表示约束项。例如，$\sum d(2,4,5)$ 表示最小项 m_2、m_4、m_5 为约束项。有时也用逻辑表达式表示函数中的约束项。例如，$d = \overline{A}B + AC$ 表示 $\overline{A}B$ 和 AC 所包含的最小项为约束项。约束项在真值表或卡诺图中用×来表示。

【例 1—17】　用卡诺图化简逻辑函数 $F(A,B,C,D) = \sum m(1,3,7,11,15) + \sum d(0,2,9)$。

解：该逻辑函数的卡诺图如图 1—22（a）所示。对该图可以采用两种化简方案：

①如图 1—22（b）所示，化简结果为 $F = \overline{A}\,\overline{B} + CD$。

②如图 1—22（c）所示，化简结果为 $F = \overline{B}D + CD$。

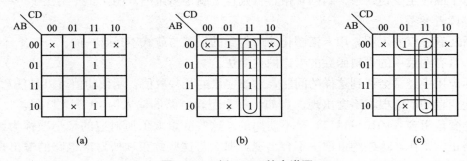

图 1—22　例 1—17 的卡诺图

22

1.4 逻辑门电路

逻辑门电路是按特定逻辑功能构成的系列开关电路。它具有体积小、成本低、抗干扰能力强、使用灵活方便等特点，是构成各种复杂逻辑控制及数字运算电路的基本单元。

熟练掌握门电路的基本原理及使用方法是本节学习的主要内容。

在介绍各系列门电路之前，首先要了解最基本的门电路。基本门电路是指能够实现三种基本逻辑关系的电路，与门、或门、非门（又称反相器）。利用与、或、非门，能构成所有可以想象出的逻辑电路，如与非门、或非门、异或门、与或非门等。

逻辑门电路的描述有四种方式：真值表、逻辑表达式、逻辑图和波形图。这四种描述方法都能反映逻辑门电路输入和输出变量间的逻辑关系。其实这四种描述方法是等价的，各有其特点且可以相互转换。在逻辑电路的分析和设计过程中，可根据实际情况灵活选择不同的描述方式。

1.4.1 基本门电路

1. 非门

非门只有一个输入端和一个输出端，输入的逻辑状态经非门后被取反，图1—23所示为非门电路及其逻辑符号。在图1—23（a）中，当输入端A为高电平1（+5V）时，晶体管导通，L端输出0.2～0.3V的电压，属于低电平范围；当输入端为低电平0（0V）时，晶体管截止，晶体管集电极—发射极间呈高阻状态，输出端L的电压近似等于电源电压，即输入与输出信号状态满足"非"逻辑关系。任何能够实现"非"逻辑关系（$L=\overline{A}$）的电路均称为"非门"。式中的符号"—"表示取反，在其逻辑符号的输出端用一个小圆圈来表示。在数字电路的逻辑符号中，若在输入端加小圆圈，则表示输入低电平信号有效；若在输出端加一个小圆圈，则表示将输出信号取反。

非门除用真值表和逻辑表达式描述外，还可用如图1—24所示的波形图（又称为时序图）来描述。波形图既能直观地描述各输入与输出变量在某一时刻的对应关系，又能描述每个信号的变化趋势。

图1—23 非门电路图与符号　　　　　　图1—24 非门波形图

2. 与门

图1—25所示为双输入单输出DTL与门电路及与门逻辑符号。在图1—25（a）中，当输入端A与B同时为高电平"1"（+5V）时，二极管VD_1、VD_2均截止，R中没有电流，其上的电压降为0V，输出端L为高电平"1"（+5V）；当A、B中的任何一端为低电平"0"（0V）或A、B端同时为低电平"0"时，二极管VD_1、VD_2的导通使输

出端 L 为低电平 "0"（0.7V）。可见，只要输入中的任意一端为低电平时，输出端就一定为低电平，只有当输入端均为高电平时，输出端才为高电平，即输入输出信号状态满足 "与" 逻辑关系。任何能够实现 "与"（L＝A·B）逻辑关系的电路均称为 "与门"。

图 1—26 为描述双输入端与门输入与输出信号之间逻辑关系的波形图。

(a) DTL 与门电路   (b) 与门逻辑符号

图 1—25　双输入端与门　　　　图 1—26　双输入端与门波形图

3. 或门

图 1—27 所示为双输入单输出 DTL 或门电路及或门逻辑符号。当输入端 A 或 B 中的任何一端为高电平 1（+5V）时，输出端 L 一定为高电平（+4.3V）；当输入端同时为高电平 1 时，输出端也为高电平；当输入端 A 和 B 同时为低电平 0(0V) 时，输出端 L 一定为低电平 0。可见，只要输入端中的任意一端为高电平，输出端就一定为高电平；只有当输入端均为低电平时，输出端才为低电平，即输入与输出信号状态满足 "或" 逻辑关系。任何能够实现 L＝A＋B "或" 逻辑关系的电路均称为 "或门"。

图 1—28 为描述双输入端或门输入与输出信号之间逻辑关系的波形。

(a) DTL 或门电路   (b) 或门逻辑符号

图 1—27　双输入端或门　　　　图 1—28　双输入端或门波形图

4. 其他常用门电路

（1）与非门。图 1—29 所示为双输入单输出 DTL 与非门电路及其逻辑符号。当输入端 A 或 B 中的任何一端为低电平 0(0V) 时，所接二极管 VD_1 或 VD_2 导通，三极管 VT_1 的基极对地电压为 0.7V（小于 1.4V），三极管 VT_1 截止，三极管 VT_2 也截止，输出端 L 为高电平（+5V）；当输入端同时为低电平 0(0V) 时，输出端同样也为高电平（+5V）；当输入端 A 和 B 同时为高电平（+5V）时，所接二极管 VD_1 和 VD_2 截止，三极管 VT_1、VT_2 均导通，输出端 L 为低电平 0(+0.3V)。可见，只要输入端中的任意一端为低电平时，输出端就一定为高电平；只有当输入端均为高电平时，输出端才为低电平，即输入与输出信号状态满足 "与非" 逻辑关系。任何能够满足 "与非" 逻辑关系（$L＝\overline{A·B}$）的电路均称为 "与非门"。

24

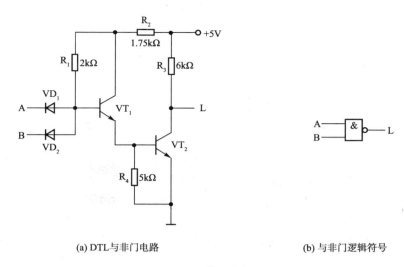

(a) DTL与非门电路　　　　　　　　　　　(b) 与非门逻辑符号

图1—29　双输入端与非门

图1—30为描述双输入与非门输入与输出信号之间逻辑关系的波形图。

与门连接一个非门就构成了"与非门"，如图1—31所示。通常我们将由逻辑符号表示的逻辑电路图称为"逻辑图"。

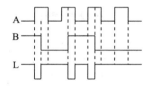

图1—30　双输入端与非门波形图

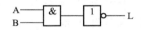

图1—31　由与门和非门构成的与非门

（2）或非门。能够实现 $L=\overline{A+B}$ "或非"逻辑关系的电路均称为"或非门"。在一个或门的输出端连接一个非门就构成了"或非门"，如图1—32所示。图1—33为描述或非门输入与输出信号之间逻辑关系的波形图。

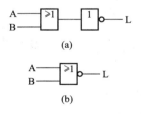

图1—32　由或门和非门构成的或非门

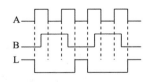

图1—33　双输入端或非门波形图

（3）异或门。任何能够实现 $L=A\overline{B}+\overline{A}B=A\oplus B$ "异或"逻辑关系的电路均称为"异或门"。异或门可由非门、与门和或门组合而成。如图1—34（a）所示，当输入端A、B的电平状态互为相反时，输出端L一定为高电平；当输入端A、B的电平状态相同时输出L一定为低电平。图1—34（b）所示为异或门的逻辑符号。图1—35为描述异或门输入与输出信号之间逻辑关系的波形图。

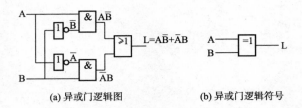

(a) 异或门逻辑图　　　　　(b) 异或门逻辑符号

图 1—34　异或门

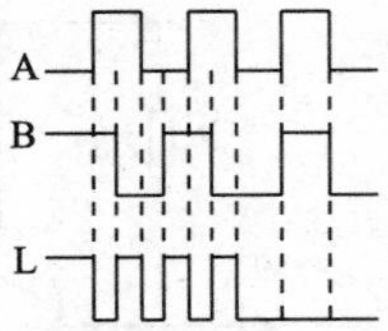

图 1—35　双输入端异或门波形图

（4）同或门。任何能够实现 $L = A \cdot B + \overline{A} \cdot \overline{B} = A \odot B$ "同或" 逻辑关系的电路均称为"同或门"。由非门、与门和或门组合而成的同或门及其逻辑符号如图 1—36 所示。当输入端 A、B 的电平状态互为相反时，输出端 L 一定为低电平；而当输入端 A、B 的电平状态相同时，输出端 L 一定为高电平。

图 1—37 为描述同或门输入与输出信号之间逻辑关系的波形图。

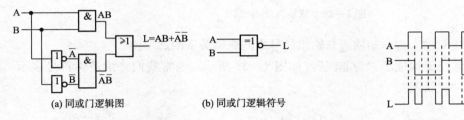

(a) 同或门逻辑图　　　　　(b) 同或门逻辑符号

图 1—36　同或门

图 1—37　双输入端同或门波形图

1.4.2　不同系列门电路

1. TTL 系列门电路

TTL 门电路只制成单片集成电路。输入级由多发射极晶体管构成，输出级由推挽电路（功率输出电路）构成。标准 TTL 与非门电路如图 1—38 所示。

多发射极晶体管由空间上彼此分离的多个 PN 结构成，而推挽输出级既能输出较大的电流又能汲取较大的电流。

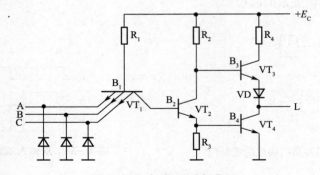

图 1—38　标准 TTL 与非门

若图 1—38 中的一个发射极或三个发射极都接低电平（A、B、C 接地），多发射极晶体管 VT_1 一定工作在饱和导通状态，其集电极电位约为 0.2V，晶体管 VT_2 必定截止，使 VT_3 饱和导通，VT_4 截止，输出端 L 为高电平。

若三个发射极都接高电平（A、B、C 都接 +5V）时，VT_1 的 bc 结处于正向偏置而导

26

通，从而晶体管 VT_2 饱和导通，晶体管 VT_4 饱和导通，B_4 点的电位约为 0.7V。晶体管 VT_2 的饱和压降约为 0.2V，故 B_3 点的电位约为 0.9V，因此晶体管 VT_3 截止。L 端输出低电平（0.2V）。

从上述分析可见，输入信号与输出信号符合与非逻辑关系。

图 1—39 是 TTL 与非门 74LS00 集成电路示意图，它包括 4 个双输入与非门。此类电路多数采用双列直插式封装。在封装表面上都有一个小豁口，用来标识引脚的排列顺序。

2. MOS 系列门电路

MOS 系列门电路采用 MOS（Metal Oxide Semiconductor，金属氧化物半导体）场效应晶体管（FEV）制作。MOS 场效应晶体管几乎不需要驱动功率，这种系列的门电路或开关电路体积小且制造简单，可以制成高集成度的集成电路。由于场效应晶体管的电容作用，其开关时间较长，这种系列门电路的工作速度较慢。

MOS 系列门电路，若采用 P 沟道耗尽型 MOS 场效应晶体管作为电路元件，则称为 PMOS 电路；若采用 N 沟道耗尽型 MOS 场效应晶体管作为电路元件，则称为 NMOS 电路；若电路中既采用 P 沟道耗尽型 MOS 场效应晶体管又采用 P 沟道耗尽型 MOS 场效应晶体管以构成互补对称电路，则称为 CMOS 电路。图 1—40 所示为 CMOS 非门电路。

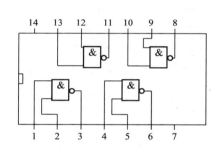

图 1—39　TTL 系列 74LS00 与非门

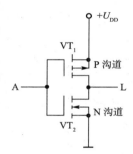

图 1—40　CMOS 非门电路

CMOS 非门电路总是一个晶体管截止，而另一个晶体管导通，在此状态下电源几乎不提供电流，只是在从一个状态转换到另一个状态的瞬间，两个晶体管同时处于微弱导通状态，电压源才供给很小的电流，所以 CMOS 门电路的功耗极小。图 1—41 是由 CMOS 电路构成的与非门和或非门电路。

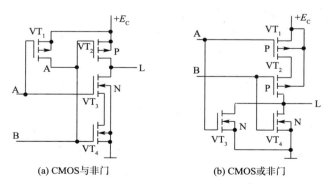

(a) CMOS 与非门　　　　　　(b) CMOS 或非门

图 1—41　CMOS 门电路

1.4.3 门电路综合应用

1. 三选二电路

对于某些易发生危险的设备，在危急状态下应立即关机。为提高报警信号的可靠性，防止误报警，常在关键部位安置三个类型相同的危险报警器，如图1—42所示。只有当三个危险报警器中至少有两个指示危险时，才实现关机操作。设在危急情况下，报警信号A、B、C为高电平1；当输出状态L为高电平1时，设备应关机。三选二电路的真值表如表1—9所示。

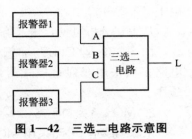

图1—42 三选二电路示意图

表1—9   三选二电路真值表

报警信号			关机信号
C	B	A	L
0	0	0	0
0	0	1	0
0	1	0	0
0	1	1	1
1	0	0	0
1	0	1	1
1	1	0	1
1	1	1	1

根据该真值表可确定标准"与或"表达式如下：

$$L=AB\bar{C}+A\bar{B}C+\bar{A}BC+ABC$$

用卡诺图法将其化简为最简"与或"表达式：

$$L=AB+BC+AC$$

由此表达式确定的三选二电路的逻辑图如图1—43所示。

实际电路设计中多用与非门集成电路芯片。若用与非门来构成三选二逻辑电路（如图1—44所示）应先用德·摩根定理进行如下变换：

$$L=AB+BC+AC=\overline{\overline{AB+BC+AC}}=\overline{\overline{AB}+\overline{BC}+\overline{AC}}=\overline{\overline{AB}\cdot\overline{BC}\cdot\overline{AC}}$$

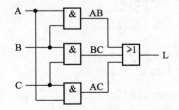

图1—43 用与门和或门构成的三选二电路图

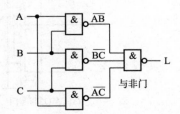

图1—44 用与非门构成的三选二电路

28

2. 门电路构成控制门

图 1—45（a）是由与门构成的开关控制电路。该电路可作为信号传送过程中的开关控制电路。A 为信号输入端，K 为控制端，L 为信号输出端。

当控制端 K 为低电平时，与门被封锁，输入信号无法通过与门，与门输出端 L 为低电平；当控制端 K 为高电平时，与门解除封锁，输入信号可通过与门送至输出端。图 1—45（b）是由或门构成的开关控制电路。对该电路，当控制端 K 为低电平时有信号输出；当控制端 K 为高电平时无信号输出。这种电路常用于报警信号控制和计数脉冲信号控制等场合。

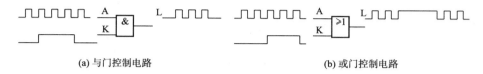

(a) 与门控制电路   (b) 或门控制电路

图 1—45 信号传送控制电路

实训 1 TTL 与非门的逻辑功能和电压传输特性的测试

一、实训目的

（1）熟悉 TTL 与非门逻辑功能的测试方法。

（2）观察门电路对输入信号的控制作用。

（3）学会数字电路的调试方法。

二、实训前预习与准备

（1）熟悉逻辑门电路的种类和功能。

（2）复习 TTL 与非门的逻辑功能。

（3）预习下面的"实训内容及步骤"。

三、实训器材

（1）TTL 四—二输入与非门 74LS00；

（2）逻辑电平开关盒（盒上有逻辑电平显示二极管）；

（3）14 脚集成座；

（4）10kΩ 电位器；

（5）双踪示波器；

（6）数字万用表。

四、实训内容及步骤

1. TTL 与非门逻辑功能的测试

（1）将 14 脚集成座和逻辑电平开关盒插到实验台面上，将 74LS00 插到集成座上，注意芯片上的标志应朝左。其引脚图如图 1—46 所示，该芯片上集成了 4 个二输入端与非门。

（2）将实验台上的 5V 直流电源引到集成座和逻辑开关上，注意电源的极性不能接错。

（3）将芯片中一个与非门的两个输入端接到两个逻辑电平开关上，输出端接到一个逻辑电平显示二极管上，如图 1—47 所示。

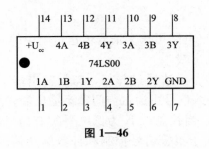

图 1—46

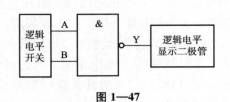

图 1—47

（4）根据表 1—10 给定的 A、B 端的输入逻辑信号（逻辑电平开关往上打为 "1"，往下打为 "0"，下同），观察发光二极管显示的结果。发光二极管亮，表示输出 Y＝1，发光二极管熄灭表示 Y＝0，并将 Y 的结果填入表 1—10 中。

表 1—10 二输入与非门的真值表

输入		输出
A	B	Y
0	0	
0	1	
1	0	
1	1	

2. 观察与非门对输入信号的控制作用

接线图见图 1—48，输入端 A 接振荡频率为 1kHz、幅度为 4V 的周期性矩形脉冲信号，将输入端 B 接逻辑电平开关。分别使 B＝0 和 B＝1，用示波器观察输出端 Y 的输出波形，记入表 1—11 中。并说明 B＝0 和 B＝1 时，与非门对 A 端输入矩形脉冲的控制作用。

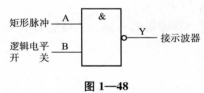

图 1—48

表 1—11 输入端状态对与非门输出的控制作用

输入波形	逻辑开关的状态	输出波形
周期性矩形脉冲	0	
周期性矩形脉冲	1	

五、分析与思考

（1）根据表 1—10，说明与非门的逻辑功能。

（2）由图 1—48 的实验结果，说明与非门对输入信号的控制作用，若是或非门，则又如何？

实训2 楼梯照明电路的逻辑控制

设计一个楼梯照明电路,装在一、二、三楼上的开关都能对楼梯上的同一电灯进行开关控制。合理选择器件完成设计。

一、实训目的

(1) 学会组合逻辑电路的设计方法。

(2) 熟悉74系列通用逻辑芯片的功能。

(3) 学会数字电路的调试方法。

二、实训前准备

(1) 复习组合逻辑电路的设计方法。

(2) 熟悉逻辑门电路的种类和功能。

(3) 实训器材准备:数字电路板、导线若干。

三、实训内容

(1) 分析设计要求,列出真值表。设A、B、C分别代表在一、二、三楼的三个开关,规定开关向上为1,开关向下为0;照明灯用Y代表,灯亮为1,灯暗为0。根据题意列出真值表,如表1—12所示。

表 1—12   照明电路的真值表

输入			输出
A	B	C	Y
0	0	0	0
0	0	1	1
0	1	0	1
0	1	1	0
1	0	0	1
1	0	1	0
1	1	0	0
1	1	1	1

(2) 根据真值表,写出逻辑函数表达式。

$$Y=\overline{A}\,\overline{B}C+\overline{A}B\,\overline{C}+A\overline{B}\,\overline{C}+ABC$$

(3) 将输出逻辑函数表达式化简或转化形式。

$$Y=\overline{A}(\overline{B}C+B\,\overline{C})+A(\overline{BC}+BC)=A\oplus B\oplus C$$

(4) 根据输出逻辑函数画逻辑图,如图1—49所示。

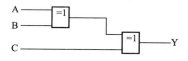

图 1—49 照明电路的逻辑图

（5）在实验台上搭建电路。将输入变量 A、B、C 分别接到数字逻辑开关 K_1（对应信号灯 LED_1）、K_2（对应信号灯 LED_2）、K_3（对应信号灯 LED_3）接线端上，输出端 Y 接到"电位显示"接线端上。将面包板的 U_{CC} 和"地"分别接到实验箱的 $+5V$ 与"地"的接线柱上。检查无误后接通电源。

（6）使输入变量 A、B、C 的状态按表 1—13 所示的要求变化，观察"电位显示"输出端的变化，并将结果记录到表 1—13 中。

表 1—13　　　　　　　　　　　　照明电路实训结果

输入			输出
LED_1	LED_2	LED_3	电位输出
暗	暗	暗	
暗	暗	亮	
暗	亮	暗	
暗	亮	亮	
亮	暗	暗	
亮	暗	亮	
亮	亮	暗	
亮	亮	亮	

四、实训报告

（1）写出设计过程。

（2）整理实训记录表，分析实训结果。

（3）画出用与非门、或非门和非门实现该电路的逻辑图。

习　题　1

1. 数制转换。

（1）将下列十进制数转换为二进制数：

$(174)_{10}$　　$(37.438)_{10}$　　$(0.416)_{10}$　　$(81.39)_{10}$

（2）将下列二进制数转换为十进制数：

$(1100110011)_2$　　$(101110.011)_2$　　$(1000\ 110.1010)_2$　　$(0.001011)_2$

（3）将下列十进制数转换为八进制数：

$(84)_{10}$　　$(254.76)_{10}$　　$(0.437)_{10}$

（4）将下列十进制数转换为十六进制数：

$(427)_{10}$　　$(1276.47)_{10}$　　$(0.978)_{10}$

（5）将下列十六进制数转换为十进制数：

$(6CF)_{16}$　　$(8ED.C7)_{16}$　　$(A70.BC)_{16}$

（6）将下列十六进制数转换为二进制数、八进制数和十进制数：

$(36B)_{16}$　　$(4DE.C8)_{16}$　　$(7FF.ED)_{16}$　　$(69E.BF)_{16}$

（7）将下列二进制数转换为八进制数和十六进制数：

$(1001011.010)_2$ $(1110010.1101)_2$ $(1100011.011)_2$ $(11110001.001)_2$

(8) 将下列 8421BCD 码转换为十进制数：

$(1110100)_{8421BCD}$ $(011010000101)_{8421BCD}$ $(10101111000)_{8421BCD}$ $(1001010101)_{8421BCD}$

(9) 将下列十进制数转换为 8421BCD 码和 5421BCD 码：

$(48)_{10}$ $(34.15)_{10}$ $(121.08)_{10}$ $(241.86)_{10}$

(10) 将下列十进制数转换为 8421BCD 码和余 3BCD 码：

$(87)_{10}$ $(168)_{10}$ $(367)_{10}$ $(67.94)_{10}$

2. 指出下列函数中，当 A、B、C 取什么值时，函数 F 为 1。

(1) $F(A,B,C) = \overline{A}B + AC$

(2) $F(A,B,C) = A + B\overline{C}(A+B)$

(3) $F(A,B,C) = \overline{A}B + ABC + \overline{A}\,\overline{B}\,\overline{C}$

3. 用公式法化简下列函数：

(1) $(A+B)A\overline{B}$

(2) $AC + \overline{A}BC$

(3) $A + ABC + A\overline{B}\,\overline{C} + CB + C\overline{B}$

(4) $BC + A\overline{C} + AB + BCD$

(5) $\overline{\overline{(\overline{A}+B)} + \overline{(A+\overline{B})}} + \overline{(\overline{AB})(\overline{A}\,\overline{B})}$

(6) $(A+C+D)(A+C+\overline{D})(A+\overline{C}+D)(A+\overline{B})$

4. 写出下列函数的对偶式：

(1) $F = \overline{\overline{A} + \overline{B} + \overline{\overline{C}}}$

(2) $F = (A+\overline{B})(\overline{A}+B)(B+C)(\overline{A}+C)$

5. 写出下列函数的反函数：

(1) $F = A\overline{B} + \overline{CD}$

(2) $F = B[(C\overline{D} + A) + \overline{E}]$

6. 用卡诺图化简下列函数，并写出最简与或表达式：

(1) $F = XY + \overline{X}\,\overline{Y}\,\overline{Z} + XY\overline{Z}$

(2) $F = \overline{A}B + \overline{B}C + \overline{B}\,\overline{C}$

(3) $F = ABD + \overline{A}\,\overline{C}\,\overline{D} + \overline{A}B + \overline{A}CD + A\overline{B}\,\overline{D}$

(4) $F(X,Y,Z) = \sum(2,3,6,7)$

(5) $F(A,B,C,D) = \sum(7,13,14,15)$

(6) $F(A,B,C,D) = \sum(0,2,5,7,8,10,13,15)$

(7) $F(A,B,C,D) = \sum(1,3,4,6,7,9,11,12,14,15)$

(8) $Y(A,B,C,D) = \sum m(3,6,8,9,11,12) + \sum d(0,1,2,13,14,15)$

(9) $Y(A,B,C,D) = \sum m(2,4,6,7,12,15) + \sum d(0,1,3,8,9,11)$

(10) $Y(A,B,C,D) = \sum m(0,13,14,15) + \sum d(1,2,3,9,10,11)$

7. 用卡诺图化简下列具有约束条件 $AB + AC = 0$ 的函数，并写出最简与或表达式。

(1) $F = \overline{A}B + \overline{A}\,\overline{C}$

(2) $F = \overline{A}\,\overline{B}C + \overline{A}BD + \overline{A}B\overline{D} + A\overline{B}\,\overline{C}\,\overline{D}$

(3) $F = \overline{A}\,\overline{C}D + \overline{A}BCD + \overline{A}\,\overline{B}D + A\overline{B}\,\overline{C}D$

8. 什么是逻辑门电路？基本门电路是指哪几种逻辑门？

9. 在图 1—50 所示电路中，已知二极管 VD_1、VD_2 导通压降为 0.7V，请动手试验并回答下列问题：

(1) A 端接 10V，B 端接 0.3V 时，输出电压 u_O 为多少伏？

(2) A、B 端都接 10V 时，输出电压 u_O 为多少伏？

(3) A 端接 10V，B 端悬空，用万用表测 B 端电压，u_B 为多少伏？

(4) A 端接 0.3V，B 端悬空，u_B 为多少伏？

(5) A 端接 5kΩ 电阻，B 端悬空，u_B 为多少伏？

10. 在图 1—51 所示电路中，已知 $+E_C = 12V$，$-E_B = -12V$，$R_1 = 1.5kΩ$，$R_2 = 18kΩ$，$R_C = 1kΩ$，$\beta = 30$，试求：u_I 为何值时，VT 饱和（设 $u_{ces} \approx 0.1V$）？

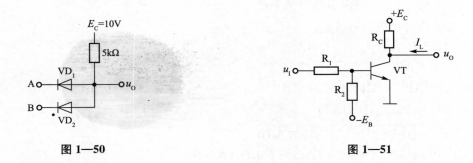

图 1—50   图 1—51

11. 试写出图 1—52 所示电路的逻辑表达式，并画出电路的输出信号 L 的波形。

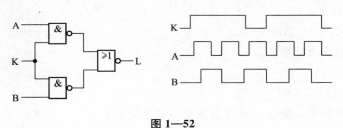

图 1—52

12. 欲用图 1—53 所示电路实现非运算，试改错，$R_{OFF} \approx 700Ω$，$R_{ON} \approx 2.1kΩ$。

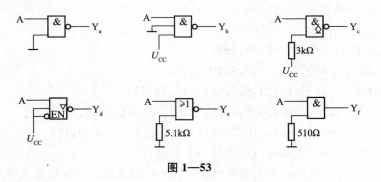

图 1—53

第2章 组合逻辑电路分析与设计

2.1 组合逻辑电路的分析和设计方法

组合逻辑电路具有如下特点：

· 从结构上看，组合逻辑电路由各种门电路组成，电路输出和输入间无反馈，也不含任何具有记忆功能的逻辑单元电路。

· 从逻辑功能上看，在任何时刻，电路的输出状态仅取决于该时刻的输入状态，而与电路的前一时刻的状态无关。组合电路示意图如图 2—1 所示。

图 2—1　组合电路示意图

2.1.1 组合逻辑电路的分析方法

组合逻辑电路的分析，就是根据给定的逻辑图，找出输出与输入之间的逻辑关系，确定电路的逻辑功能。分析组合逻辑电路的目的是为了确定已知电路的逻辑功能，或者检查电路设计是否合理。

1. 组合逻辑电路的分析步骤

（1）根据已知的逻辑图，从输入到输出逐级写出逻辑函数表达式。

（2）利用公式法或卡诺图法化简逻辑函数表达式。

（3）列真值表，用文字描述其逻辑功能。

2. 组合逻辑电路分析举例

【例 2—1】　分析如图 2—2 所示组合逻辑电路的功能。

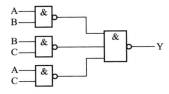

图 2—2　例 2—1 逻辑电路图

解：（1）根据逻辑图写出逻辑表达式

$$Y = \overline{\overline{AB} \cdot \overline{BC} \cdot \overline{AC}}$$

（2）化简得：$Y = AB + BC + AC$

（3）列真值表，如表 2—1 所示。

表 2—1　　　　　　　　　　　　　　例 2—1 真值表

A B C	Y	A B C	Y	A B C	Y
0 0 0	0	0 1 1	1	1 1 0	1
0 0 1	0	1 0 0	0	1 1 1	1
0 1 0	0	1 0 1	1		

由表 2—1 可知，当 3 个输入变量中，有 2 个或者 2 个以上为 1 时，输出 Y 为 1，否则为 0，此电路在实际应用中可作为多数表决电路使用。

【例 2—2】　分析如图 2—3 所示组合逻辑电路的功能。

解：（1）写出各门电路的逻辑表达式

$$Y_1 = \overline{AB} \quad Y_2 = \overline{A \cdot \overline{AB}} \quad Y_3 = \overline{B \cdot \overline{AB}}$$

所以 $Y = \overline{\overline{A \cdot \overline{AB}} \cdot \overline{\overline{AB} \cdot B}}$

（2）化简

$$Y = \overline{\overline{A \cdot \overline{AB}} \cdot \overline{\overline{AB} \cdot B}} = \overline{(\overline{A} + AB) \cdot (AB + \overline{B})} = \overline{A}\,\overline{B} + AB = \overline{AB} + A\overline{B} = A \oplus B$$

（3）从逻辑表达式可以看出，电路具有"异或"功能。

从以上例题可以看出，分析的关键是如何从真值表中找出输出和输入之间的逻辑关系，并用文字概括出电路的逻辑功能，这需要对常用组合逻辑电路很熟悉。

目前常用的组合逻辑电路种类很多，主要有编码器、译码器、数据选择器、比较器等。这些电路目前均已有中规模集成电路产品，其功能和应用在后续内容中讲解。

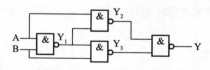

图 2—3　例 2—2 逻辑电路图

2.1.2　组合逻辑电路的传统设计方法

组合逻辑电路设计是分析的逆过程，它根据给定的逻辑功能，设计出实现这些功能的最佳逻辑电路。

1. 组合逻辑电路设计步骤

（1）根据设计要求，确定输入、输出变量的个数，并对它们进行逻辑赋值（即确定 0 和 1 代表的含义）。

（2）根据逻辑功能要求列出真值表。

（3）根据真值表利用卡诺图进行化简得到逻辑表达式。

（4）根据要求画出逻辑图。

2．组合逻辑电路设计举例

【例2—3】　某工厂有 A、B、C 三个车间，各需电力 1 000kW，由两台发电机 X＝1 000kW 和 Y＝2 000kW 供电。但三个车间经常不同时工作，为了节省能源，需设计一个自动控制电路，自动启停发电机。试设计此控制电路。

解：（1）确定输入、输出变量的个数。

根据电路要求，A、B、C 三个车间的工作信号是输入变量，1 表示工作，0 表示不工作；输出变量 X、Y 分别表示小发电机（1 000kW）、大发电机（2 000kW）的信号，1 表示起作用，0 表示停止。

（2）列真值表，如表 2—2 所示。

表 2—2　　　　　　　　　　　　　　发电机工作真值表

A B C	X Y	A B C	X Y	A B C	X Y
0 0 0	0 0	0 1 1	0 1	1 1 0	0 1
0 0 1	1 0	1 0 0	1 0	1 1 1	1 1
0 1 0	1 0	1 0 1	0 1		

（3）化简。利用卡诺图化简，如图 2—4 所示。

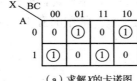
（a）求解X的卡诺图

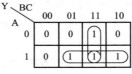
（b）求解Y的卡诺图

图 2—4　例 2—3 卡诺图

化简后表达式为

$$X = \overline{A}\,\overline{B}C + \overline{A}B\overline{C} + A\overline{B}\,\overline{C} + ABC$$
$$= C(\overline{A}\,\overline{B} + AB) + \overline{C}(\overline{A}B + A\overline{B})$$
$$= C\,\overline{A \oplus B} + \overline{C}A \oplus B$$
$$= A \oplus B \oplus C$$
$$Y = AB + AC + BC$$

（4）画逻辑图：逻辑电路图如图 2—5（a）所示。

若要求全部用 TTL 与非门实现，则电路设计步骤如下：首先，将化简后的与或表达式转换为与非形式；然后再画出全部用与非门实现的组合逻辑电路，如图 2—5（b）所示。

$$X = \overline{A}\,\overline{B}C + \overline{A}B\overline{C} + A\overline{B}\,\overline{C} + ABC$$
$$= \overline{\overline{\overline{A}\,\overline{B}C}} + \overline{\overline{\overline{A}B\overline{C}}} + \overline{\overline{A\overline{B}\,\overline{C}}} + \overline{\overline{ABC}}$$
$$= \overline{\overline{\overline{A}\,\overline{B}C} \cdot \overline{\overline{A}B\overline{C}} \cdot \overline{A\overline{B}\,\overline{C}} \cdot \overline{ABC}}$$
$$Y = AB + AC + BC$$
$$= \overline{\overline{AB}} + \overline{\overline{AC}} + \overline{\overline{BC}}$$
$$= \overline{\overline{AB} \cdot \overline{AC} \cdot \overline{BC}}$$

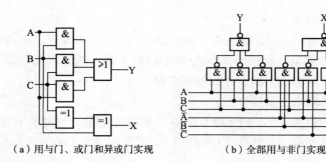

(a) 用与门、或门和异或门实现　　　　　(b) 全部用与非门实现

图 2—5　例 2—3 逻辑电路图

2.2　集成组合逻辑电路分析与设计

2.2.1　编码器

所谓编码就是将特定含义的输入信号（文字、数字、符号等）转换成二进制代码的过程。实现编码操作的数字电路称为编码器。按照被编码信号的不同特点和要求，编码器可分为二进制编码器、二—十进制编码器和优先编码器。

1. 二进制编码器

若输入信号的个数 N 与输出变量的位数 n 满足 $N=2^n$，此电路称为二进制编码器。这种编码器有一特点：任何时刻只允许输入一个有效信号，不允许同时出现两个或两个以上的有效信号，即输入是一组有约束（即互相排斥）的变量。常用的有 4-2 线、8-3 线、16-4 线编码器。

【例 2—4】　设计一个 4-2 线编码器。

解：（1）确定输入、输出变量个数。由题意知输入为 I_0、I_1、I_2、I_3 四个信息，输出为 Y_0、Y_1。设 1 为输入有效信号，0 为输入无效。

（2）列编码表。因为每次只能有一个有效输入信号，所以编码表如表 2—3 所示。

表 2—3　　　　　　　　　　　　　4-2 线编码器的编码表

I_3	I_2	I_1	I_0	Y_1	Y_0
0	0	0	1	0	0
0	0	1	0	0	1
0	1	0	0	1	0
1	0	0	0	1	1

（3）因任何时刻输入只有一个有效信号，利用此约束条件化简得

$$Y_0 = I_1 + I_3 \quad Y_1 = I_2 + I_3$$

为方便编码，化简表 2—3 得表 2—4。

表 2—4　　　　　　　　　　　　　表 2—3 的简化

I	Y_1 Y_0	I	Y_1 Y_0	I	Y_1 Y_0	I	Y_1 Y_0
I_0	0　0	I_1	0　1	I_2	1　0	I_3	1　1

（4）画编码器电路。需要指出的是，在图 2—6 所示的编码器中，I_0 的编码是隐含的，

当 $I_1 \sim I_3$ 均为 0 时，电路的输出就是 I_0 的编码。

2. 二—十进制编码器

二—十进制编码器是指用四位二进制代码表示一位十进制数的编码电路，也称 10 - 4 线编码器。最常见的是 8421BCD 码编码器，如图 2—7 所示。其中，输入信号 $I_0 \sim I_9$ 代表 $0 \sim 9$ 共 10 个十进制信号，输出信号 $Y_0 \sim Y_3$ 为相应二进制代码。由图 2—7 可以写出各输出逻辑函数式为

$$Y_3 = \overline{\overline{I_9} \cdot \overline{I_8}} \qquad Y_2 = \overline{\overline{I_7} \cdot \overline{I_6} \cdot \overline{I_5} \cdot \overline{I_4}}$$

$$Y_1 = \overline{\overline{I_7} \cdot \overline{I_6} \cdot \overline{I_3} \cdot \overline{I_2}} \qquad Y_0 = \overline{\overline{I_9} \cdot \overline{I_7} \cdot \overline{I_5} \cdot \overline{I_3} \cdot \overline{I_1}}$$

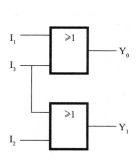

图 2—6　4 - 2 线编码器

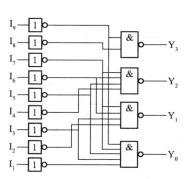

图 2—7　8421BCD 编码器

根据逻辑函数式列出功能表，如表 2—5 所示。

表 2—5　　　　　　　　　　　　　8421BCD 码编码器功能表

I	Y_3	Y_2	Y_1	Y_0	I	Y_3	Y_2	Y_1	Y_0
I_0	0	0	0	0	I_5	0	1	0	1
I_1	0	0	0	1	I_6	0	1	1	0
I_2	0	0	1	0	I_7	0	1	1	1
I_3	0	0	1	1	I_8	1	0	0	0
I_4	0	1	0	0	I_9	1	0	0	1

可见，该编码器的逻辑电路图中，I_0 的编码也是隐含的，当 $I_1 \sim I_9$ 均为 0 时，电路的输出就是 I_0 的编码。

3. 优先编码器

优先编码器常用于优先中断系统和键盘编码。与普通编码器不同，优先编码器允许多个输入信号同时有效，但它只按其中优先级别最高的有效输入信号编码，对级别较低的输入信号不予理睬。常用的 MSI 优先编码器有 10 - 4 线（如 74LS147）、8 - 3 线（74LS148）等。

10 - 4 线优先编码器常见型号为 54/74147、54/74LS147；8 - 3 线优先编码器常见型号为 54/74148、54/74LS148。

（1）优先编码器 74LS148。74LS148 是 8 - 3 线优先编码器，符号及引脚排列如图 2—8 所示，逻辑功能表如表 2—6 所示。

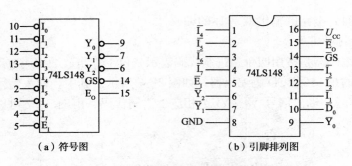

（a）符号图　　　　　（b）引脚排列图

图 2—8　74LS148 符号图和引脚排列图

表 2—6 $\qquad$ 8－3 线优先编码器逻辑功能表

输入									输出					说明
$\overline{E}_I$	$\overline{I}_7$	$\overline{I}_6$	$\overline{I}_5$	$\overline{I}_4$	$\overline{I}_3$	$\overline{I}_2$	$\overline{I}_1$	$\overline{I}_0$	$\overline{Y}_2$	$\overline{Y}_1$	$\overline{Y}_0$	$\overline{GS}$	E_O	
1	×	×	×	×	×	×	×	×	1	1	1	1	1	禁止编码
0	1	1	1	1	1	1	1	1	1	1	1	1	0	允许但输入无效
0	0	×	×	×	×	×	×	×	0	0	0	0	1	正
0	1	0	×	×	×	×	×	×	0	0	1	0	1	常
0	1	1	0	×	×	×	×	×	0	1	0	0	1	
0	1	1	1	0	×	×	×	×	0	1	1	0	1	编
0	1	1	1	1	0	×	×	×	1	0	0	0	1	
0	1	1	1	1	1	0	×	×	1	0	1	0	1	码
0	1	1	1	1	1	1	0	×	1	1	0	0	1	
0	1	1	1	1	1	1	1	0	1	1	1	0	1	

在符号图中，小圆圈表示低电平有效，应注意其文字符号标在框内时，上面不加"非"号。而在引脚排列图中，文字符号在外应加注"非"号，引线上不加小圆圈。各引脚功能如下：

$\overline{I}_0 \sim \overline{I}_7$ 为输入信号端，低电平有效，且 $\overline{I}_7$ 的优先级别最高，$\overline{I}_0$ 的优先级别最低。$\overline{Y}_0 \sim \overline{Y}_3$ 是三个编码输出端。

$\overline{E}_I$ 是使能端，低电平有效。当 $\overline{E}_I = 0$ 时，电路允许编码；当 $\overline{E}_I = 1$ 时，电路禁止编码，输出均为高电平。

E_O 和 $\overline{GS}$ 为使能输出端和优先标志输出端，主要用于级联和扩展。

当 $E_O = 0$，$\overline{GS} = 1$ 时，表示标志 $\overline{E}_I = 0$ 可以编码，但输入信号全 1 无效，即无码可编；当 $E_O = 1$，$\overline{GS} = 0$ 时，表示该电路允许编码，并正在编码；当 $E_O = \overline{GS} = 1$ 时，表示该电路禁止编码，为非工作状态，即无法编码，$\overline{Y}_2\overline{Y}_1\overline{Y}_0$ 为 111 属非编码输出。

（2）优先编码器 74LS148 的扩展。用 74LS148 优先编码器可以多级连接进行功能扩展，如用两块 74LS148 可以扩展成为一个 16－4 线优先编码器，如图 2—9 所示。

分析图 2—9 可以看出，高位片 $\overline{E}_I = 0$ 允许对输入 $\overline{I}_8 \sim \overline{I}_{15}$ 编码，此时高位片的 $E_O = 1$，$\overline{GS} = 0$，则高位片编码；而因为将 $E_O = 1$ 送入低位的 $\overline{E}_I$，使得低位禁止编码，低位片的 $E_O = 1$。但若 $\overline{I}_8 \sim \overline{I}_{15}$ 都是高电平，即均无编码请求，则高位 $E_O = 0$ 允许低位片对输入 $\overline{I}_0 \sim \overline{I}_7$ 编码。显然，高位片的编码级别优先于低位片。例如高位工作，设 $\overline{I}_9 = 0$，则 $\overline{Y}_2\overline{Y}_1\overline{Y}_0 = 110$，高位

片 $E_O=1$，使低位$\overline{E}_I=1$，利用低位$\overline{Y}_2\,\overline{Y}_1\,\overline{Y}_0=111$，故总的输出$\overline{Y}_3\,\overline{Y}_2\,\overline{Y}_1\,\overline{Y}_0=0110$，因此对应$\overline{I}_{15}\sim\overline{I}_0$有输出时，对应编码输出为$0000\sim1111$。

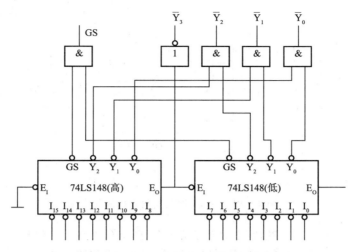

图 2—9　74LS148 优先编码器功能扩展

2.2.2　译码器及显示电路

译码是编码的逆过程，即将每一组输入二进制代码"翻译"成为一个特定的输出信号。实现译码功能的数字电路称为译码器，译码器分为变量译码器和显示译码器。变量译码器有二进制译码器和二—十进制译码器，显示译码器按显示材料分为荧光、发光二极管译码器，液晶显示译码器等；按显示内容分为文字、数字、符号译码器等。

1. 二进制译码器（变量译码器）

二进制译码器有 n 个输入端（即 n 位二进制代码），2^n 个输出线。常用的有 TTL 系列中的 54/74HC138、54/74LS138；CMOS 系列中的 54/74HC138、54/74HCT138 等。图 2—10 所示为 74LS138 的符号及引脚排列图，其逻辑功能如表 2—7 所示。

表 2—7　　　　　　　　　　　　　　74LS138 逻辑功能表

输入						输出							
E_I	$\overline{E}_{2A}$	$\overline{E}_{2B}$	A_2	A_1	A_0	$\overline{Y}_7$	$\overline{Y}_6$	$\overline{Y}_5$	$\overline{Y}_4$	$\overline{Y}_3$	$\overline{Y}_2$	$\overline{Y}_1$	$\overline{Y}_0$
×	1	1	×	×	×	1	1	1	1	1	1	1	1
0	×	×	×	×	×	1	1	1	1	1	1	1	1
1	0	0	0	0	0	1	1	1	1	1	1	1	0
1	0	0	0	0	1	1	1	1	1	1	1	0	1
1	0	0	0	1	0	1	1	1	1	1	0	1	1
1	0	0	0	1	1	1	1	1	1	0	1	1	1
1	0	0	1	0	0	1	1	1	0	1	1	1	1
1	0	0	1	0	1	1	1	0	1	1	1	1	1
1	0	0	1	1	0	1	0	1	1	1	1	1	1
1	0	0	1	1	1	0	1	1	1	1	1	1	1

3-8 线译码器的输出逻辑函数：

$$\overline{Y}_0 = \overline{\overline{A}_2\, \overline{A}_1\, \overline{A}_0} \quad \overline{Y}_1 = \overline{\overline{A}_2\, \overline{A}_1 A_0} \quad \overline{Y}_2 = \overline{\overline{A}_2 A_1\, \overline{A}_0} \quad \overline{Y}_3 = \overline{\overline{A}_2 A_1 A_0}$$

$$\overline{Y}_4 = \overline{A_2\, \overline{A}_1\, \overline{A}_0} \quad \overline{Y}_5 = \overline{A_2\, \overline{A}_1 A_0} \quad \overline{Y}_6 = \overline{A_2 A_1\, \overline{A}_0} \quad \overline{Y}_7 = \overline{A_2 A_1 A_0}$$

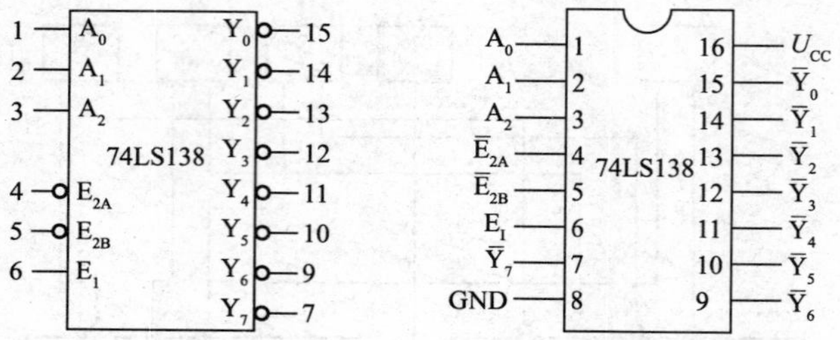

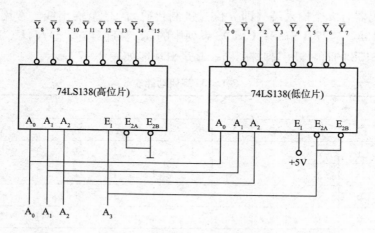

（a）符号图　　　　　　　（b）引脚排列图

图 2—10　74LS138 的符号及引脚排列图

由功能表 2—7 可知，它能译出 3 个输入变量的全部状态。该译码器设置了 E_I、E_{2A} 和 E_{2B} 三个使能输入端，当 E_I 为 1 且 $\overline{E}_{2A}$ 和 $\overline{E}_{2B}$ 均为 0 时，译码器处于工作状态，否则译码器不工作。

2. 译码器的扩展

用两片 74LS138 实现一个 4-16 线译码器。

利用译码器的使能端作为高位输入端，如图 2—11 所示，当 $A_3 = 0$ 时，由表 2—7 可知，低位片 74LS138 工作，对输入 A_3、A_2、A_1、A_0 进行译码，依次从 $Y_0 \sim Y_7$ 输出，此时高位片禁止工作；当 $A_3 = 1$ 时，高位片 74LS138 工作，从 $Y_8 \sim Y_{15}$ 依次输出，而低位片禁止工作。

图 2—11　74LS138 的扩展应用

3. 二—十进制译码器

二—十进制译码器常用型号有：TTL 系列的 54/7442、54/74LS42 和 CMOS 系列中的 54/74HC42、54/74HCT42 等。图 2—12 所示为 74LS42 的符号图和引脚排列图。该译码器有 $A_0 \sim A_3$ 四个输入端，$Y_0 \sim Y_9$ 共 10 个输出端，简称 4-10 线译码器。74LS42 的逻辑功能如表 2—8 所示。

表 2—8　　　　　　　　　　　　　**74LS42 二—十进制译码器功能表**

十进制数	输入				输出									
	A_3	A_2	A_1	A_0	$\overline{Y_9}$	$\overline{Y_8}$	$\overline{Y_7}$	$\overline{Y_6}$	$\overline{Y_5}$	$\overline{Y_4}$	$\overline{Y_3}$	$\overline{Y_2}$	$\overline{Y_1}$	$\overline{Y_0}$
0	0	0	0	0	1	1	1	1	1	1	1	1	1	0
1	0	0	0	1	1	1	1	1	1	1	1	1	0	1
2	0	0	1	0	1	1	1	1	1	1	1	0	1	1
3	0	0	1	1	1	1	1	1	1	1	0	1	1	1
4	0	1	0	0	1	1	1	1	1	0	1	1	1	1
5	0	1	0	1	1	1	1	1	0	1	1	1	1	1
6	0	1	1	0	1	1	1	0	1	1	1	1	1	1
7	0	1	1	1	1	1	0	1	1	1	1	1	1	1
8	1	0	0	0	1	0	1	1	1	1	1	1	1	1
9	1	0	0	1	0	1	1	1	1	1	1	1	1	1
非	1	0	1	0	1	1	1	1	1	1	1	1	1	1
	1	0	1	1	1	1	1	1	1	1	1	1	1	1
法	1	1	0	0	1	1	1	1	1	1	1	1	1	1
	1	1	0	1	1	1	1	1	1	1	1	1	1	1
码	1	1	1	0	1	1	1	1	1	1	1	1	1	1
	1	1	1	1	1	1	1	1	1	1	1	1	1	1

由表 2—8 可知，当输入一个 BCD 码时，就会在它所表示的十进制数的对应输出端产生一个低电平有效信号。如果输入的是非法码，输出将无低电平信号产生，即译码器拒绝翻译，因此这个电路结构具有拒绝非法码的功能。

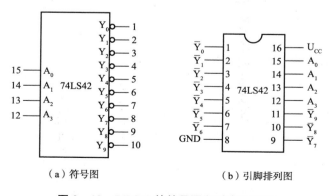

（a）符号图　　　　　　　　　　（b）引脚排列图

图 2—12　74LS42 的符号图和引脚排列图

4. 显示译码器

显示译码器常见于数字显示电路中,它通常由译码器、驱动器和显示器等部分组成。

(1)显示器。数码显示器按显示方式有分段式、字形重叠式、点阵式。其中,七段显示器应用最普遍。图2—13(a)所示为由七段发光二极管组成的数码显示器的外形,利用字段的不同组合,可分别显示出0~9十个数字,如图2—13(b)所示。

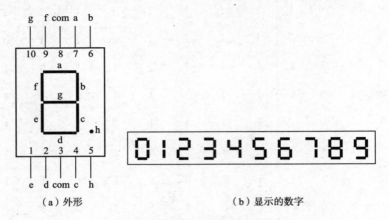

（a）外形　　　　　　　　　（b）显示的数字

图2—13　七段数码显示器

七段数码显示器的内部有共阳极和共阴极两种接法。

共阳极接法如图2—14(a)所示,各发光二极管阳极连接在一起,当各阴极接低电平时,对应二极管发光。图2—14(b)所示为发光二极管的共阴极接法,共阴极接法是指各发光二极管的阴极共接,当有阳极接高电平时,对应二极管发光。

数码显示器通常需要与七段译码器配合使用。七段译码器输出低电平时,需选用共阳极接法的数码显示器;译码器输出高电平时,则需要选用共阴极接法的数码显示器。

二极管数码显示器的优点是工作电压低、体积小、寿命长、工作可靠性高、响应速度快、亮度高。它的主要缺点是工作电流稍大,且每个字段外加限流电阻,使每段工作电流约为10mA。

(2)集成电路74LS48。图2—15为显示译码器74LS48的引脚排列图,表2—9为74LS48的逻辑功能表,它有三个辅助控制端LT、$\overline{BI}/\overline{RBO}$和$\overline{RBI}$。

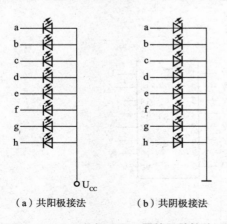

（a）共阳极接法　　　（b）共阴极接法

图2—14　七段数码显示器的两种接法

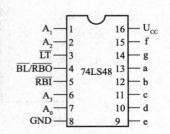

图2—15　74LS48的引脚排列图

表 2—9　　　　　　　　　　　　74LS48 的逻辑功能表

数字	输入						输入/输出	输出							字型
十进制	$\overline{\text{LT}}$	$\overline{\text{RBI}}$	A_3	A_2	A_1	A_0	$\overline{\text{BI}}/\overline{\text{RBO}}$	a	b	c	d	e	f	g	
0	1	1	0	0	0	0	1	1	1	1	1	1	1	0	0
1	1	×	0	0	0	1	1	0	1	1	0	0	0	0	1
2	1	×	0	0	1	0	1	1	1	0	1	1	0	1	2
3	1	×	0	0	1	1	1	1	1	1	1	0	0	1	3
4	1	×	0	1	0	0	1	0	1	1	0	0	1	1	4
5	1	×	0	1	0	1	1	1	0	1	1	0	1	1	5
6	1	×	0	1	1	0	1	0	0	1	1	1	1	1	6
7	1	×	0	1	1	1	1	1	1	1	0	0	0	0	7
8	1	×	1	0	0	0	1	1	1	1	1	1	1	1	8
9	1	×	1	0	0	1	1	1	1	1	1	0	1	1	9
无	1	×	1	0	1	0	1	0	0	0	1	1	0	1	
效	1	×	1	0	1	1	1	0	0	1	1	0	0	1	
码	1	×	1	1	0	0	1	0	1	0	0	0	1	1	乱
输	1	×	1	1	0	1	1	1	0	0	1	0	1	1	码
入	1	×	1	1	1	0	1	0	0	0	1	1	1	1	
	1	×	1	1	1	1	1	0	0	0	0	0	0	0	
灭灯	×	×	×	×	×	×	0	0	0	0	0	0	0	0	
灭零	1	0	0	0	0	0	0	0	0	0	0	0	0	0	
试灯	0	×	×	×	×	×	1	1	1	1	1	1	1	1	8

$\overline{\text{LT}}$为试灯输入端：当$\overline{\text{LT}}=0$，$\overline{\text{BI}}/\overline{\text{RBO}}=1$ 时，若七段均完好，则显示字形"8"。该输入端常用于检查 74LS48 驱动显示器的好坏；当$\overline{\text{LT}}=1$ 时，译码器方可进行译码显示。

$\overline{\text{RBI}}$用来动态灭零，低电平有效；当$\overline{\text{RBI}}=0$，且输入 $A_3A_2A_1A_0=0000$ 时，则使数字符的各段熄灭，此时$\overline{\text{BI}}/\overline{\text{RBO}}$端口输出低电平 0。

$\overline{\text{BI}}/\overline{\text{RBO}}$具有双重功能，灭灯输入/灭灯输出，当$\overline{\text{BI}}/\overline{\text{RBO}}=0$ 时不管输入如何，数码管不显示数字；当它作为输出端时，是本位灭零标志信号，当本位已灭零，则该端口输出 0。

2.2.3　数据选择器和数据分配器

数据选择器又称多路选择器（简称 MUX），其框图如图 2—16 所示。它有 n 位地址输入、2^n 位数据输入、1 位输出。每次在地址输入端信号的控制下，从多路输入数据中选择一路输出，其功能类似于一个单刀多掷开关，如图 2—17 所示。

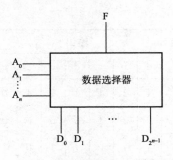

图 2—16　数据选择器框图

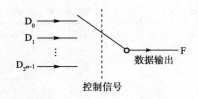

图 2—17　数据选择器功能示意图

常用的数据选择器有二选一、四选一、八选一和十六选一等。

图 2—18 是四选一选择器的符号图。其中，A_1、A_0 为地址输入信号；$D_0 \sim D_3$ 为并行输入信号；$\overline{E}$ 为选通端或使能端，低电平有效；Y 为输出端，被选中的信号从 Y 输出。其功能如表 2—10 所示。

表 2—10　　　　　　　　　　　　　　　四选一选择器功能表

输入			输出	输入			输出
$\overline{E}$	A_1	A_0	Y	$\overline{E}$	A_1	A_0	Y
1	$\times$	$\times$	0	0	1	0	D_2
0	0	0	D_0	0	1	1	D_3
0	0	1	D_1				

当 $\overline{E}=1$ 时，选择器不工作，禁止数据输入。当 $\overline{E}=0$ 时，选择器正常工作，允许数据选通。由表 2—10 可写出四选一数据选择器输出逻辑表达式

$$Y=(\overline{A_1}\,\overline{A_0})D_0+(\overline{A_1}A_0)D_1+(A_1\overline{A_0})D_2+(A_1A_0)D_3$$

1. 集成数据选择器

74LS151 是典型的八选一数据选择器。如图 2—19 所示是 74LS151 的引脚排列图。它有三个地址端 $A_2A_1A_0$，可选择 $D_0 \sim D_7$ 八个数据，具有两个互补输出端 W 和 $\overline{W}$。其功能如表 2—11 所示。

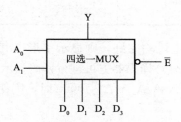

图 2—18　四选一选择器符号图

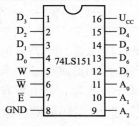

图 2—19　74LS151 的引脚排列图

表 2—11　　　　　　　　　　　　　　　74LS151 的功能

$\overline{E}$	A_2	A_1	A_0	W	$\overline{W}$
1	$\times$	$\times$	$\times$	0	1
0	0	0	0	D_0	$\overline{D_0}$

$\overline{E}$	A_2	A_1	A_0	W	$\overline{W}$
0	0	0	1	D_1	$\overline{D_1}$
0	0	1	0	D_2	$\overline{D_2}$
0	0	1	1	D_3	$\overline{D_3}$
0	1	0	0	D_4	$\overline{D_4}$
0	1	0	1	D_5	$\overline{D_5}$
0	1	1	0	D_6	$\overline{D_6}$
0	1	1	1	D_7	$\overline{D_7}$

74LS151 输出函数表达式如下：

$$W = \overline{A_2}\,\overline{A_1}\,\overline{A_0}D_0 + \overline{A_2}\,\overline{A_1}A_0D_1 + \overline{A_2}A_1\,\overline{A_0}D_2 + \overline{A_2}A_1A_0D_3 + A_2\,\overline{A_1}\,\overline{A_0}D_4 + A_2\,\overline{A_1}A_0D_5 +$$
$$A_2A_1\,\overline{A_0}D_6 + A_2A_1A_0D_7$$
$$= m_0D_0 + m_1D_1 + m_2D_2 + m_3D_3 + m_4D_4 + m_5D_5 + m_6D_6 + m_7D_7$$

2. 数据选择器的扩展

试用两片 74LS151 连接成一个十六选一的数据选择器。

十六选一的数据选择器的地址输入端需要四位，最高位 A_3 的输入可以由两片八选一数据选择器的使能端接非门来实现，低三位地址输入端由两片 74LS151 的地址输入端相连接而成，连接图如图 2—20 所示。

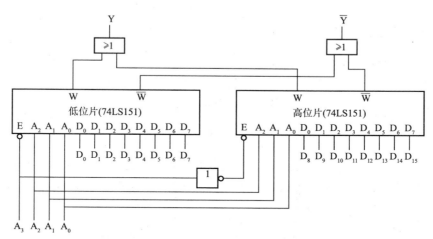

图 2—20 74LS151 功能扩展

当 $A_3 = 0$ 时，由表 2—11 可知，低位片 74LS151 工作，根据地址控制信号 $A_2A_1A_0$ 选择 $D_0 \sim D_7$ 进行输出；$A_3 = 1$ 时，高位片工作，选择 $D_8 \sim D_{15}$ 进行输出。

3. 数据分配器

数据分配是数据选择的逆过程。根据地址码的要求，将一路数据分配到指定输出通道上去的电路，称为数据分配器（简称 DMUX）。

图 2—21 为 4 路数据分配器工作示意图。

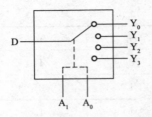

图 2—21　4 路数据分配器工作示意图

2.2.4　加法器

1. 半加器

只考虑两个 1 位二进制数的相加，而不考虑来自低位进位数的运算电路，称为半加器。

设两个 1 位二进制数分别为加数 A 和被加数 B，没有来自低位的进位数；和数为 S，进位数为 C。如输入 A、B 都为 1 时，它们相加的结果进位数 C 为 1，本位和数 S 为 0；当 A 和 B 不同时，相加后的和数 S 为 1，没有进位数，即 C＝0。可见，半加器应有本位和数 S 及进位数 C 两个输出。由此可列出半加器的真值表如表 2—12 所示。

表 2—12　　　　　　　　　　　　　　半加器的真值表

输入		输出	
A	B	S	C
0	0	0	0
0	1	1	0
1	0	1	0
1	1	0	1

根据真值表可写出半加器的输出逻辑函数式如下：

$$\begin{cases} S = \overline{A}B + A\overline{B} \\ C = AB \end{cases}$$

可见，半加器由一个异或门和一个与门组成。逻辑电路如图 2—22（a）所示，图 2—22（b）为其逻辑符号。框内"Σ"为加法运算总限定符号，"CO"为进位输出的限定符号。

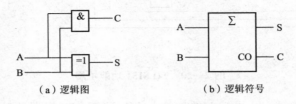

（a）逻辑图　　　　　　　　　　　（b）逻辑符号

图 2—22　半加器及其逻辑符号

2. 一位全加器

一位全加器是完成两个一位二进制数 A_i 和 B_i 及相邻低位的进位 C_{i-1} 相加的逻辑电路。

设计一个全加器，其中，A_i 和 B_i 分别是被加数和加数，C_{i-1} 为来自低位的进位，S_i 为本位的和，C_i 为本位向高位的进位。全加器的真值表，如表 2—13 所示。

表 2—13 全加器的真值表

输入			输出		输入			输出		输入			输出	
A_i	B_i	C_{i-1}	S_i	C_i	A_i	B_i	C_{i-1}	S_i	C_i	A_i	B_i	C_{i-1}	S_i	C_i
0	0	0	0	0	0	1	1	0	1	1	1	0	0	1
0	0	1	1	0	1	0	0	1	0	1	1	1	1	1
0	1	0	1	0	1	0	1	0	1					

由真值表可以直接画出 S_i 和 C_i 的卡诺图，如图 2—23 所示。

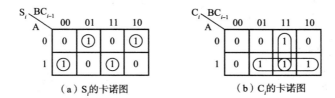

（a）S_i 的卡诺图　　　　　　（b）C_i 的卡诺图

图 2—23　全加器卡诺图

写出 S_i 和 C_i 的逻辑表达式如下：

$$S_i = \overline{A}_i\,\overline{B}_i C_{i-1} + \overline{A}_i B_i\,\overline{C}_{i-1} + A_i\,\overline{B}_i\,\overline{C}_{i-1} + A_i B_i C_{i-1} = A_i \oplus B_i \oplus C_{i-1}$$

$$C_i = A_i B_i + B_i C_{i-1} + A_i C_{i-1}$$

图 2—24 是全加器的逻辑图和逻辑符号。在图 2—24（b）的逻辑符号中，CI 是进位输入端，CO 是进位输出端。

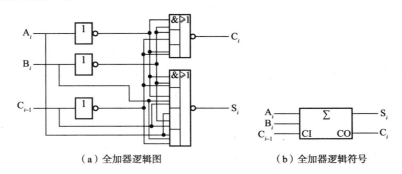

（a）全加器逻辑图　　　　　　　　（b）全加器逻辑符号

图 2—24　全加器逻辑图和逻辑符号

3. 多位加法器

多位数相加时，要考虑进位，进位的方式有串行进位和超前进位两种。可以采用全加器并行相加串行进位的方式完成，图 2—25 是一个四位串行进位加法器。

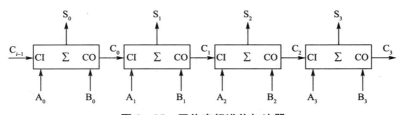

图 2—25　四位串行进位加法器

这种电路由于进位信号的逐级传送耗费时间，所以运算速度慢。为了提高运算速度，人们把串行进位改为超前进位。超前进位就是每一位全加器的进位信号直接由并行输入的被加数、加数以及外部输入进位信号 CO 同时决定，不再需要逐级等待低位送来的进位信号，用超前进位方式构成的加法器叫做超前进位加法器。

图 2—26 是四位二进制超前进位加法器 74LS83 的逻辑符号图，其中进位输入端 CI 和进位输出端 CO 主要用来扩展加法器字长，作为芯片之间串行进位之用。图 2—27 所示将 74LS83 扩展为八位并行加法器，将低位片 CI 端接地，同时将低位片的 CO 端接高位片的 CI 端。

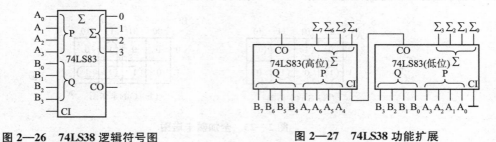

图 2—26　74LS38 逻辑符号图　　　　　　　　图 2—27　74LS38 功能扩展

2.3　常用集成组合电路应用实例

2.3.1　编码器的应用

1. 微控制器报警编码电路

如图 2—28 所示为利用 74LS148 编码器监视 8 个化学罐液面的报警编码电路。若 8 个化学罐中任何一个液面超过预定高度时，其液面检测传感器便输出一个 0 电平到编码器的输入端。编码器输出 3 位二进制代码到微控制器。此时，微控制器仅需要 3 根输入线就可以监视 8 个独立的被测点。

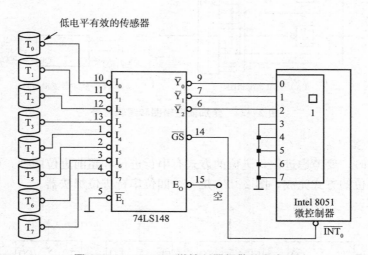

图 2—28　74LS148 微控制器报警编码电路

这里用的是 Intel 8051 微控制器，它有 4 个输入/输出接口。我们使用其中的一个口输入被编码的报警代码，并且利用中断输入 $\overline{INT_0}$ 接收报警信号 $\overline{GS}$（$\overline{GS}$ 是编码器输入信号有效的标志，只要有一个输入信号为有效的低电平，$\overline{GS}$就变成低电平）。当 Intel 8051 的 $\overline{INT_0}$ 端接收到一个 0 时，就运行报警处理程序并做相应的反应，完成报警。

2. 用编码器构成 A/D 转换器

图 2—29 所示为 74LS148 构成的 A/D 转换器。这个电路主要由比较器、寄存器和编码器三部分组成。

输入信号 U_I（模拟电压），同时加到 7 个比较器（$C_1 \sim C_7$）的反相端。基准电压 U_R 经串联电阻分压为 8 级，量化单位 $q = U_R/7$。各基准电压分别加到比较器的同相端。若 U_I 大于基准电压时，比较器 C_i 的输出电压 $U_{C_i} = 0$，否则 $U_{C_i} = 1$。7 个比较器的基准电压依次为 $U_{R1} = (1/14)U_R$、$U_{R2} = (3/14)U_R$、$U_{R3} = (5/14)U_R$、$U_{R4} = (7/14)U_R$、$U_{R5} = (9/14)U_R$、$U_{R6} = (11/14)U_R$、$U_{R7} = (13/14)U_R$。

寄存器是暂时存放数据或代码的逻辑功能部件，将在第 4 章中讨论。寄存器 74LS373 由 8 个 D 触发器构成。它的作用是寄存缓冲比较器输出的信号，以避免因比较器响应速度不一致造成的逻辑错误。比较器的输出量保存一个时钟周期后，供编码使用。

编码器根据寄存器提供的信号进行编码。编码可以反码输出，也可以原码输出。

例如，当 $U_I = 6/14U_R$ 时，7 个比较器输出为 $U_{C_1} = U_{C_2} = U_{C_3} = 0$，$U_{C_7} = U_{C_6} = U_{C_5} = U_{C_4} = 1$。这 7 个信号就是 7 个 D 触发器的输入信号。在时钟信号 CP 上升沿的作用下，7 个 D 触发器的输出信号为 $Q_7 = Q_6 = Q_5 = Q_4 = 1$，$Q_1 = Q_2 = Q_3 = 0$，74LS148 译码器的输出 $\overline{Y_2} \ \overline{Y_1} \ \overline{Y_0} = 100$，经非门输出的原码 CBA = 011。这样，A/D 转换器就把输入的模拟信号 U_I 变成了 3 位数字信号。

通常 R 选用 $1k\Omega$，$U_R = 5V$，CP 的周期应大于手册给出的比较器、寄存器、编码器、非门平均传输延迟时间之和的 2 倍，而脉冲宽度只要大于寄存器的平均传输延迟时间即可。该转换器的转换精度取决于电阻分压网络的精度，这种转换器适合于高速度、低精度的情况。

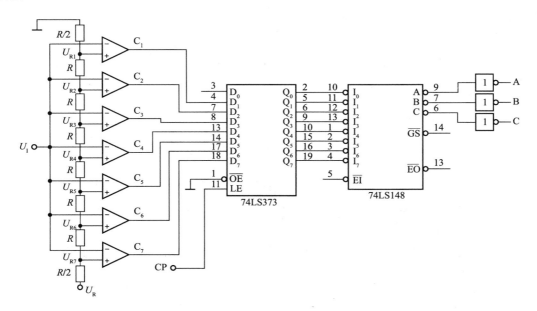

图 2—29 A/D 转换器

2.3.2 译码器的应用

由于二进制译码器的输出为输入变量的全部最小项，即每个输出对应一个最小项，而任何一个逻辑函数都可变换为最小项之和的形式，因此，用译码器和门电路可实现任何单输出或多输出的组合逻辑电路。

【例 2—5】 用 3－8 线译码器实现函数 $Y=\overline{A}\,\overline{B}C+A\overline{B}\,\overline{C}+\overline{A}B\overline{C}$。

解： 由 3－8 线译码器的功能表写出其 8 个输出的表达式如下：

$$\overline{Y}_0=\overline{\overline{A}_2\,\overline{A}_1\,\overline{A}_0}\quad \overline{Y}_1=\overline{\overline{A}_2\,\overline{A}_1A_0}\quad \overline{Y}_2=\overline{\overline{A}_2A_1\,\overline{A}_0}\quad \overline{Y}_3=\overline{\overline{A}_2A_1A_0}$$

$$\overline{Y}_4=\overline{A_2\,\overline{A}_1\,\overline{A}_0}\quad \overline{Y}_5=\overline{A_2\,\overline{A}_1A_0}\quad \overline{Y}_6=\overline{A_2A_1\,\overline{A}_0}\quad \overline{Y}_7=\overline{A_2A_1A_0}$$

若将输入变量 A_2、A_1、A_0 分别代替 A、B、C，则可将函数 $Y=\overline{A}\,\overline{B}C+A\overline{B}\,\overline{C}+\overline{A}B\overline{C}$ 变化如下：

$$Y=\overline{A}_2\,\overline{A}_1A_0+A_2\,\overline{A}_1\,\overline{A}_0+\overline{A}_2A_1\,\overline{A}_0=\overline{\overline{A_2A_1A_0}\cdot\overline{A_2A_1A_0}\cdot\overline{A_2A_1\,\overline{A}_0}}=\overline{\overline{Y}_1\cdot\overline{Y}_4\cdot\overline{Y}_2}$$

可见，用 3－8 线译码器再加上一个与非门就可实现函数 Y，其逻辑图如图 2—30 所示。

【例 2—6】 用译码器设计一个一位全加器电路。

解： （1）写出全加器的输出逻辑表达式如下：

$$S_i=\overline{A}_i\,\overline{B}_iC_{i-1}+\overline{A}_iB_i\,\overline{C}_{i-1}+A_i\,\overline{B}_i\,\overline{C}_{i-1}+A_iB_iC_{i-1}$$

$$C_i=A_iB_i+B_iC_{i-1}+A_iC_{i-1}$$

（2）选择译码器。全加器有 3 个输入信号，两个输出信号，因此选择 3－8 线译码器。

（3）将输出 S_i、C_i 和 3－8 线译码器的输出表达式进行比较，设 $A_i=A_2$，$B_i=A_1$，$C_{i-1}=A_0$，于是可得如下公式：

$$S_i=\overline{A}_i\,\overline{B}_iC_{i-1}+\overline{A}_iB_i\,\overline{C}_{i-1}+A_i\,\overline{B}_i\,\overline{C}_{i-1}+A_iB_iC_{i-1}$$

$$=\overline{A}_2\,\overline{A}_1A_0+\overline{A}_2A_1\,\overline{A}_0+A_2\,\overline{A}_1\,\overline{A}_0+A_2A_1A_0$$

$$=\overline{\overline{Y}_1\cdot\overline{Y}_2\cdot\overline{Y}_4\cdot\overline{Y}_7}$$

$$C_i=A_iB_i+B_iC_{i-1}+A_iC_{i-1}$$

$$=A_iB_iC_{i-1}+A_iB_i\,\overline{C}_{i-1}+\overline{A}_iB_iC_{i-1}+A_i\,\overline{B}_iC_{i-1}$$

$$=A_2A_1A_0+A_2A_1\,\overline{A}_0+\overline{A}_2A_1A_0+A_2\,\overline{A}_1A_0$$

$$=\overline{\overline{Y}_7\cdot\overline{Y}_6\cdot\overline{Y}_3\cdot\overline{Y}_5}$$

（4）接线图如图 2—31 所示。

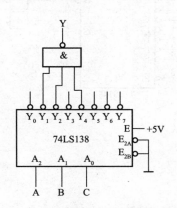

图 2—30 用 3－8 线译码器实现组合逻辑电路

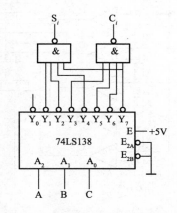

图 2—31 用 74LS138 译码器实现一位全加器

2.3.3 数据选择器的应用

数据选择器的应用很广，可以实现多路信号的分时传送，实现组合逻辑电路，实现数据传送的并串转换，产生序列信号等。

利用数据选择器，当使能端有效时，将地址输入、数据输入代替逻辑函数中的变量实现逻辑函数。

【例 2—7】 用八选一数据选择器 74LS151 实现逻辑函数 $Y=AB\overline{C}+\overline{A}BC+\overline{A}\,\overline{B}$。

解： 把逻辑函数变换成最小项的表达式如下：

$$Y=AB\overline{C}+\overline{A}BC+\overline{A}\,\overline{B}=AB\overline{C}+\overline{A}BC+\overline{A}\,\overline{B}C+\overline{A}\,\overline{B}\,\overline{C}$$

若用 A、B、C 代替 74LS151 中的 A_2、A_1、A_0，对比其功能表，可见此时选择出的是 D_6、D_3、D_1、D_0。即 $D_6=D_3=D_1=D_0=1$，其余几项为 0。逻辑图如图 2—32 所示。

【例 2—8】 用数据选择器实现三变量多数表决器。

解： 三变量多数表决器其逻辑表达式为 $Y=AB+BC+AC$

化为最小项表达式为：$Y=\overline{A}BC+A\overline{B}C+AB\overline{C}+ABC$

对比 74LS151 功能表得

$$D_0=D_1=D_2=D_4=0$$
$$D_3=D_5=D_6=D_7=1$$

逻辑图如图 2—33 所示。

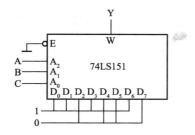

图 2—32 用 74LS151 实现组合逻辑函数

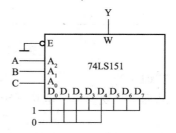

图 2—33 用数据选择器实现三变量多数表决器

2.4 常用集成电路简介

编码器和译码器集成电路（IC）产品很多，现将常见的编码器、译码器 IC 列于表 2—14 中。

表 2—14　　　　　　　　　　　　　常用编码器和译码器

类型	型号					功能
编码器	74148	74LS148	74HC148			8 - 3 线优先编码
	74147	74LS147	74HC42			10 - 4 线优先编码
	74LS348					8 - 3 线优先编码（三态输出）
译码器	7442	74L42	74LS42	74HC42	74C42	二—十进制译码器
	7443	74L43				余 3 码二—十进制译码器
	7444	74L44				3 - 8 线译码器（带地址锁存）
	74HC131	74S137	74LS137	74HC137		3 - 8 线译码器/多路转换器

类型	型号				功能
译码器	74HC237				
	74S138	74LS138	74HC138		
	74S139	74LS139	74HC139		双 2-4 线译码器/多路转换器
	74141				BCD-十进制译码器/驱动器
	74145	74LS155	74HC145		BCD-十进制译码器/驱动器（OC）
	74154	74L154	74LS154	74HC154	4-16 线译码器/多路分配器
	74159	74HC1459			4-16 线译码器/多路分配器
	74HC238				双 2-4 线译码器/多路分配器
	74HC239				
	74LS48	74C48	7449	74LS49	BCD-七段译码器/驱动器
	74246	74LS247	74247	74248	
	74LS248	74249	74LS249	74LS373	
	74LS447				
	7446	74L46	7447	74L47	74LS47	BCD-七段译码器/驱动器（OC）
	74249	74LS249			
	74LS445				BCD-十进制译码器/驱动器（OC）
	74LS537				BCD-十进制译码器（三态输出）
	74LS538				3-8 多路分配器（三态输出）

实训3 组合逻辑电路设计

一、实训目的

（1）掌握用小规模集成电路（SSI）或中规模集成电路（MSI）设计简单组合逻辑电路的方法。

（2）进一步掌握组合逻辑电路的连接和调试方法。

二、实训前准备

（1）复习组合逻辑电路的设计方法。

（2）根据课题的要求，写出设计过程并画出所设计的逻辑电路图，拟出实验步骤及各种记录表格，实验前交任课老师或实验室老师检查。

三、实训器材

（1）4-2 输入与非门 74LS00 一片；

（2）双四选一数据选择器 74LS153 一片；

（3）14 脚集成座两个、16 脚集成座一个；

（4）逻辑电平开关盒一个。

四、实训课题

设计一个 3 人（A、B、C）表决电路。在表决某个提案时，若多数人同意，则提案通过，同时 A 具有否决权。要求用两种方法实现：（1）用与非门实现；（2）用四选一数据选择器实现。

74LS00、74LS153 的引脚图如图 2—34、图 2—35 所示。74LS153 的 1～7 脚、9～15 脚为 A、B 两个数据选择器的引脚。其中 1、15 脚为各自的"使能端"，低电平有效。A_1、A_0

脚为公共的地址信号输入端。$D_{0a} \sim D_{3a}$为数据选择器 A 的数据输入端，$D_{0b} \sim D_{3b}$为数据选择器 B 的数据输入端，Y_a、Y_b为各自的输出端。

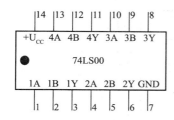

图 2—34　74LS00 引脚图

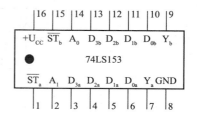

图 2—35　74LS153 引脚图

五、分析与思考

（1）写出设计过程，画出逻辑电路图，列出实验表格，验证结果。

（2）通过这次实验，自己有何心得和体会？

（3）若用八选一数据选择器来实现，应如何连线？

实训 4　译码器实验

一、实训目的

（1）掌握译码器的工作原理和特点。

（2）熟悉常用译码器的逻辑功能和它们的典型应用。

二、实训前准备

（1）复习二进制译码器、数码显示译码器的工作原理及译码的方法。

（2）预习下面的"实训内容及步骤"。

三、实训器材

（1）二进制 3－8 线译码器 74LS138 一片；

（2）双四输入与非门 74LS20 一片；

（3）译码/驱动器 74LS247 及共阳极数码管；

（4）逻辑电平开关盒；

（5）14 脚、16 脚集成座各一个。

四、实训内容及步骤

1. 二进制译码器功能测试

（1）图 2—36 为 3－8 线译码器 74LS138 的引脚图。A_2、A_1、A_0为三个二进制代码的输入端，A_2为最高位，A_0为最低位；4、5、6 脚为使能端，前两者为 0，后者为 1 时可以译码；否则输出全 1，没有信号；7 脚、9～15 脚为译码器的输出端，低电平有效。

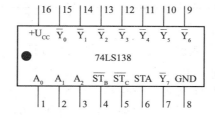

图 2—36　74LS138 引脚图

（2）按图 2—37 接线，注意芯片、逻辑电平开关盒应加上电源，并注意电源极性不能接反。逻辑电平开关往上打为 1，往下打为 0；显示二极管发光表示输出为 1，不发光则输出为 0。

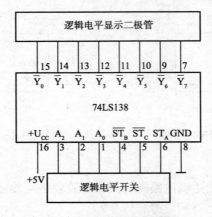

图 2—37　74LS138 接线图

（3）根据表 2—15 所示输入端和控制端的不同取值，测出对应的输出值，填入表 2—15 中。

表 2—15　　　　　　　　　　　　　　74LS138 二进制译码器功能表

输入					输出							
使能端		二进制数			Y_0	Y_1	Y_2	Y_3	Y_4	Y_5	Y_6	Y_7
ST_A	$\overline{ST}^*$	A_2	A_1	A_0								
×	1	×	×	×								
0	×	×	×	×								
1	0	0	0	0								
1	0	0	0	1								
1	0	0	1	0								
1	0	0	1	1								
1	0	1	0	0								
1	0	1	0	1								
1	0	1	1	0								
1	0	1	1	1								

注：$\overline{ST}^* = \overline{ST}_B + \overline{ST}_C$

2. 译码器的应用（选作）

用 3 - 8 译码器 74LS138、双四输入与非门 74LS20 设计一个一位全加器，能将两个二进制数及来自低位的进位数相加，并产生本位的和数与进位数。要求画出接线图，列出相应的表格，验证其逻辑功能（实验前交老师检查）。74LS20 的引脚分布图如图 2—38 所示。其中，1、2、4、5 脚，9、10、12、13 脚分别为两个与非门的输入端；6、8 脚为它们的输出端。

56

3. 数码显示译码器实验

（1）74LS247 为输出低电平有效的 BCD‐7 段译码器/驱动器。其引脚图见图 2—39，A_3、A_2、A_1、A_0 为四位 BCD 码输入端；3、4、5 三个引脚悬空。9～15 脚为译码/驱动器的 7 个输出端，分别与共阳极数码管的对应引脚连接（可通过串接 390Ω 的限流电阻来连接，也可直接连接）。图 2—40 是共阳极数码管的引脚图，按图 2—41 接线，注意其 3 脚或 8 脚应接电源正极。

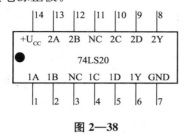

图 2—38

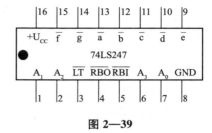

图 2—39

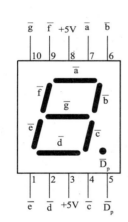
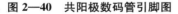

图 2—40　共阳极数码管引脚图

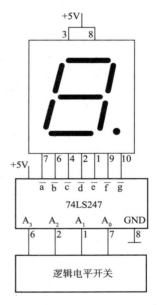

图 2—41　74LS247 接线图

（2）A_3、A_2、A_1、A_0 按表 2—16 取值，观察数码管显示的数码，并填入表中。

表 2—16　　　　　　　　　图 2—41 译码显示电路的输入与输出

输入				输出数码
A_3	A_2	A_1	A_0	
0	0	0	0	
0	0	0	1	
0	0	1	0	
0	0	1	1	
0	1	0	0	

输 入				输出数码
A₃	A₂	A₁	A₀	
0	1	0	1	
0	1	1	0	
0	1	1	1	
1	0	0	0	
1	0	0	1	

五、分析与思考

（1）整理试验线路图、实验表格。

（2）总结本次实验的心得与体会。

习 题 2

1. 什么是编码？什么是二进制编码？

2. 编码器的功能是什么？优先编码器有什么优点？

3. 什么是译码？译码器的功能是什么？

4. 表 2—17 是 74LS248 逻辑功能表。根据功能表回答下列问题：

(1) 74LS248 直接驱动共阴极显示器还是共阳极显示器？

(2) 在表 2—17 中填写"字型"栏。

(3) 74LS248 是否有拒伪数据的能力。

(4) 正常显示时，$\overline{\text{LT}}$、$\overline{\text{BI/RBO}}$ 应处于什么电平？

(5) 试灯时 $\overline{\text{LT}}=$？对数据输入端 A₀～A₃ 有要求吗？

(6) 灭零时，应如何处理 $\overline{\text{RBO}}$ 端？

(7) 当 $\overline{\text{RBO}}=0$，但输入数据不为 0 时，显示器是否正常显示？

(8) 当灭零时，$\overline{\text{BI/RBO}}$ 输出什么电平？

表 2—17   74LS248 逻辑功能表

十进制数或功能	$\overline{\text{LT}}$	$\overline{\text{RBI}}$	输入				$\overline{\text{BI/RBO}}$	输出							字型
			A₃	A₂	A₁	A₀		a	b	c	d	e	f	g	
0	1	1	0	0	0	0	1	1	1	1	1	1	1	0	
1	1	×	0	0	0	1	1	0	1	1	0	0	0	0	
2	1	×	0	0	1	0	1	1	1	0	1	1	0	1	
3	1	×	0	0	1	1	1	1	1	1	1	0	0	1	
4	1	×	0	1	0	0	1	0	1	1	0	0	1	1	
5	1	×	0	1	0	1	1	1	0	1	1	0	1	1	
6	1	×	0	1	1	0	1	1	0	1	1	1	1	1	

续前表

十进制数或功能	$\overline{\text{LT}}$	$\overline{\text{RBI}}$	输入				$\overline{\text{BI}}/\overline{\text{RBO}}$	输出							字型
			A_3	A_2	A_1	A_0		a	b	c	d	e	f	g	
7	1	×	0	1	1	1	1	1	1	1	0	0	0	0	
8	1	×	1	0	0	0	1	1	1	1	1	1	1	1	
9	1	×	1	0	0	1	1	1	1	1	1	0	1	1	
10	1	×	1	0	1	0	1	0	0	0	1	1	0	1	
11	1	×	1	0	1	1	1	0	0	1	1	0	0	1	
12	1	×	1	1	0	0	1	0	1	0	0	0	1	1	
13	1	×	1	1	0	1	1	1	0	0	1	0	1	1	
14	1	×	1	1	1	0	1	0	0	0	1	1	1	1	
15	1	×	1	1	1	1	1	0	0	0	0	0	0	0	
消息	×	×	×	×	×	×	0	0	0	0	0	0	0	0	
脉冲消息	1	0	0	0	0	0	0	0	0	0	0	0	0	0	
试灯	0	×	×	×	×	×	1	1	1	1	1	1	1	1	

注：a、b、c、d、e、f、g 显示为高电平有效。

5. 试用两片 74LS148 扩展为 16－4 线优先编码器。

6. 试用 74LS148 并辅以适当门电路实现 10－4 线优先编码器。

7. 试用译码器和门电路分别实现下列逻辑函数：

(1) $Y=\overline{A}\,\overline{B}+BC+A\overline{C}$

(2) $Y=AB\overline{C}+\overline{B}\,\overline{D}+\overline{A}CD+AB\overline{C}D$

(3) $Y(A,B,C,D)=\sum m(0,3,7,9,11,14,15)$

8. 试分析图 2—42 中所示电路的逻辑功能。

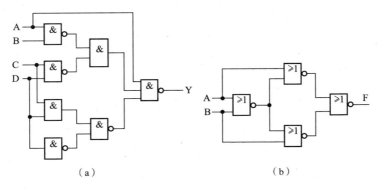

（a）　　　　　　　　　　（b）

图 2—42

9. 用最少的门电路设计能实现如下功能的组合逻辑电路。

(1) 三变量判奇电路（有奇数个 1 时，输出为 1）；

(2) 三变量不一致电路（三个变量取值不同时，输出为 1，否则为 0）；

(3) 四变量判偶电路（有偶数个 1 和全 0 时，输出为 1）。

10. 设计一个路灯控制电路。要求在 4 个不同的地方都能独立控制路灯的亮和灭。当一个开关动作后灯亮，则另一个开关动作后灯灭。设计一个能实现此要求的组合逻辑电路。

11. 设计一个 4 人表决电路。当表决某一提案时，多数人同意提案通过；如两人同意，其中一人为董事长时，提案也通过。用与非门实现。

12. 试用 3-8 线译码器 CT74LS138 和门电路实现下面多输出逻辑函数：

$$\begin{cases} Y_1 = AC + A\bar{B} \\ Y_2 = \bar{A}\,\bar{B}C + A\bar{B}\,\bar{C} + BC \\ Y_3 = AB\bar{C} + \bar{B}\,\bar{C} \end{cases}$$

13. 用八选一数据选择器实现下列逻辑函数：

(1) $Y(A, B, C, D) = \sum m(0, 2, 3, 5, 6, 8, 10, 12)$

(2) $Y(A, B, C, D) = \sum m(0, 2, 5, 7, 9, 10, 12, 15)$

14. 用八选一数据选择器实现下列逻辑函数：

(1) $Y = A\bar{B} + B\bar{C} + C\bar{D} + D\bar{A}$

(2) $Y = (A + \bar{B} + D)(\bar{A} + C)$

第3章 触发器及其应用

3.1 触发器概述

在数字系统中，不但要对数字信号进行算术运算和逻辑运算，而且还需要将运算结果保存起来，这就需要具有记忆（Memory）功能的逻辑单元。我们把能够存储一位二进制数字信号的基本逻辑单元电路叫做触发器（Flip-Flop，FF）。触发器应具有两个稳定状态（Steady State），用来表示逻辑 1 和逻辑 0（或二进制数的 1 和 0），在触发信号作用下，两个稳定状态可以相互转换或称翻转（Turnover），当触发信号消失后，电路能将新建立的状态保存下来。因此这种电路也称为双稳态（Bistable）电路。

根据触发器电路结构的不同，触发器可分为基本 RS 触发器、同步触发器、边沿触发器等。

根据触发器逻辑功能的不同，触发器又可分为 RS 触发器、D 触发器、JK 触发器、T 和 T′ 触发器等。

触发器的逻辑功能常用状态转换特性表和时序波形图来描述。

下面将主要介绍触发器的基本结构、逻辑功能及各种触发器间的逻辑功能转换。

3.1.1 触发器的基本电路

基本 RS 触发器又称为 RS 锁存器（Latch），在各种触发器中，它的结构最简单，但却是各种复杂结构触发器的基本组成部分。

1. 电路组成

图 3—1（a）所示的电路是由两个与非门 G_1、G_2 的输入和输出交叉反馈连接成的基本 RS 触发器。$\overline{S}$、$\overline{R}$ 是两个信号输入端，字母上的非号表示该两端正常情况下处于高电平，有触发信号时变为低电平。Q、$\overline{Q}$ 为两个互补的信号输出端，通常规定以 Q 端的状态作为触发器状态。图 3—1（b）为其逻辑符号，R、S 端的小圆圈也表示该种触发器的触发信号为低电平有效。

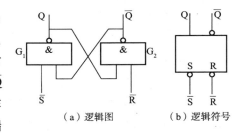

（a）逻辑图　　　（b）逻辑符号

图 3—1　基本 RS 触发器

2. 逻辑功能

（1）逻辑功能分析。在组合逻辑电路中，电路的输出状态仅取决于当时的输入信号，当输入信号发生改变时，输出状态也随之改变，即电路对原来的输出状态没有"记忆"。而在基本 RS 触发器中，触发器的输出不仅由触发器信号来决定，而且当触发信号消失后，电路能依靠自身的正反馈作用，将输出状态保持下来，即具备了记忆功能。

下面进行具体分析：

①当 $\overline{R}=\overline{S}=1$ 时，电路可有两个稳定状态 $Q=1$、$\overline{Q}=0$ 或 $Q=0$、$\overline{Q}=1$，我们把前者称为触发器处于 1 状态或置位（Set）状态，把后者称为触发器处于 0 状态或复位（Reset）状态，由电路不难看出这两种状态依靠正反馈将稳定地保持下去。例如，$Q=1$、$\overline{Q}=0$ 时，$\overline{Q}$ 反馈到 G_1 输入端，将 G_1 封锁（Lockout），使 Q 恒为高电平 1，Q 反馈到 G_2，由于这时 $\overline{R}=1$，G_2 打开，使 $\overline{Q}$ 恒为低电平 0，因此，触发器又称为双稳态电路。

②当 $\overline{R}=1$、$\overline{S}=0$（即在 $\overline{S}$ 端加有低电平触发信号）时，G_1 门被封锁，$Q=1$，G_2 门输入全为 1，$\overline{Q}=0$，即触发器被置成 1 状态。因此我们把 $\overline{S}$ 端称为置 1 输入端，又称置位端。这时，即使 $\overline{S}$ 端恢复到高电平，$Q=1$，$\overline{Q}=0$ 的状态仍将保持下去，这就是所谓的记忆功能。

③当 $\overline{R}=0$、$\overline{S}=1$（即在 $\overline{R}$ 端加有低电平触发信号）时，G_2 门被封锁，$\overline{Q}=1$，G_1 门输入全为 1，$Q=0$，即触发器被置成 0 状态。因此我们把 $\overline{R}$ 端称为置 0 输入端，又称复位端。这时，即使 $\overline{R}$ 端恢复到高电平，$Q=0$，$\overline{Q}=1$ 的状态亦能得到保持。

④当 $\overline{R}=0$、$\overline{S}=0$（即在 $\overline{R}$、$\overline{S}$ 端同时加有低电平触发信号）时，G_1 和 G_2 门都处于封锁状态，有 $Q=\overline{Q}=1$，这是一种未定义的状态，在 RS 触发器中属于不正常状态。这是因为在这种情况下，当 $\overline{R}=\overline{S}=0$ 的信号同时消失变为高电平后，由于无法预知 G_1、G_2 门动态传输特性的差异，故触发器转换到什么状态将不能确定，可能为 1 态，也可能为 0 态。对于这种随机性的不定输出，在使用中是不允许的，应予以避免。

由上述可见，在正常工作条件下，当触发信号到来时（低电平有效），触发器翻转成相应的状态，当触发信号过后（恢复到高电平），触发器维持状态不变，因此基本 RS 触发器具有记忆功能。

（2）逻辑功能的描述。在描述触发器的逻辑功能时，为了分析方便，我们规定：触发器在接收触发信号之前的原稳定状态称为初态（Present），用 Q^n 表示；触发器在接收触发信号之后建立的新稳定状态叫做次态（Next State），用 Q^{n+1} 表示。由上述可知触发器的次态 Q^{n+1} 是由触发信号和初态 Q^n 的取值情况所决定的。例如，在 $Q^n=1$、$\overline{Q}^n=0$ 时，若 $\overline{S}=0$、$\overline{R}=1$，则 $Q^{n+1}=1$ 将维持不变；若 $\overline{S}=1$、$\overline{R}=0$，则 $Q^{n+1}=0$，即触发器由 1 状态翻转到 0 状态。

在数字电路中，可采用下述四种方法来描述触发器的逻辑功能：

①状态转换特性表。由第 2 章内容可知，描述逻辑电路输出与输入之间逻辑关系的表格称为真值表。由于触发器次态 Q^{n+1} 不仅与输入的触发信号有关，而且还与触发器原来所处的状态 Q^n 有关，所以应把 Q^n 也作为一个逻辑变量（也称状态变量）列入真值表中，并把这种含有逻辑变量的真值表叫做触发器的特性表。基本 RS 触发器的特性表如表 3—1 所示。

表 3—1　　　　　　　　　　　　　　基本 RS 触发器状态转换特性表

$\overline{R}$	$\overline{S}$	Q^n	Q^{n+1}
1	1	0	0
1	1	1	1
1	0	0	1
1	0	1	1
0	1	0	0
0	1	1	0
0	0	0	$\left.\begin{array}{c}\Phi\\\Phi\end{array}\right\}$不定
0	0	1	

　　表中，Q^{n+1} 和 Q^n、$\overline{R}$、$\overline{S}$ 之间一一对应的关系，直观地表示了 RS 触发器的逻辑功能。表 3—2 为简化的特性表。

　　②时序图（又称波形图）。时序图（Sequential Diagram）以输出状态随时间变化的波形图的方式来描述触发器的逻辑功能。在图 3—1（a）所示电路中，假设触发器的初态为 Q＝0、$\overline{Q}$＝1，触发信号 $\overline{R}$、$\overline{S}$ 的波形已知，则根据上述逻辑关系不难画出 Q 和 $\overline{Q}$ 的波形，如图 3—2 所示。

表 3—2　　　　简化的 RS 触发器特性表

$\overline{R}$	$\overline{S}$	Q^{n+1}
1	1	Q^n
1	0	1
0	1	0
0	0	不定

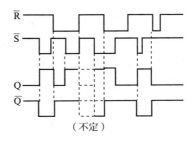

图 3—2　时序波形图

　　③特征方程。触发器次态 Q^{n+1} 与 R、S 及现态 Q^n 之间关系的逻辑表达式称为触发器的特征方程。根据表 3—3 画出的卡诺图如图 3—3 所示，化简得

$$Q^{n+1}＝S+\overline{R}Q^n \tag{3—1}$$

　　RS＝0（约束条件，即 R，S 不能同时为 0）

表 3—3　　　　　　　　　　　　　　基本 RS 触发器功能表

输入		输出			输入		输出		
R　S		Q^n	Q^{n+1}	逻辑功能	R　S		Q^n	Q^{n+1}	逻辑功能
0　0		0	×	输出不定	1　0		0	1	置 1
		1	×				1	1	
0　1		0	0	置 0	1　1		0	0	保持不变
		1	0				1	1	

　　④状态转换图（简称状态图）。如图 3—4 所示，图中圆圈表示状态的个数，箭头表示状

态转换的方向，箭头线上标注的触发信号取值表示状态转换的条件。

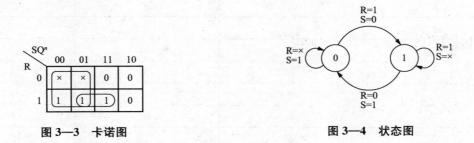

图 3—3　卡诺图　　　　　　　　　　　图 3—4　状态图

波形图如图 3—5 所示，画图时应根据功能表来确定各个时间段 Q 与 $\overline{Q}$ 的状态。

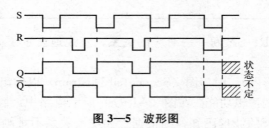

图 3—5　波形图

综上所述，与非门组成的基本 RS 触发器具有如下特点：

• 它具有两个稳定状态，分别为 1 和 0，也称为双稳态触发器。如果没有外加触发信号作用，它将保持原来状态不变，具有记忆功能。

在外加触发信号作用下，触发器输出状态才能发生变化，输出状态直接受输入信号（R、S）的控制，也称其为直接复位—置位触发器。

• 当 R、S 端输入均为低电平时，输出状态不定，即 R=S=0，$Q=\overline{Q}=1$，破坏了互反关系。当 RS 从 00 变为 11 时，Q=1 还是 Q=0，状态不能确定。

3.1.2　触发器的触发方式

基本 RS 触发器的输入端一直影响触发器输出端的状态，所以按控制类型分类基本 RS 触发器属于非时钟控制触发器。其基本特点是：电路结构简单，可存储一位二进制代码，是构成各种时序逻辑电路的基础。其缺点是输出状态一直受输入信号控制，当输入信号出现扰动时输出状态将发生变化；不能实现时序控制，即不能在要求的时间或时刻由输入信号控制输出信号。

为了克服非时钟触发器的上述不足，给触发器增加了时钟控制端 CP。对 CP 的要求决定了触发器的触发方式，触发方式是使用触发器必须掌握的重要内容。下面简单介绍实现各种触发方式的基本原理。

1. 电平控制触发

实现电平控制的方法很简单，如图 3—6（a）所示，在上述基本 RS 触发器的输入端各串接一个与非门，便得到电平控制的 RS 触发器。只有当控制输入端 CP=1 时，输入信号 S、R 才起作用（置位或复位），否则输入信号 R、S 无效，触发器输出端将保持原状态不变。图 3—6（b）为电平控制 RS 触发器的表示符号，其特性方程与 JK 触发器特性方程相同，其真值表如表 3—4 所示。

表 3—4　　　　　　　　　　　　　电平控制 RS 触发器的真值表

CP	S	R	Q^{n+1}
0	0	0	Q^n（保持）
0	0	1	Q^n（保持）
0	1	0	Q^n（保持）
0	1	1	Q^n（保持）
1	0	0	Q^n（保持）
1	0	1	0
1	1	0	1
1	1	1	非法状态

　　电平控制触发器克服了非时钟控制触发器对输出状态直接控制的缺点，采用选通控制，即只有当时钟控制端 CP 有效时触发器才接收输入数据，否则输入数据将被禁止。电平控制有高电平触发与低电平触发两种类型。

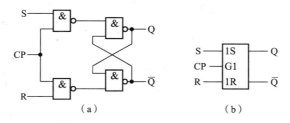

图 3—6　电平控制 RS 触发器及符号

2. 边沿控制触发

　　电平控制触发器在时钟控制电平有效期间仍存在干扰信息直接影响输出状态的问题。时钟边沿控制触发器是指在控制脉冲的上升沿或下降沿到来时触发器才接收输入信号触发，与电平控制触发器相比抗干扰能力强，因为仅当输入端的干扰信号恰好在控制脉冲翻转瞬间出现时才可能导致输出信号的偏差，而在该时刻（时钟沿）的前后，干扰信号对输出信号均无影响。边沿触发又可分上升沿触发和下降沿触发，如图 3—7 所示。

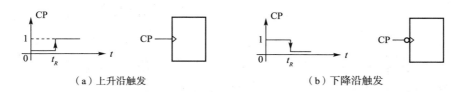

（a）上升沿触发　　　　　　　　　　　　　　（b）下降沿触发

图 3—7　脉冲沿及表示符号

　　在集成电路内部，是通过电路的反馈控制实现边沿触发的，具体电路可参阅相关书籍。

3.1.3　各种逻辑功能的触发器

　　在实际应用中，我们应用的大都是时钟控制触发器，图 3—6 给出了具有电平触发的时钟控制 RS 触发器，当然，也有边沿触发的 RS 触发器。从结构与功能上来说，RS 触发器具有两个输入端，由其真值表和特性方程可知，在时钟脉冲作用下，RS 触发器具有置 1、置 0、保持三种功能。但在实际应用中，RS 触发器的功能还不能完全满足实际逻辑电路对使用的灵活性与功能的实用性方面的要求，因此需要制作具有其他功能的触发器。

1. T′ 触发器

实际应用中有时需要触发器的输出状态在每个时钟控制沿到来时发生翻转。如用时钟上升沿作为控制沿，设触发器输出端现态 $Q^n = 1$，当时钟上升沿到来时，输出端应翻转到次态 $Q^{n+1} = 0$ 状态，在下一个时钟上升沿到来时又翻转到次态 $Q^{n+1} = 1$ 状态。即时钟上升沿每到来一次，触发器的输出状态都翻转一次，这种触发器称为 T′ 触发器。

图 3—8 所示是由边沿控制 RS 触发器通过引入连接线得到的 T′ 触发器，图中将 S 端与 $\overline{Q}$ 端相连，R 端与 Q 端相连。从图 3—8 可以看出，T′ 触发器只有时钟输入端 CP，而没有其他信号输入端。在时钟脉冲的作用下，触发器状态将发生翻转。

设触发器初态为 Q＝0，$\overline{Q}$＝1，即 R＝0，S＝1。根据 RS 触发器的特征，此时触发器处于置 1 工作状态。所以，当时钟上升沿到来时，触发器翻转为 Q＝1，$\overline{Q}$＝0 状态，即 R＝1，S＝0，此时触发器处于复位状态。当下一个时钟上升沿到来时，触发器又翻转为 Q＝0，$\overline{Q}$＝1 状态。如此重复下去，波形如图 3—9 所示。可见，每当时钟 CP 上升沿到来时触发器便发生翻转。

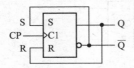

图 3—8　边沿控制的 T′ 触发器

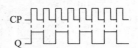

图 3—9　T′ 触发器波形图

T′ 触发器的真值表如表 3—5 所示，表中一般不给出时钟触发方式。

表 3—5　　　　　　　　　　　　　　　　　T′ 触发器的真值表

Q^n	Q^{n+1}
0	1
1	0

T′ 触发器的特征方程为

$$Q^{n+1} = \overline{Q}^n \tag{3—2}$$

2. T 触发器

根据应用要求需要通过一个附加控制端来控制 T′ 触发器的工作状态，其电路如图 3—10 所示。就是在 T′ 触发器的两个输入端分别增加一个与门，以附加控制端 T 同时控制两个与门的输入端。当 T＝1 时，两个与门允许输入，R、S 输入信号通过与门输入；此时触发器工作状态与 T′ 触发器相同，即在每个时钟沿到来时触发器发生翻转；当 T＝0 时，两个与门被封锁，其输出端均为低电平，根据 RS 触发器的特征，此时触发器处于保持状态。尽管此时有时钟输入，由于输入信号 R、S 无法通过与门，所以触发器的输出状态不变，波形如图 3—11 所示。将这种带 T 控制端的 T′ 触发器称为 T 触发器，其真值表如表 3—6 所示。

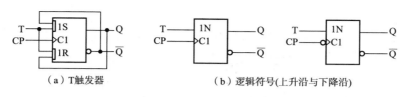

（a）T触发器　　　　　　　（b）逻辑符号(上升沿与下降沿)

图 3—10　边沿控制 T 触发器及逻辑符号

T 触发器的特征方程为

$$Q^{n+1}=T\overline{Q^n}+\overline{T}Q^n \tag{3—3}$$

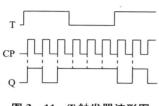

图 3—11　T 触发器波形图

表 3—6　　　　　　　T 触发器真值表

Q^n	T	Q^{n+1}
0	0	0
0	1	1
1	0	1
1	1	0

由图 3—10 可以看出，T 触发器具有一个信号输入端。由于受时钟脉冲控制，输出现态 Q^n 与输入信号的状态决定了输出次态 Q^{n+1} 的状态。

3．D 触发器

在各种触发器中，D 触发器是一种应用比较广泛的触发器。D 触发器可由图 3—6 所示的 RS 触发器获得。如图 3—12 所示，D 触发器将加到 S 端的输入信号经非门取反后再加到 R 输入端，即 R 端不再由外部信号控制。

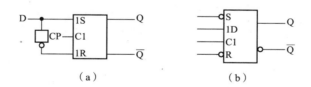

（a）　　　　　　　　　（b）

图 3—12　时钟状态控制 D 触发器及符号

当时钟端 CP=1 时，若 D=1，使触发器输入端 S=1，R=0，根据 RS 触发器的特性可知，触发器被置 1，即 Q=D=1；若 D=0，使 S=0，R=1，触发器被复位，即 Q=D=0。

当时钟端 CP=0 时，电路与图 3—6 所示 RS 触发器相同，输出端保持原状态不变，其波形如图 3—13 所示，其特征方程为

$$Q^{n+1}=D \tag{3—4}$$

D 触发器的真值表如表 3—7 所示。

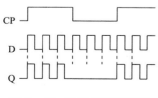

图 3—13　D 触发器波形图

表 3—7　　　　　　　D 触发器真值表

D	Q^n	Q^{n+1}
0	0	0
0	1	0
1	0	1
1	1	1

4. JK 触发器

在上述各类触发器的基础上，希望得到应用潜力更大的通用触发器，且要求这种通用触发器具有保持功能、置位功能和复位功能，并在 RS 触发器禁用的非法状态下能像 T′ 触发器那样翻转。

借助图 3—10 的 T 触发器，就能得到我们所要寻求的通用 JK 触发器。将图中与 T 端相连的 S 端和 R 端的连线断开，分别用 J、K 表示新输入端就能达到目的。边沿控制 JK 触发器电路及逻辑符号如图 3—14 所示。设触发器输出初始状态为 Q=0，$\overline{Q}$=1，则输入端 S=1，R=0。

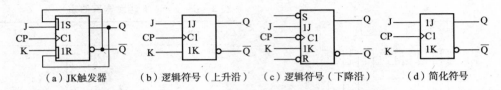

| （a）JK 触发器 | （b）逻辑符号（上升沿） | （c）逻辑符号（下降沿） | （d）简化符号 |

图 3—14 边沿控制的 JK 触发器及逻辑符号

若输入信号 J=0，K=0，和输入端 S、R 状态相与后，使触发器输入信号均为低电平，根据 RS 触发器特性，触发器处于保持状态，当时钟沿到来时，触发器输出状态保持不变。

若 J=1，K=0，和 S、R 端状态相与后，使触发器满足置 1 条件。当时钟上升沿到来时，触发器被置 1，即 Q=1，$\overline{Q}$=0。

此时，若 J=0，K=1，和 S、R 端状态相与后，使 1S 端为 0，1R 端为 1，触发器满足置 0 条件，当时钟上升沿到来时，触发器又被置 0。

此时，若 J=K=1，和 S、R 端状态相与后，使 1S 端为 1，1R 端为 0，当时钟沿到来时，触发器输出端 Q 由 0 翻转到 1。如果 J、K 状态仍都为 1，和 S、R 端状态相与后，当时钟沿到来时，Q 端又翻转为 0。

可见，根据 J、K 端输入状态的不同，触发器可以处于保持状态，也可以被置 1 或置 0。在 J=K=1 情况下，每当时钟沿到来时，触发器都发生翻转。其上升沿触发的波形图如图 3—15 所示。

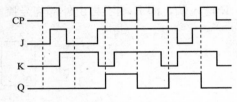

图 3—15 边沿控制 JK 触发器波形图

边沿控制 JK 触发器的特征方程为

$$Q^{n+1}=J\,\overline{Q^n}+\overline{K}Q^n \tag{3—5}$$

JK 触发器的真值表如表 3—8 所示。

表 3—8   边沿控制 JK 触发器真值表

J	K	Q^{n+1}
0	0	Q^n 保持
0	1	0（置 0）
1	0	1（置 1）
1	1	$\overline{Q^n}$（翻转）

有些 JK 触发器还增加了与控制时钟无关的异步置 1 端（S）和置 0 端（R），如图 3—14（c）所示。

图 3—16 为主从 JK 触发器的电路结构与逻辑符号。

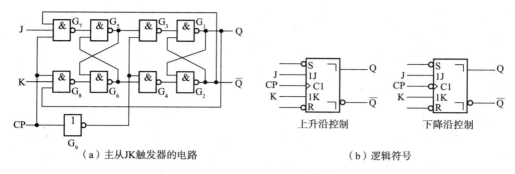

（a）主从JK触发器的电路　　　　　　（b）逻辑符号

图 3—16　主从 JK 触发器的电路及逻辑符号

这种触发器由两个触发器组成。在图 3—16 所示电路中，由与非门 $G_5 \sim G_8$ 组成的 JK 触发器用来接收输入信息，称为主触发器；由与非门 $G_1 \sim G_4$ 组成的同步 RS 触发器用来接收来自于主触发器的输出信息，称为从触发器。也就是说，主触发器在时钟上升沿（或下降沿）接收输入信息，而从触发器则在时钟的下降沿（或上升沿）接收信息，因此，这类触发器也称为"主从触发器"。

可以证明，前面介绍的边沿控制 JK 触发器的特征方程及真值表同样适用于图 3—16 所示的主从 JK 触发器。

以上分别介绍了各种不同类型的触发器，如 RS 触发器、T' 和 T 触发器、D 触发器、JK 触发器。实际触发器几乎都是由集成电路制成的，只要掌握了各类触发器的基本特点、描述方法和主要参数指标，就能正确选择并灵活运用各类触发器。

由上述分析可见，不论哪种类型的时钟触发器，都具有以下特点：

（1）能接收、储存并输出信息。

（2）触发器当前的输出状态不仅与当前的输入状态有关，还与触发器原来的输出状态有关。

（3）能根据需要设置触发器的初始状态。

（4）具有时钟触发端，时钟触发方式可分为电平触发和边沿触发两种。边沿触发又分为上升沿触发和下降沿触发。

利用触发器的以上特点可构成各种不同类型的时序逻辑电路。

3.2　触发器间的相互转换

3.2.1　JK 触发器转换为 D 触发器

JK 触发器是一种全功能电路，只要稍加改动就能替代 D 触发器及其他类型触发器。比较 JK 触发器的特征方程 $Q^{n+1} = J\overline{Q^n} + \overline{K}Q^n$ 与 D 触发器的特征方程 $Q^{n+1} = D$ 可知，如果令 JK 触发器中的 J=D，$\overline{K}$=D，即 K=$\overline{D}$，则 JK 触发器的特征方程变为

$$Q^{n+1} = D\overline{Q^n} + DQ^n = D(\overline{Q^n} + Q^n) = D$$

那么 JK 触发器的特征方程就变成了与 D 触发器的特征方程完全相同的形式。可见，如

果将 JK 触发器中的 J 端连到 D，K 端连到 $\overline{D}$，JK 触发器就变成了 D 触发器。将主从 JK 触发器转换为主从 D 触发器的电路如图 3—17 所示。

3.2.2　JK 触发器转换为 T 触发器

由 JK 触发器的特征方程 $Q^{n+1}=J\overline{Q^n}+\overline{K}Q^n$ 可知，只要令 J＝T，K＝T，JK 触发器的特征方程就变成为 $Q^{n+1}=T\overline{Q^n}+\overline{T}Q^n$，与 T 触发器的特征方程（3—3）式相比较完全相同。可见，如果将 JK 触发器中的 J、K 端都连到 T，JK 触发器就变成了 T 触发器。将主从 JK 触发器转换为主从 T 触发器和 T' 触发器（令 T＝1）的电路，如图 3—18 所示。

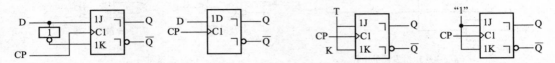

图 3—17　主从 JK 触发器转换为主从 D 触发器　　图 3—18　主从 JK 触发器转换为主从 T、T' 触发器

3.2.3　D 触发器转换为 JK 触发器

比较 D 触发器特征方程 $Q^{n+1}=D$ 与 JK 触发器的特征方程 $Q^{n+1}=J\overline{Q^n}+\overline{K}Q^n$ 可知，只要能保证 $D=J\overline{Q^n}+\overline{K}Q^n$，则 D 触发器就变成了 JK 触发器。其电路如图 3—19 所示，通过增加辅助电路（虚框内电路）就能实现两者的转换。

3.2.4　D 触发器转换为 T 触发器

比较 D 触发器特征方程 $Q^{n+1}=D$ 与 T 触发器特征方程 $Q^{n+1}=T\overline{Q^n}+\overline{T}Q^n$ 可知，只要能保证 $D=T\overline{Q^n}+\overline{T}Q^n=T\oplus Q$，则 D 触发器就变成了 T 触发器。如图 3—20 所示，通过增加一个异或门就能实现转换。若令 T＝1，则 D 触发器就变成了 T' 触发器。

同理，利用上述方法还可以实现其他触发器间的转换。

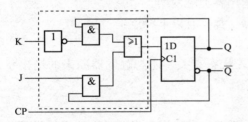
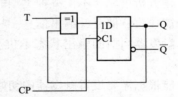

图 3—19　D 触发器转换为 JK 触发器电路图　　图 3—20　D 触发器转换为 T 触发器电路图

3.3　触发器的应用

在数字电路中，各种信息都是用二进制这一基本工作信号来表示的，而触发器是存放这种信号的基本单元。由于触发器结构简单，工作可靠，在基本触发器的基础上能演变出许许多多的其他应用电路，因此触发器被广泛运用。

具有时钟控制的触发器为同时控制多个触发器的工作状态提供了条件，它是时序电路的基础单元电路，常被用来构造信息的传输、缓冲、锁存电路及其他常用电路。

3.3.1　触发器构成寄存器

每个触发器都能寄存 1 位二进制信息，因此触发器可用来构成寄存器。图 3—21 所示为

4 位寄存器。

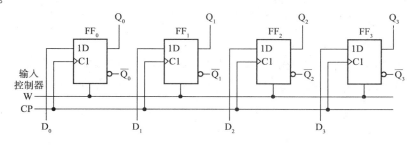

图 3—21　触发器构成的寄存器电路图

若输入控制端 W 允许输入数据（W＝1），当时钟脉冲到来时，4 位输入二进制数将被同时存入 4 个触发器中。其输出端可接至输出控制电路（图中未画出）。若输入控制端 W 不允许输入数据（W＝0），寄存器则不能接收数据，寄存器输出状态将保持不变。直到 W 端允许，且有时钟脉冲到来时，才能更新寄存数据。

3.3.2　触发器构成分频电路

用 D 触发器可以组成分频电路，其电路及波形如图 3—22（a）所示。图中 CP 是由信号源或振荡电路发出的脉冲信号，将 $\overline{Q}$ 接到 D 端。设 D 触发器的初始状态为 Q＝0，$\overline{Q}$＝1，即 D＝$\overline{Q}$＝1。

当时钟 CP 上升沿到来时，根据 D 触发器的特征，触发器将发生翻转，使 Q＝1，$\overline{Q}$＝0；当下一个时钟上升沿到来时，D 触发器又发生翻转，即每一个时钟周期，触发器都翻转一次。经过两个时钟周期，输出信号才周期变化一次。所以经过由 D 触发器组成的分频电路后，输出脉冲频率将减至 1/2，称为二分频。若在其输出端再串接一个同样的分频电路就能实现四分频，同理若接 n 分频电路就能构成 2^n 倍的分频器。如果按图 3—22（b）进行接线，可构成倍频电路，其原理读者可自行分析。

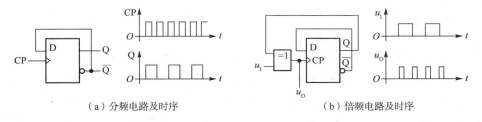

（a）分频电路及时序　　　　　　　　　（b）倍频电路及时序

图 3—22　D 触发器组成分频和倍频电路

3.4　555 定时器及其应用（脉冲信号的产生与整形）

555 定时器是一种多用途的数字—模拟混合集成电路，利用它能极方便地构成施密特触发器、单稳态触发器和多谐振荡器。由于它具有应用灵活，性能优越且价格低廉等优点，在电子产品的制作中被人们广泛使用。在实际应用中只要适当改变其外接电路，增加少量的外接器件就能得到多种多样的应用电路。有关 555 集成电路的应用实例有上千种。

555 定时器的产品型号繁多，但所用双极型产品型号最后 3 位数码都是 555，所有

CMOS 型产品型号最后 4 位数码都是 7555。而且，它们的功能和外部引脚的排列完全相同。为了提高集成度，还制作出了双定时器产品 556（双极型）和 7556（CMOS 型）。

3.4.1 集成 555 定时器

图 3—23 是 555 集成定时器的电路结构及符号。555 集成定时器由分压器、比较器、基本 RS 触发器、晶体管开关和输出缓冲器五部分组成。下面是对它们的简要介绍。

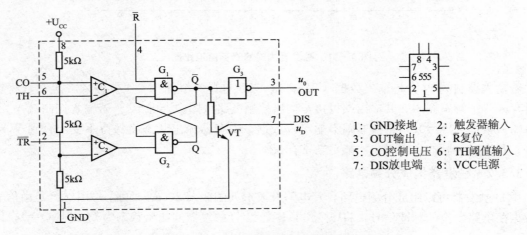

图 3—23 555 集成定时器的电路结构及符号

（1）分压器。由三个阻值为 5kΩ 的电阻串联起来构成分压器（555 也因此得名），为比较器提供两个参考电压。比较器 C_1 的同相输入端 $U_+ = 2/3U_{CC}$，比较器 C_2 的反相输入端为 $U_- = (1/3)U_{CC}$。CO 端为外加电压控制端，通过该端的外加电压 U_{CO} 可改变 C_1、C_2 的参考电压。工作中不使用 CO 端时，一般 CO 端都通过一个 $0.01\mu F$ 的电容接地，以消除旁路高频干扰。

（2）比较器。555 有两个完全相同的高精度电压比较器 C_1 和 C_2。当 $U_+ > U_-$ 时，比较器输出高电平（$u_O = U_{CC}$）；当 $U_+ < U_-$ 时，比较器输出低电平（$u_O = 0$）。比较器的输入端基本上不向外电路索取电流，其输入电阻可视为无穷大。

（3）基本 RS 触发器。由两个与非门 G_1、G_2 组成基本 RS 触发器。两个比较器的输出信号 u_{O1} 和 u_{O2} 决定触发器的输出端状态。$\overline{R}$ 是专门设置的可从外部进行置 0 的复位端，当 $\overline{R} = 0$ 时，将 RS 触发器预置为 $Q = 0$，$\overline{Q} = 1$ 状态；当 $\overline{R} = 1$ 时，RS 触发器维持原状态不变。

（4）晶体管开关。晶体管开关由 VT 构成。当基极为低电平时，VT 截止；当基极为高电平时，VT 饱和导通，起到开关的作用。

（5）输出缓冲器。由非门 G_3 组成，用于增大对负载的驱动能力和隔离负载对 555 集成电路的影响。

3.4.2 555 定时器的应用

只要改变 555 集成电路的外部附加电路，就可以构成各种各样的应用电路。这里仅介绍施密特触发器、单稳态触发器和振荡器这三种典型应用电路。

1. 555 集成电路构成施密特触发器

如图 3—24（a）所示，将 TH 和 $\overline{TR}$ 端连接在一起，作为输入端；$\overline{R}$ 端与 U_{CC} 端连接到电源；CO 端通过 $0.01\mu F$ 电容接地，就可以构成施密特触发器。

根据图 3—24 可知，当输入信号 u_I 上升到大于 $(2/3)U_{CC}$ 时，$\overline{TR}$ 端电压大于 $(1/3)U_{CC}$，则比较器 C_2 的输出 $u_{O2}=1$，比较器 C_1 的输出 $u_{O1}=0$；使 RS 触发器为 0 状态，即 $Q=0$，$\overline{Q}=1$，经门电路作用后，输出端 $u_O=0$。若 u_I 继续上升，输出状态保持不变。

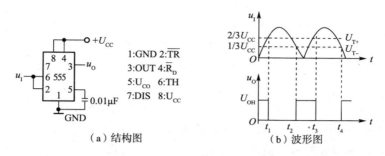

（a）结构图　（b）波形图

图 3—24　555 集成电路构成施密特触发器的电路及波形图

在输入信号下降过程中，当 u_I 下降到小于 $(1/3)U_{CC}$ 时，TH 端电压小于 $(2/3)U_{CC}$，比较器 C_1 的输出 $u_{O1}=1$，比较器 C_2 的输出 $u_{O2}=0$，使 $Q=1$，$\overline{Q}=0$，经门电路作用后，输出端 $u_O=1$。若 u_I 继续下降，输出状态仍保持不变。当输入信号 u_I 再次上升至大于 $(2/3)U_{CC}$ 时，将重复上述过程。我们把 $U_{T+}=(2/3)U_{CC}$ 称作"上限阈值电压"，$U_{T-}=(1/3)U_{CC}$ 称作"下限阈值电压"，$U_{T+}-U_{T-}$ 称为回差电压，其波形如图 3—24（b）所示。

施密特触发器可将、三角波、正弦波变换为矩形波，如图 3—25（a）所示；也可将被干扰的不规则的矩形波整形为规则矩形波，如图 3—25（b）所示；还可对输入的随机脉冲的幅度进行鉴别，如图 3—25（c）所示。

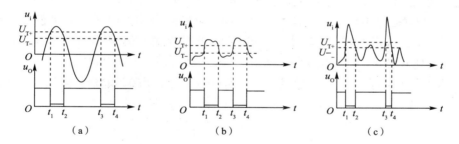

（a）　　　　　　（b）　　　　　　（c）

图 3—25　施密特触发器的用途

2. 555 集成电路构成振荡器

如图 3—26 所示，电阻 R_1、R_2 及电容 C 构成了一个充放电电路。在接通电源后，电源 U_{CC} 通过 R_1 和 R_2 对电容 C 充电，充电时间常数 $\tau_1=(R_1+R_2)C$。

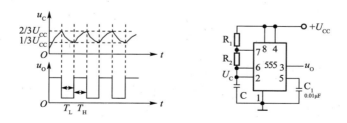

图 3—26　555 集成电路构成多谐振荡器及波形图

接通电源前电容 C 上无电荷，所以接通电源瞬间，C 来不及充电，这时 $u_C=0$，比较器 C_1 的输出为 1，比较器 C_2 的输出为 0，基本 RS 触发器为 1 状态（$Q=1$，$\overline{Q}=0$），经非门 G_3 使振荡器输出 $u_O=U_{OH}$（$u_O\approx U_{CC}$）。此时，由于与非门 G_2 输出为 0，开关放电管 VT 的基极为 0，VT 截止。

随着充电的进行，u_C 逐渐增加，当 u_C 上升到 $(2/3)U_{CC}$ 时，比较器 C_1 的输出跳变为 0，基本 RS 触发器立即翻转到 0 状态（$Q=0$，$\overline{Q}=1$），$u_O=U_{OL}$，VT 饱和导通。此时电容 C 开始放电，放电回路是 C→R_2→V_T→地，放电时间常数 $\tau_2=R_2C$（忽略 VT 的饱和电阻 R_{CES}）。

当电容 C 放电，当 u_C 下降到 $(1/3)U_{CC}$ 时，比较器 C_2 的输出跳变为 0，基本 RS 触发器立即翻转到 1 状态（$Q=1$，$\overline{Q}=0$），振荡器输出 $u_O=U_{OH}$，VT 截止。

这样，电容 C 不断地充电、放电，使 u_C 在 $(1/3)U_{CC}$ 和 $(2/3)U_{CC}$ 之间不断变化，电路处于振荡状态，从而在输出端得到连续变化的振荡脉冲波形。

脉冲宽度 T_L 由电容 C 的放电时间来决定，$T_L\approx 0.7R_2C$。T_H 由电容 C 的充电时间来决定，$T_H\approx 0.7(R_1+R_2)C$。脉冲周期 $T\approx T_H+T_L$，如图 3—26 所示。

3. 555 集成电路构成单稳态触发器

如图 3—27（a）所示，电路中的电阻 R 和电容 C 构成充电回路，$\overline{TR}$ 端采用负脉冲触发，无触发信号即 u_I 为高电平时，电路工作在稳定状态，此时 $Q=0$，$\overline{Q}=1$，$u_O=U_{OL}$，VT 饱和导通。

电源接通后，u_I 为高电平，若基本 RS 触发器处于 0 状态，即 $Q=0$，$\overline{Q}=1$，$u_O=U_{OL}$，VT 饱和导通，则这种状态保持不变。

若电源接通后，u_I 为高电平，基本 RS 触发器处于 1 状态，$Q=1$，$\overline{Q}=0$，$u_O=U_{OH}$，VT 截止，这种状态是不稳定的，经过一段时间，电路会自动返回到稳定状态。因为 VT 截止，电源 U_{CC} 会通过定时电阻 R 对定时电容 C 进行充电，u_C 将逐渐升高，当它上升到 $(2/3)U_{CC}$ 时，比较器 C_1 的输出为 0，将基本 RS 触发器复位到 0 状态，即 $Q=0$，$\overline{Q}=1$，$u_O=U_{OL}$，VT 饱和导通，电容 C 通过 VT 迅速放电，使 $u_C\approx 0$，电路又回到稳定状态。

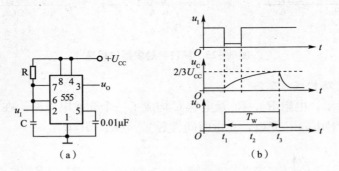

图 3—27　555 构成单稳态触发器及波形

当 u_I 下降沿到来时，电路被触发，基本 RS 触发器立即由稳态翻转到暂稳态，即 $Q=1$，$\overline{Q}=0$，$u_O=U_{OH}$，VT 截止。u_I 从高电平跳变到低电平时，比较器 C_1 的输出跳变为 0，基本 RS 触发器立刻被置成 1 状态，即暂稳态。

在暂稳态期间，电路对定时电容 C 进行充电，充电回路是 U_{CC}→R→C→地，充电时间

常数 $\tau_1 = RC$。在 u_C 上升到 $(2/3)U_{CC}$ 以前，电路将保持暂稳态。

随着对 C 充电的进行，u_C 逐渐升高，当上升到 $(2/3)U_{CC}$ 时，即将基本 RS 触发器复位到 0 状态，暂稳态结束。

当暂稳态结束后，定时电容 C 将通过饱和导通的 VT 放电，放电时间常数 $\tau_2 = R_{CES}C$，经 3～5 个 τ_2 后，$u_C \approx 0$，电路又回到稳定状态，恢复过程结束。由于 R_{CES} 很小，恢复过程较短。

图 3—27（b）所示是单稳态触发器的工作波形，图中输出脉冲的宽度 $T_W \approx 1.1RC$，该单稳态触发器的输入触发脉冲宽度小于输出脉冲宽度。

3.5 常用触发器集成电路简介

由基本触发器构成的集成电路的种类很多，结构越来越复杂，功能越来越强大，在后面章节中将详细阐述。这里仅介绍几种最基本的触发器集成电路，如表 3—9 所示，表中仅给出 74 系列数字集成电路，用 74×× (×× 为品种代号) 表示。实际上，74 系列触发器又包括 74H、74L、74S、74LS 等具有不同特性的触发器。

关于各芯片的引脚图、功能表及主要参数可查阅数字集成电路使用手册。

表 3—9 常用触发器器件表

品种代码	品种名称	品种代码	品种名称
70	与门输入上升沿 JK 触发器（带预置、清除端）	71	与门输入主从 JK 触发器（带预置端）
72	与门输入主从 JK 触发器（带预置、清除端）	74	双上升沿 D 触发器（带预置、清除端）
78	双主从触发器（带预置、公共清除、公共时钟端）	107	双下降沿 JK 触发器（带清除端）
108	双下降沿 JK 触发器（带预置、公共清除端）	109	双上升沿 JK 触发器（带预置、清除端）
110	与门输入主从 JK 触发器（带预置、清除端，有数据锁定功能）	111	双主从 JK 触发器（带预置端、清除端，有数据锁定功能）
112	双下降沿 JK 触发器（带预置、清除端）	116	双四位锁存器
125	四总线缓冲器	173	四位 D 寄存器
174	六上升沿 D 触发器（Q 端输出，带公共清除端）	175	四上升沿 D 触发器（带公共清除端）
244	八缓冲/驱动/线接收器	245	八双向总线发送/接收器
247	四线七段译码/驱动器（BCD 输入，OC，30V）	248	四线七段译码/驱动器（BCD 输入，有上拉电阻）
249	四线七段译码/驱动器（BCD 输入，OC）	279	四锁存器
373	八 D 锁存器	374	八上升沿 D 触发器
375	双二位 D 锁存器	377	八上升沿 D 触发器

75

实训 5　触发器逻辑功能的测试

一、实训目的

(1) 熟悉基本 RS 触发器的构成与逻辑功能。

(2) 熟悉 JK 触发器的逻辑功能。

(3) 掌握用 JK 触发器构成其他类型触发器。

二、实训前准备

(1) 复习 RS 触发器、JK 触发器、D 触发器、T 触发器的逻辑功能。

(2) 复习用 JK 触发器构成 D 触发器、T 触发器的方法，并预习下面"实训内容及步骤"。

三、实训器材

(1) 四-二输入与非门 74LS00 一片、双下降沿 JK 触发器 74LS112 一片；

(2) 逻辑电平开关；

(3) 14、16 脚集成座各一个。

四、实训内容及步骤

(1) 用两个二输入与非门按图 3—28 连接成基本 RS 触发器，$\overline{R}$、$\overline{S}$ 接逻辑电平开关，Q、$\overline{Q}$ 接逻辑电平显示二极管，分别测出输入端 4 种取值组合下的输出值并填入表 3—10 中（逻辑电平开关往上打为 1，往下打为 0；二极管发光，输出为 1，不发光为 0）。图 3—29 为 74LS00 的引脚图。

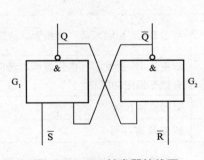

图 3—28　RS 触发器接线图

表 3—10　　基本 RS 触发器的特性表

输入		初态	次态	逻辑功能
$\overline{R}$	$\overline{S}$	Q^n	Q^{n+1}	
0	0	0		
0	0	1		
0	1	0		
0	1	1		
1	0	0		
1	0	1		
1	1	0		
1	1	1		

(2) 图 3—30 为双下降沿触发 JK 触发器，其中 1～6、15 脚，7、9～14 脚分别为两个 JK 触发器的引脚。$1R_d$、$2R_d$ 为两个触发器的直接置 0 端，$1S_d$、$2S_d$ 为两个触发器的直接置 1 端，均为低电平有效，置 0 端和置 1 端不能同时为 0，工作时置 0 端和置 1 端均应为 1。按图 3—31 接线，验证 JK 触发器的逻辑功能，将结果填入表 3—11 中（注意每次都应按一下负脉冲源，下同）。

(3) 按图 3—32 接线，用 JK 触发器构成 D 触发器，验证其逻辑功能，将结果填入表 3—12 中。

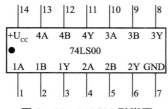

图 3—29　74LS00 引脚图

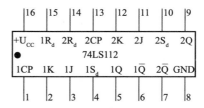

图 3—30　JK 触发器 74LS112 引脚图

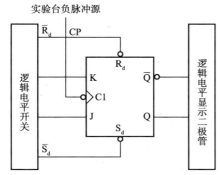

图 3—31　JK 触发器接线图

表 3—11　　　　JK 触发器特性表

R_d	S_d	J	K	Q^n	Q^{n+1}	逻辑功能
1	1	0	0	0		
1	1			1		
1	1	0	1	0		
1	1			1		
1	1	1	0	0		
1	1			1		
1	1	1	1	0		
1	1			1		
0	1	×	×	×		
1	0					

图 3—32　D 触发器接线图

表 3—12　　　　D 触发器特性表

R_d	S_d	D	Q^n	Q^{n+1}	逻辑功能
1	1	0	0		
1	1	0	1		
1	1	1	0		
1	1	1	1		
0	1	×	×		
1	0	×	×		

（4）按图 3—33 接线，用 JK 触发器构成 T 触发器，验证其逻辑功能，将结果填入表 3—13 中。

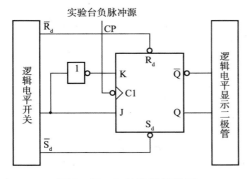

图 3—33　T 触发器接线图

表 3—13　　　　T 触发器特性表

R_d	S_d	D	Q^n	Q^{n+1}	逻辑功能
1	1	0	0		
1	1	0	1		
1	1	1	0		
1	1	1	1		
0	1	×	×		
1	0	×	×		

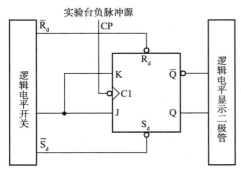

77

五、分析与思考

(1) 整理几种触发器的逻辑特性表，推导出它们的特性方程，总结实验过程中得到的心得、体会。

(2) 能否用 JK 触发器构成同步 RS 触发器？应如何接线？是否会出现无效状态？

(3) 用 D 触发器能不能构成其他类型的触发器？又应如何接线？

实训6　555 定时电路及其应用

一、实训目的

(1) 熟悉基本定时电路的工作原理及定时元件 RC 对振荡周期和脉冲宽度的影响。

(2) 掌握用 555 集成定时器构成定时电路的方法。

二、实训前准备

(1) 复习 555 定时器的结构和工作原理。

(2) 复习用 555 定时器构成多谐振荡器、单稳态触发器、施密特触发器等电路的原理。

(3) 预习下面"实训内容与步骤"。

三、实训器材

(1) 双踪示波器一台；

(2) 数字万用表一个；

(3) 逻辑电平开关盒、14 脚集成座各一个；

(4) 集成电路：NE555 定时器一片；

(5) 元器件：电阻（300Ω、2kΩ、1kΩ）、电位器（10kΩ）、电容（0.01μF、0.47μF、10μF）。

四、实训内容及步骤

1. 用 555 定时器组成多谐振荡器

(1) 555 定时器的引脚图见图 3—34。按图 3—35 接线，输出端 3 接逻辑电平显示二极管和示波器。

(2) 接线完毕，检查无误后，接通电源，555 定时器工作。观察 LED 的变化情况和示波器中的波形。调节 R_w，再观察它们的变化情况。

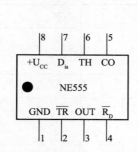

图 3—34　555 定时器引脚图

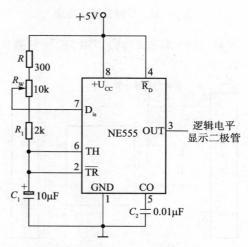

图 3—35　555 定时器接线图

78

2. 用 555 定时器组成施密特触发器

（1）按图 3—36 接线，其中 555 的 2 脚和 6 脚接在一起，并输入实验台的三角波（或正弦波）信号。将输入信号 u_I 和输出信号 u_O 接到示波器的两个输入通道上。

（2）检查接线无误后，接通电源，输入三角波或正弦波，并调节其频率，观察输入信号和输出信号的形状。

（3）调节 R_W 使 5 脚的对地电压发生变化，再观察示波器输出信号的变化情况。

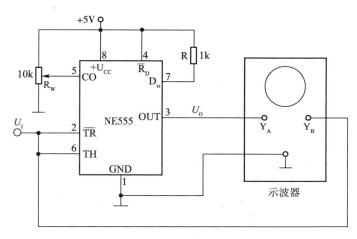

图 3—36　施密特触发器接线图

3. 用 555 定时器组成单稳态触发器

（1）按图 3—37 接线，u_I 接实验台上的单脉冲源，u_O 接逻辑电平显示二极管。

（2）调节 R_W 使电路中的电阻阻值增大，输入单脉冲，观察 LED 发光时间的变化。

（3）调节 R_W 使电路中的电阻阻值减小，输入单脉冲，观察 LED 发光时间的变化。

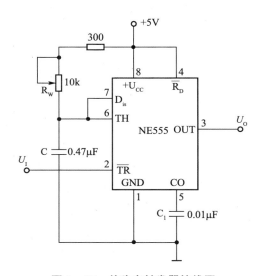

图 3—37　单稳态触发器接线图

五、分析与思考

（1）对于图 3—35，若要得到秒信号，则电路中的总电阻应为多少？能否调节占空比？

79

(2) 对于图 3—36，回差电压应如何调节？

(3) 对于图 3—37，暂稳态时间应如何调节？

习 题 3

1. 什么叫触发器？按控制时钟状态可分成哪几类？

2. 触发器当前的输出状态与哪些因素有关？它与门电路按一般逻辑要求组成的逻辑电路有何区别？

3. 在图 3—38 (a) 中，已知 R 和 S 端输入波形如图 3—38 (b) 所示，试画出 Q 端输出波形。

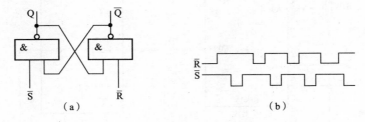

图 3—38

4. 比较基本 RS 触发器与 D 触发器和 JK 触发器的主要区别，比较电平控制与边沿控制触发器的区别？

5. 已知如图 3—39 所示电路的输入信号波形，试画出输出 Q 端波形，并分析该电路有何用途（设触发器初态为 0）。

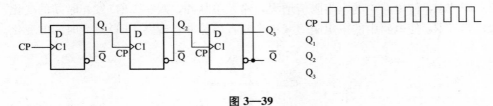

图 3—39

6. 如图 3—40 所示，在由 JK 触发器组成的电路中，已知其输入波形，试画出输出波形（设触发器初态为 0）。

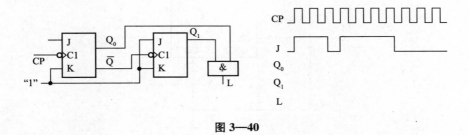

图 3—40

7. 如图 3—41 所示为 RS 触发器从一种状态转换为另一种状态的状态转换图，图中的箭头表示状态转换方向，如箭头由 1 指向 0 表示触发器由现态 1 转到次态 0，箭头下方标的 RS＝10 是指触发器输入条件，以此类推。试画出 D 触发器、JK 触发器的状态转换图。

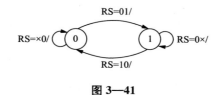

图 3—41

8. 施密特触发器有哪几种应用？什么叫回差电压？回差电压对整形波形有何影响？

9. 555 集成电路有哪些应用？叙述由其构成单稳态触发器的工作原理。单稳态触发器输出脉冲宽度应如何调整？

第4章　时序逻辑电路

4.1　时序逻辑电路的分析方法

4.1.1　时序逻辑电路的特点

在第3章介绍触发器时，已经介绍了时序逻辑电路的特点。在时序逻辑电路中，任意时刻电路的输出信号不仅取决于当时的输入信号，而且还取决于电路原来的状态，或者说电路的输出信号还与以前的输入信号有关。

从结构上来说，时序逻辑电路有两个特点。第一，时序逻辑电路包含组合电路和存储电路两部分，其中存储电路是由具有记忆功能的触发器组成的，是电路必不可少的组成部分。第二，存储电路输出的状态必须反馈到输入端，与输入信号一起共同决定时序电路的输出。

4.1.2　时序逻辑电路的分析方法与步骤

时序逻辑电路的功能与组合逻辑电路的功能不同，因此分析方法与设计方法也不尽相同。时序逻辑电路的功能可以用状态方程、状态图、状态表、时序图和卡诺图等方法来描述，其分析与设计就是这些方法的综合应用。

时序逻辑电路的分析就是已知时序逻辑电路，通过分析，确定电路的逻辑功能。其步骤如下：

（1）识别时序电路的类型。

①时序逻辑电路有两类：同步时序逻辑电路和异步时序逻辑电路。

②同步时序逻辑电路的特征：各触发器的CP是连在一起的，各触发器的翻转与外来时钟信号同步。

③异步时序逻辑电路的结构特征：各触发器的CP不是都连在一起的，各触发器的翻转与外来时钟信号不同步。

（2）写出各触发器的驱动方程。

（3）写出各触发器的状态方程。将驱动方程代入特性方程，写出触发器的状态方程。

（4）列出状态转换真值表。根据触发器的状态方程，列出状态转换真值表。

（5）画出状态转换图或时序图。

（6）电路功能描述。

4.1.3　时序逻辑电路分析实例

下面通过实例来介绍其分析过程。

【例 4—1】 某时序电路如图 4—1 所示，试分析其逻辑功能。

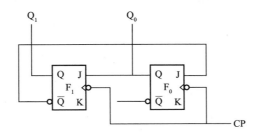

图 4—1 例 4—1 电路图

解：（1）两个触发器的 CP 连在一起，所以是同步时序逻辑电路。电路只有触发器，所以触发器状态就是电路的输出状态。

（2）写出各触发器的驱动方程

$$J_0 = \overline{Q_1^n}, \quad K_0 = 1$$
$$J_1 = Q_0^n, \quad K_1 = 1$$

（3）写出触发器状态方程。JK 触发器的状态方程为

$$Q^{n+1} = J\overline{Q^n} + \overline{K}Q^n$$

将两个触发器的驱动方程代入，得到每个触发器的状态方程（也称为次态方程）：

$$Q_0^{n+1} = J_0 \overline{Q_0^n} + \overline{K_0}Q_0^n = \overline{Q_0^n}\ \overline{Q_1^n}$$
$$Q_1^{n+1} = J_1 \overline{Q_1^n} + \overline{K_1}Q_1^n = Q_0^n \overline{Q_1^n}$$

（4）列出状态转换真值表。设初态 $Q_1^n Q_0^n = 00$，代入状态方程为 $Q_1^{n+1} Q_0^{n+1} = 01$，得到真值表第一行，又以 01 为初态代入状态方程，得真值表第二行，以此类推，便得到状态转换真值表，见表 4—1。

（5）画出状态转换图，如图 4—2 所示。图中箭头表示状态转换的方向。

表 4—1　　例 4—1 的真值表

现态		次态	
Q_1^n	Q_0^n	Q_1^{n+1}	Q_0^{n+1}
0	0	0	1
0	1	1	0
1	0	0	0
1	1	0	0

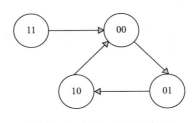

图 4—2　例 4—1 的状态图

（6）画出时序图，如图 4—3 所示。

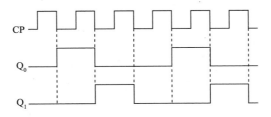

图 4—3　例 4—1 的时序图

（7）电路功能描述。由状态图或时序图可知，该电路是一个同步三进制加法计数器。

【例4—2】 已知异步时序逻辑电路的逻辑图，如图4—4所示。试分析它的逻辑功能。

解：（1）各个触发器的CP并不连接在一起，所以是异步时序逻辑电路。各个触发器的时钟方程为

$$CP_0 = CP \quad CP_1 = Q_0 \quad CP_2 = Q_1 \quad CP_3 = Q_0$$

各时钟脉冲都是下降沿有效。

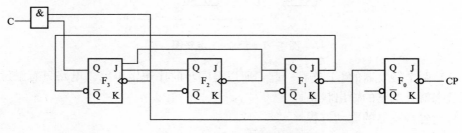

图4—4 例4—2的电路图

（2）写出各触发器的驱动方程。

$$J_0 = K_0 = 1 \quad J_1 = \overline{Q}_3^n \quad K_1 = 1 \quad J_2 = K_2 = 1 \quad J_3 = Q_1^n Q_2^n \quad K_3 = 1$$

（3）写出触发器状态方程。

JK触发器的状态方程为 $Q^{n+1} = J\overline{Q}^n + \overline{K}Q^n$

将驱动方程代入，得到：

$$Q_0^{n+1} = \overline{Q}_0^n \qquad \text{（CP下降沿有效）}$$

$$Q_1^{n+1} = \overline{Q}_3^n \overline{Q}_1^n \qquad \text{（Q_0 下降沿有效）}$$

$$Q_2^{n+1} = \overline{Q}_2^n \qquad \text{（Q_1 下降沿有效）}$$

$$Q_3^{n+1} = \overline{Q}_3^n Q_2^n Q_1^n \qquad \text{（Q_0 下降沿有效）}$$

输出方程：$C = Q_3^n Q_0^n$

（4）列出状态转换真值表。设初态 $Q_3^n Q_2^n Q_1^n Q_0^n = 0000$，依次计算 $Q_3^{n+1} Q_2^{n+1} Q_1^{n+1} Q_0^{n+1}$ 的值。当该触发器有时钟时，计算状态方程的值；该触发器没有时钟时，则不用计算状态方程的值，保持原有状态。经计算得次态值为0001，得到真值表第一行，以此类推，得到状态转换真值表，见表4—2。表中CP下降沿用1表示。

表4—2   例4—2的真值表

现态				次态				时钟			
Q_3^n	Q_2^n	Q_1^n	Q_0^n	Q_3^{n+1}	Q_2^{n+1}	Q_1^{n+1}	Q_0^{n+1}	CP_3	CP_2	CP_1	CP_0
0	0	0	0	0	0	0	1	0	0	0	1
0	0	0	1	0	0	1	0	1	0	1	1
0	0	1	0	0	0	1	1	0	0	0	1
0	0	1	1	0	1	0	0	1	1	1	1
0	1	0	0	0	1	0	1	0	0	0	1
0	1	0	1	0	1	1	0	1	0	1	1

续前表

现态				次态				时钟			
Q_3^n	Q_2^n	Q_1^n	Q_0^n	Q_3^{n+1}	Q_2^{n+1}	Q_1^{n+1}	Q_0^{n+1}	CP_3	CP_2	CP_1	CP_0
0	1	1	0	0	1	1	1	0	0	0	1
0	1	1	1	1	0	0	0	1	1	1	1
1	0	0	0	1	0	0	1	0	0	0	1
1	0	0	1	0	0	0	0	1	0	1	1
1	0	1	0	1	0	1	1	0	0	0	1
1	0	1	1	0	1	0	0	1	1	1	1
1	1	0	0	1	1	0	1	0	0	0	1
1	1	0	1	0	1	0	0	1	0	1	1
1	1	1	0	1	1	1	1	0	0	0	1
1	1	1	1	0	0	0	0	1	1	1	1

（5）画出状态转换图，如图 4—5 所示。图中箭头表示状态转换的方向。该电路的有效计数循环为 0000 至 1001，计数长度为 10。而 1010 至 1111 在计数循环外，但可以进入计数循环，称为自启动。C 为进位输出，当计数至状态 1001，即十进制数 9 时，表示计数器已完成一个循环，需要进位，C 输出 1。

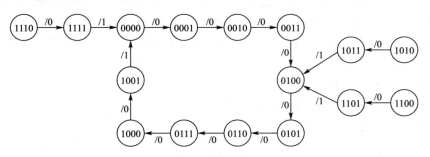

图 4—5　例 4—2 的状态图

（6）画出时序图，如图 4—6 所示。

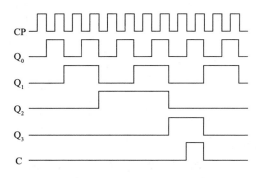

图 4—6　例 4—2 的时序图

85

（7）电路功能描述。由状态图或时序图可知，该电路是一个异步十进制加法计数器。

4.2 计数器

4.2.1 计数器及其表示方法

1. 计数器的功能和分类

计数器的基本功能是对输入脉冲的个数进行计数。计数器是数字系统中应用最广泛的时序逻辑部件之一，除了计数以外，还可以用作定时、分频、信号产生和执行数字运算等，是数字设备和数字系统中不可缺少的组成部分。

计数器种类很多，分类方法也不相同，根据计数脉冲的输入方式不同可把计数器分为同步计数器和异步计数器。计数器是由若干个基本逻辑单元——触发器和相应的逻辑门组成的。如果计数器的全部触发器共用同一个时钟脉冲，而且这个脉冲就是计数输入脉冲时，这种计数器就是同步计数器。如果计数器中只有部分触发器的时钟脉冲是计数输入脉冲，另一部分触发器的时钟脉冲是由其他触发器的输出信号提供时，这种计数器就是异步计数器。

根据计数进制的不同又可分为二进制、十进制和任意进制计数器，各计数器按其各自计数进位规律进行计数。

根据计数过程中计数增减的不同又分为加法计数器、减法计数器和可逆计数器。对输入脉冲进行递增计数的计数器叫做加法计数器，进行递减计数的计数器叫做减法计数器。如果在控制信号作用下，既可以进行加法计数又可以进行减法计数，则叫可逆计数器。

2. 二进制计数器

二进制计数器就是按二进制计数进位规律进行计数的计数器。由 n 个触发器组成的二进制计数器称为 n 位二进制计数器，它可以累计 $2^n = N$ 个有效状态。N 称为计数器的模或计数容量。若 $n=1$，2，3，…，则 $N=2$，4，8，…，相应的计数器称为模 2 计数器、模 4 计数器和模 8 计数器等。

（1）同步二进制计数器。

以 74LS161 集成计数器为例，讨论二进制同步计数器。74LS161 是 4 位二进制同步计数器，其功能表如表 4—3 所示。

表 4—3 　　　　　　　　　　　　74LS161 功能表

输入									输出			
$\overline{R_D}$	$\overline{LD}$	ET	EP	CP	D_0	D_1	D_2	D_3	Q_3	Q_2	Q_1	Q_0
0	×	×	×	×	×	×	×	×	0	0	0	0
1	0	×	×	↑	d_0	d_1	d_2	d_3	d_0	d_1	d_2	d_3
1	1	1	1	↑	×	×	×	×	计 数			
1	1	0	×	×	×	×	×	×	保 持			
1	1	×	0	×	×	×	×	×	保 持			

74LS161 的功能及特点如下：

①74LS161 有异步置"0"功能。当清除端 $\overline{R_D}$ 为低电平时，无论其他各输入端的状态如何，各触发器均被置"0"，即该计数器被置 0。

②74LS161 的计数是同步的，即 4 个触发器的状态更新是在同一时刻（CP 脉冲的上升沿）进行的，它是由 CP 脉冲同时加在 4 个触发器上实现的。

③74LS161 有预置数功能，且预置是同步的。当 $\overline{R}_D$ 为高电平，置数控制端 $\overline{LD}$ 为低电平时，在 CP 脉冲上升沿的作用下，数据输入端 $D_3 \sim D_0$ 上的数据就被送至输出端 $Q_3 \sim Q_0$。如果改变 $D_3 \sim D_0$ 端的预置数，即可构成 16 以内的各种不同进制的计数器。

④74LS161 有超前进位功能，即当计数溢出时，进位端 C 输出一个高电平脉冲，其宽度为一个时钟周期，其波形如图 4—7（b）所示。

$\overline{R}_D$、$\overline{LD}$、ET 和 EP 均为高电平时，计数器处于计数状态，每输入一个 CP 脉冲，就进行一次加法计数，详见该计数器的状态图 4—7（a）。

⑤ET 和 EP 是计数器控制端，只要其中一个或一个以上为低电平，计数器就保持原态，只有两者均为高电平时，计数器才处于计数状态。

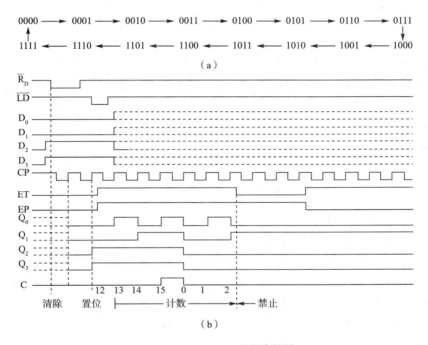

图 4—7　74LS161 集成计数器

图 4—8 所示为 74LS161 的引脚图和逻辑符号，各引脚的功能和符号说明如下：

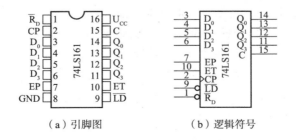

（a）引脚图　　　　（b）逻辑符号

图 4—8　74LS161 引脚图和逻辑图

$D_3 \sim D_0$ 为并行数据输入端。

$Q_3 \sim Q_0$ 为数据输出端。

ET、EP 为计数控制端。

CP 为时钟输入端，即 CP 端（上升沿有效）。

C 为进位输出端（高电平有效）。

$\overline{R_D}$ 为异步清零输入端（低电平有效）。

$\overline{LD}$ 为同步并行置数控制端（低电平有效）。

（2）异步二进制计数器 74LS93。

74LS93 是异步四位二进制加法计数器，图 4—9（a）和（b）分别为它的逻辑符号和逻辑图。

在图 4—9（b）中，FF_0 构成一位二进制计数器，FF_1、FF_2、FF_3 构成模 8 计数器。若将 CP_1 端与 Q_0 端在外部相连，就构成模 16 计数器。因此，74LS93 又称为二—八—十六进制计数器。此外，R_{D1}、R_{D2} 为清零端，高电平有效。

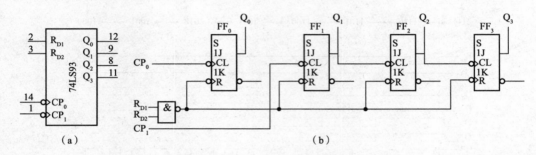

图 4—9　异步四位二进制加法计数器 74LS93

3. 十进制计数器

十进制计数器就是按十进制计数进位规律进行计数的计数器。

（1）同步十进制计数器。

下面以 74LS192 为例介绍十进制同步计数器。74LS192 的引脚图如图 4—10（a）所示。74LS192 是一个同步十进制可逆计数器。同步计数（即 4 个触发器的状态更新）是在同一时刻（CP 的上升沿）发生的。该计数器的计数是可逆的，可以作加法计数，也可以作减法计数。它有两个时钟输入端：当从 CU 输入时，进行加法计数，从 CD 输入时，进行减法计数。它有进位和借位输出，可进行多位串接计数。它还有独立的置"0"输入端，并且可以单独对加法或减法计数进行预置数。

74LS192 的功能表如表 4—4 所示。其功能特点如下：

①置"0"。74LS192 有异步置 0 端 R_D，不管计数器其他输入端处于什么状态，只要在 R_D 端加高电平，则所有触发器均被置 0，计数器复位。

②预置数码。74LS192 的预置是异步的。当 R_D 端和置入控制端 $\overline{LD}$ 为低电平时，不管时钟端的状态如何，输出端 $Q_3 \sim Q_0$ 可预置成与数据端 $D_3 \sim D_0$ 相一致的状态。预置好计数器以后，就以预置数为起点顺序进行计数。

③加法计数和减法计数。加法计数时，R_D 为低电平，$\overline{LD}$、CD 为高电平，计数脉冲从CU 端输入。当计数脉冲上升沿到来时，计数器的状态按 8421BCD 码的递增顺序进行加法计数。

减法计数时，R_D 为低电平，$\overline{LD}$、CU 为高电平，计数脉冲从 CD 端输入。当计数脉冲上升沿到来时，计数器的状态按 8421BCD 码的递减顺序进行减法计数。

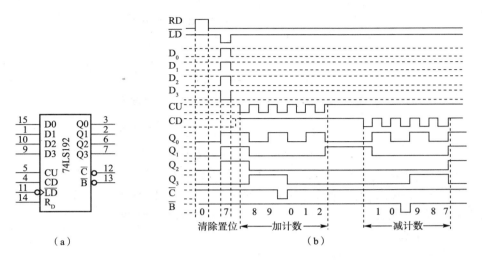

图 4—10　74LS192 引脚图和时序图

④进位输出。计数器作十进制加法计数时，在 CU 端第 9 个输入脉冲上升沿作用后，计数状态为 1001，当其下降沿到来时，进位输出端 $\overline{C}$ 产生一个负的进位脉冲。第 10 个脉冲上升沿作用后，计数器复位。将进位输出 $\overline{C}$ 与后一级的 CU 相连，可实现多位计数器级联。当 $\overline{C}$ 反馈至 $\overline{LD}$ 输入端，并在并行数据输入端 $D_3 \sim D_0$ 输入一定的预置数时，可实现 10 以内任意进制的加法计数。

⑤借位输出。计数器作十进制减法计数时，设初始状态为 1001。在 CD 端第 9 个输入脉冲上升沿作用后，计数状态为 0000，当其下降沿到来后，借位输出端 $\overline{B}$ 产生一个负的借位脉冲。第 10 个脉冲上升沿作用后，计数状态恢复为 1001。同样，将借位输出 $\overline{B}$ 与后一级的 CD 相连，可实现多位计数器级联。通过 $\overline{B}$ 对 $\overline{LD}$ 的反馈连接可实现 10 以内任意进制的减法计数。

表 4—4　　　　　　　　　　　　　　　　74LS192 功能表

输入								输出			
$\overline{LD}$	R_D	CU	CD	D_0	D_1	D_2	D_3	Q_0	Q_1	Q_2	Q_3
0	0	×	×	d_0	d_1	d_2	d_3	d_0	d_1	d_2	d_3
1	0	↑	1	×	×	×	×	加　计　数			
1	0	1	↑	×	×	×	×	减　计　数			
1	0	1	1	×	×	×	×	保　　持			
×	1	×	×	×	×	×	×	0	0	0	0

74LS192 的时序图如图 4—10（b）所示。

⑥计数器的级联。将多个 74LS192 级联可以构成高位计数器。例如用两个 74LS192 可以组成 100 进制计数器，连接方式如图 4—11 所示。

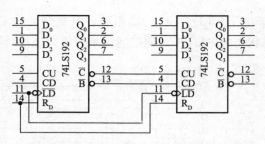

图 4—11　用两个 74LS192 构成 100 进制计数器

计数开始时，先在 R_D 端输入一个正脉冲，此时两个计数器均被置为 0 状态。此后在 $\overline{LD}$ 端输入 "1"，R_D 端输入 "0"，使计数器处于计数状态。在个位的 74LS192 的 CU 端逐个输入计数脉冲 CP，个位的 74LS192 开始进行加法计数。在第 10 个 CP 脉冲上升沿到来后，个位 74LS192 的状态为 1001→0000，同时其进位输出 $\overline{C}$ 从 0→1，此上升沿使十位的 74LS192 从 0000 开始计数，直到第 100 个 CP 脉冲作用后，计数器状态由 1001 1001 恢复为 0000 0000，完成一次计数循环。

（2）异步十进制计数器 74LS290。

74LS290 是二—五—十进制计数器，其逻辑图如图 4—12 所示。图中 FF_0 构成一位二进制计数器，FF_1、FF_2、FF_3 构成异步五进制加法计数器。若将输入时钟脉冲 CP 接于 CP_0 端，并将 CP_1 端与 Q_0 端相连，便构成 8421 码异步十进制加法计数器。若将输入时钟 CP 接于 CP_1 端，将 CP_0 与 Q_3 端相连，则构成 5421 码异步十进制加法计数器。图 4—13（a）为 5421 码异步十进制加法计数器连接方法，（b）图是其波形图。显然，Q_0 端输出的矩形波是输入 CP 脉冲的 10 分频。74LS290 还具有置 0 和置 9 功能，功能表见表 4—5。

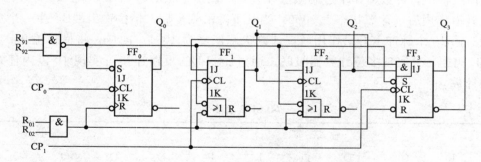

图 4—12　二—五—十进制加法计数器 74LS290

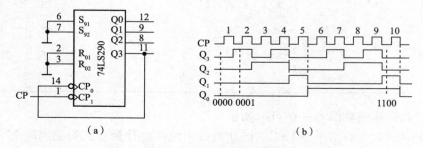

图 4—13　5421 码异步十进制加法计数器

表 4—5　　　　　　　　　　74LS290 功能表

复位/置位输入				输出			
R_{01}	R_{02}	S_{91}	S_{92}	Q_3	Q_2	Q_1	Q_0
1	1	0	×	0	0	0	0
1	1	×	0	0	0	0	0
×	0	1	1	1	0	0	1
0	×	1	1	1	0	0	1
×	0	0	×	计	数		
0	×	×	0	计	数		
×	0	×	0	计	数		
0	×	0	×	计	数		

4. 任意进制计数器

任意进制计数器是指计数器的模 $N \neq 2^n$（n 为正整数）的计数器。例如，模 5、模 9、模 12 计数器以及十进制计数器等都属于它的范畴。

利用已有的集成计数器构成任意进制计数器的方法通常有三种：

（1）直接选用已有的计数器。例如，欲构成十二分频器，可直接选用十二进制异步计数器 7492。

（2）用两个模小的计数器串接，可以构成模为两者之积的计数器。例如，用模 6 和模 10 计数器串接起来，可以构成模 60 计数器。

（3）利用反馈法改变原有计数长度。这种方法是，当计数器计数到某一数值时，由电路产生的置位脉冲或复位脉冲，加到计数器预置数控制端或各个触发器清零端，使计数器恢复到起始状态，从而达到改变计数器模的目的。

图 4—14 示出了利用十进制计数器 74LS160，通过反馈构成模 6 计数器的 4 种方法。

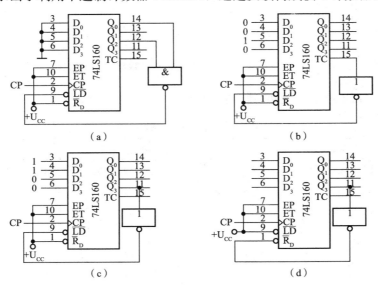

图 4—14　模 6 计数器

图 4—14（a）所示电路的工作顺序是 0000→0001→0010→0011→0100→0101。当计数器计到状态 5 时，Q_2 和 Q_0 为 1，与非门输出为 0，即同步并行置入控制端 $\overline{LD}$ 是 0。于是，下一个计数脉冲到来时，将 $D_3 \sim D_0$ 端的数据 0 送入计数器，使计数器又从 0 开始计数，一直到 5，又重复上述过程。由此可见，N 进制计数器可以利用在状态（$N-1$）时将 $\overline{LD}$ 变为 0 的方法构成，这种方法称为反馈置 0 法。

图 4—14（b）所示电路的工作顺序是 0100→0101→0110→0111→1000→1001。当计数器计到状态 1001 时，进位端 C 为 1，经非门后使 $\overline{LD}$ 为 0。于是，下一个时钟到来时，将 $D_3 \sim D_0$ 端的数据 0100 送入计数器，此后又从 0100 开始计数，一直计数到 1001，又重复上述过程，这种方法称为反馈预置法。

图 4—14（c）所示电路的工作顺序是 0011→0100→0101→0110→0111→1000，工作原理同上。

图 4—14（d）所示电路利用了直接置 0 端 $\overline{R}_D$，工作顺序为 0000→0001→0010→0011→0100→0101。当计数器计到 0110 时（该状态出现的时间极短），Q_2 和 Q_1 均为 1，使 $\overline{R}_D$ 为 0，计数器立即被强迫回到 0 状态，开始新的循环。这种方法的缺点是工作不可靠。原因是在许多情况下，各触发器的复位速度不一致，复位快的触发器复位后，立即将复位信号撤销，使复位慢的触发器来不及复位，因而造成误动作。改进的方法是加一个基本 RS 触发器，如图 4—15（a）所示，工作波形如图 4—15（b）所示。当计数器计到 0110 时，基本 RS 触发器置 0，使 $\overline{R}_D$ 端为 0，该 0 一直持续到下一个计数脉冲的上升沿到来为止，因此该计数器能可靠置 0。

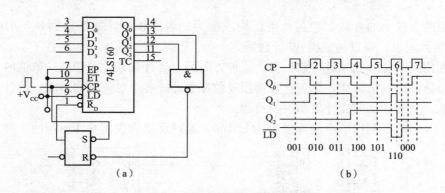

图 4—15 改进的模 6 计数器

表 4—6 为 74LS160 的功能和引脚功能说明。

表 4—6　　　　　　　　　　　74LS160 的功能和引脚功能说明

输入									输出				引脚功能说明	
$\overline{R}_D$	$\overline{LD}$	ET	EP	CP	D_0	D_1	D_2	D_3	Q_0	Q_1	Q_2	Q_3	$D_0 \sim D_3$	并行数据输入端
0	×	×	×	×	×	×	×	×	0	0	0	0	$\overline{R}_D$	异步清零端
1	0	×	×	↑	d_0	d_1	d_2	d_3	d_0	d_1	d_2	d_3	$\overline{LD}$	同步并行置入控制端
1	1	0	×	×	×	×	×	×	保　持				EP、ET	计数控制端
1	1	1	1	↑	×	×	×	×	计　数				TC	进位输出端
1	1	0	×	×	×	×	×	×	保　持				CP	时钟输入端
1	1	×	0	×	×	×	×	×	保　持				$Q_0 \sim Q_3$	数据输出端

4.2.2 计数器应用实例

1. 计数器组成分频器

分频器可用来降低信号的频率，是数字系统中常用的器件。例如，在一个数字电话 PCM30/32 路基群系统中，需要各种各样的基准脉冲信号以实现采样、编码、同步等功能，这些信号就是依靠分频器产生的。该系统的时钟脉冲产生电路的方框图如图 4—16 所示。在该系统中，由晶体振荡器产生 4 096kHz 的高稳定的基准信号，该信号通过 2 分频产生 2 048kHz 的系统基准时钟信号，系统基准时钟信号经过八分频产生用于编码和解码的 256kHz 的位脉冲信号，位脉冲信号再经过 32 分频产生 8kHz 的采样脉冲，最后将采样脉冲 16 分频产生 500Hz 的复帧脉冲信号。由此可见，我们可以通过分频的方法，利用一个高稳定的信号源产生多种频率的信号。这是数字系统中为获得各种时钟脉冲所采用的最普遍的方法。

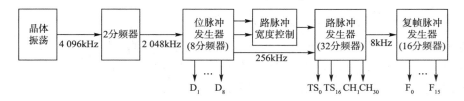

图 4—16　PCM30/32 路基群系统时钟框图

下面介绍采用集成计数器实现的程序分频器，它在通信、雷达、自动控制系统中得到了广泛应用。

（1）一般程序分频器。分频器的输入信号频率 f_1 与输出信号频率 f_0 之比叫做分频比 N。程序分频器是指分频比 N 随预置数据而变的数控分频器，因此，凡具有并行置数功能的计数器都可以组成程序分频器。图 4—17（a）是程序分频器的一般框图，图 4—17（b）是分频比为 7 的程序分频器的输出信号 u_O 与输入信号 u_1 的同步波形。由图可知，其分频比 $N = f_1/f_0 = T_O/T_1 = 7$。

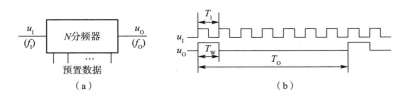

图 4—17　程序分频器

（2）$M/M+1$ 分频器。$M/M+1$ 分频器在频率合成器中经常被采用，它有两种工作模式，即 M 次分频模式和 $M+1$ 次分频模式。

图 4—18 是一个由 74LS160 二进制计数器和门电路组成的 $M/M+1$ 分频器，图中 u_1、u_O 分别是信号输入、输出端，$b_4 \sim b_1$ 是分频器数据输入端。$b_4 \sim b_1$ 的值应为 M 的二进制数，SC 是工作模式控制端。SC=0 时，分频比为 M，SC=1 时，分频比为 $M+1$。该分频器包括两部分：其一为 74LS160 和非门组成的可控分频器，分频次数由预置数 $b_4' b_3' b_2' b_1'$ 控制；其二为或门和异或门组成的码组转换器，由它为 74LS160 提供预置数据。当 SC=0 时，码组转换器用作变补器，预置数 $b_4' \sim b_1'$ 是输入数 $b_4 \sim b_1$ 的补码，故可控分频器作 M 次分频；SC=1 时，转换器用作变反器，$b_4' \sim b_1'$ 是 $b_4' \sim b_1'$ 的反码，故可控分频器作 $M+1$ 次分

频。图中 EP 和 ET 为计数控制端，C 是进位端，$\overline{LD}$ 是同步并行置入控制端。

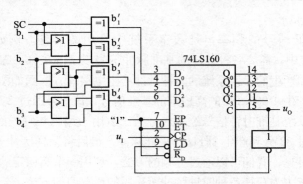

图 4—18 *M/M+1 分频器*

2. 计数器用于测量脉冲频率和周期

如图 4—19 所示，被测频率的脉冲信号和取样信号一起加到与门 G。在 $t_1 \sim t_2$ 时间段内，取样脉冲为正，G 开通并输出被测脉冲信号。此脉冲由计数器计数，计数值就是 $t_1 \sim t_2$ 时间段内被测脉冲的个数 N，由此可求得被测脉冲频率为

$$f = \frac{N}{t_2 - t_1}$$

例如，若在 $t_2 - t_1 = 1s$ 内，计数器的计数值为 1 200，则脉冲频率 $f = 1\,200\text{Hz}$。在图 4—19 所示电路中，取样脉冲宽度为 10ms，若计数器 74LS161 的计数值为 15，则被测脉冲的频率为 1 500Hz。计数值经译码显示电路便可显示被测脉冲的频率值。

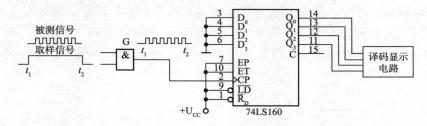

图 4—19 *测量脉冲频率的电路*

将图 4—19 稍加改变，便可用来测量脉冲周期（或宽度），如图 4—20 所示。将基准频率为 1MHz 的脉冲信号经受控与门 G 加到计数器的输入端，在待测时间间隔 T_X 内计数器对此信号进行计数。显然，计数器显示的数值就是以 μs 为单位的脉冲周期 T_X。例如，脉冲周期为 13μs，则计数器显示的值应为 13。

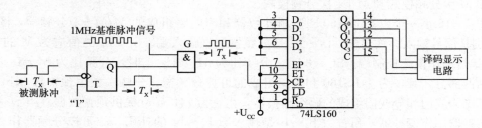

图 4—20 *测量脉冲周期的电路*

4.2.3 常用 TTL 集成计数器简介

表 4—7 列出了常用计数器的型号和功能。

表 4—7   常用计数器的型号和功能

型号	功能
7468	双十进制计数器
74LS90	十进制计数器
74LS92	十二分频计数器
74LS93	4 位二进制计数器
74LS160	同步十进制计数器
74LS161	4 位二进制同步计数器（异步清除）
74LS162	十进制同步计数器（同步清除）
74LS163	4 位二进制同步计数器（同步清除）
74LS168	可预置十进制同步加/减计数器
74LS169	可预置 4 位二进制同步加/减计数器
74LS190	可预置十进制同步加/减计数器
74LS191	可预置 4 位二进制同步加/减计数器
74LS192	可预置十进制同步加/减计数器（双时钟）
74LS193	可预置 4 位二进制同步加/减计数器（双时钟）
74LS196	可预置十进制计数器
74LS197	可预置二进制计数器
74LS290	十进制计数器
74LS293	4 位二进制计数器
74LS390	双 4 位十进制计数器
74LS393	双 4 位二进制计数器
74LS490	双 4 位十进制计数器
74LS568	可预置十进制同步加/减计数器（三态）
74LS569	可预置二进制同步加/减计数器（三态）
74LS668	十进制同步加/减计数器
74LS6694	二进制同步加/减计数器
74LS690	可预置十进制同步计数器/寄存器（直接清除、三态）
74LS691	可预置二进制同步计数器/寄存器（直接清除、三态）
74LS692	可预置十进制同步计数器/寄存器（同步清除、三态）
74LS693	可预置二进制同步计数器/寄存器（同步清除、三态）
74LS696	十进制同步加/减计数器（三态、直接清除）
74LS697	二进制同步加/减计数器（三态、直接清除）
74LS698	十进制同步加/减计数器（三态、同步清除）
74LS699	二进制同步加/减计数器（三态、同步清除）

4.3 寄存器

在实际应用中,寄存器的种类是很多的,在超大规模集成电路内部,几乎都离不开为电路提供寄存与传递数据功能的基本寄存器单元。作为一种数字电路器件,不同集成电路寄存器之间在功能上存在一定的差异。掌握不同寄存器的功能与使用方法,是数字电子技术中十分重要的内容。

4.3.1 寄存器的功能和分类

1. 基本寄存器

能够暂时存储二进制数据或代码的电路称为寄存器,由具有存储功能的触发器组合起来构成,已经讨论过的 5 种基本触发器均可构成寄存器。只具有并行输入和并行输出功能的寄存器称为基本寄存器。图 4—21 所示的是基本寄存器 74LS175 的逻辑电路图。

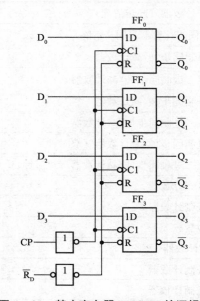

图 4—21 基本寄存器 74LS175 的逻辑图

(1) 电路组成。

74LS175 由 4 个带有异步清零端 $\overline{R}_D$ 的边沿 D 触发器组成,因此,它可以寄存 4 位二进制数码。$D_0 \sim D_3$ 是并行数据输入端,$Q_0 \sim Q_3$ 是并行数据输出端,$\overline{R}_D$ 是清零端,CP 是控制时钟脉冲端。

(2) 工作原理。

①清零。$\overline{R}_D = 0$ 时,异步清零,即 4 个边沿 D 触发器都复位到 0 状态。

②送数。$\overline{R}_D = 1$ 且 CP 上升沿到来时,无论寄存器中原来存储的数码是什么,加在并行数据输入端的数码 $D_0 \sim D_3$ 立刻被送入寄存器中,根据 D 触发器的特征方程 $Q^{n+1} = D$ 得:$Q_0^{n+1} = D_0$,$Q_1^{n+1} = D_1$,$Q_2^{n+1} = D_2$,$Q_3^{n+1} = D_3$。

③保持。当 $\overline{R}_D = 1$ 且 CP 不为上升沿时,寄存器内容保持不变,即触发器的各个输出端 Q、$\overline{Q}$ 的状态与 D 无关,都保持不变。

2. 移位寄存器

具有存放数码和使数码逐位右移或左移的电路称作移位寄存器。在移位脉冲的作用下，寄存器中的数据依次向左移一位，则称左移；依次向右移一位，则称为右移。仅具有单向移位功能的称为单向移位寄存器，具有双向移位功能的称为双向移位寄存器。74LS194 属于双向移位寄存器。

（1）移位寄存器各种功能的实现。

图 4—22 为一种单向移位寄存器的逻辑图，下面介绍其各种功能的实现方法。

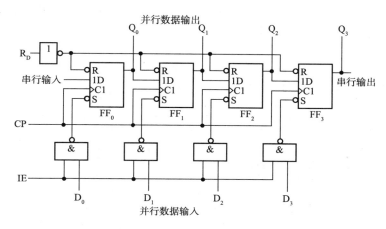

图 4—22 单向右移寄存器

①并入并出。将并行数据 $D_0 \sim D_3$ 输入到 $Q_0 \sim Q_3$ 需要两步来实现。第一步是清零脉冲（高电平有效）通过 R_D 控制线使所有触发器置 0；第二步是通过输入数据选通线 IE 的接收脉冲打开 4 个与非门，将 $D_0 \sim D_3$ 数据输入。这就实现了并入并出功能，该功能等同于基本寄存器的功能。在此电路中，并入并出不受时钟脉冲 CP 控制。

②移位。由于前面 D 触发器的 Q 端与下一个 D 触发器的 D 端相连，每当时钟脉冲的上升沿到来时，加至串行输入端的数据送至 Q_0，同时 Q_0 的数据右移至 Q_1，Q_1 的数据右移至 Q_2，Q_2 的数据右移至 Q_3。如果要实现双向移位，则可以通过门电路来控制，是将左面触发器的输出与右面触发器的输入相连（右移），还是将右面触发器的输出与左面触发器的输入相连（左移）。这种转换并不困难，有兴趣的读者可以自己设计电路或参考有关数字电路的其他书籍。

③串入。如果从串行入口输入的是一个 4 位数据，则经过 4 个时钟脉冲后，可以从 4 个触发器的 Q 端得到并行的数据输出，此即串入并出功能。

④串出。最后一个触发器的 Q 端可以作为串行输出端。如果需要得到串行的输出信号，则只要输入 4 个时钟脉冲，4 位数据便可依次从 Q_3 端输出，这就是串行输出方式。显然，电路既可实现串入串出，也可实现并入串出。

（2）移位寄存器的使用方法。

移位寄存器在数字电路中的应用非常广泛，下面再以 74LS194 为例，介绍移位寄存器的使用方法。

74LS194 为 4 位双向移位寄存器，其逻辑符号如图 4—23 所示。

①74LS194 的逻辑功能。图 4—23 中，各引脚符号及其代表的意义如表 4—8 所示，其

功能如表 4—9 所示。

表 4—8　　　　　74LS194 的引脚符号

引脚符号	引脚功能
CP	时钟输入端（上升沿有效）
$\overline{R}_D$	数据清零输入端（低电平有效）
$D_0 \sim D_3$	并行数据输入端
D_{SR}	右移串行数据输入端
D_{SI}	左移串行数据输入端
$Q_0 \sim Q_3$	数据输出端
S_0、S_1	工作方式控制端

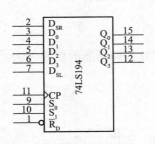

图 4—23　74LS194 的逻辑符号

表 4—9　　　　　　　　　　　　　74LS194 功能表

	输入						输出			
$\overline{R}_D$	S_1	S_0	CP	D_{SL}	D_{SR}	D_i	Q_0^{n+1}	Q_1^{n+1}	Q_2^{n+1}	Q_3^{n+1}
0	×	×	×	×	×	×	0	0	0	0
1	×	×	0	×	×	×	Q_0^n	Q_1^n	Q_2^n	Q_3^n
1	1	1	↑	×	×	D_i	D	D	D	D
1	0	1	↑	×	1	×	1	Q_0^n	Q_1^n	Q_2^n
1	0	1	↑	×	0	×	0	Q_0^n	Q_1^n	Q_2^n
1	1	0	↑	1	×	×	Q_1^n	Q_2^n	Q_3^n	1
1	1	0	↑	0	×	×	Q_1^n	Q_2^n	Q_3^n	0
1	0	0	×	×	×	×	Q_0^n	Q_1^n	Q_2^n	Q_3^n

从表 4—9 可以看出，当清零端 $\overline{R}_D$ 为低电平时，输出端 $Q_0 \sim Q_3$ 均为低电平；当 $\overline{R}_D$ 和工作方式控制端 S_1、S_0 均为高电平时，在时钟（CP）上升沿作用下，并行数据 D_i 被送至相应的输出端 Q_i，此时串行数据被禁止；当 $\overline{R}_D$ 和 S_0 为高电平，S_1 为低电平时，在时钟（CP）上升沿作用下，数据从 D_{SR} 送入，进行右移操作；当 S_0 为低电平，$\overline{R}_D$ 和 S_1 为高电平时，在时钟（CP）上升沿作用下，数据从 D_{SL} 送入，进行左移操作；当 $\overline{R}_D$ 为高电平，S_0、S_1 均为低电平时，无论有无时钟脉冲，寄存器的输出状态不变。

②74LS194 的使用方法。移位寄存器的产品很多，不同产品的功能不同。对实际应用中提出的逻辑要求，可以用不同的器件来满足。因此，在使用中，必须根据应用系统的实际情况，首先选择合适的器件，再根据器件的功能设计正确的电路。

4.3.2　寄存器应用实例

1. 产生序列信号

序列信号是在同步脉冲的作用下按一定周期循环产生的一串二进制信号，比如 0111…0111，每隔 4 位重复一次，称为 4 位序列信号。序列信号广泛应用于数字设备测试、数字式噪声源，或在雷达、通信、遥测、遥控中作为识别信号或基准信号。产生序列信号的逻辑部件称为序列信号发生器。

图 4—24 是用移位寄存器组成的 8 位序列信号发生器，序列信号数字为 00001111。在时钟脉冲的作用下，其输出波形如图 4—25 所示。

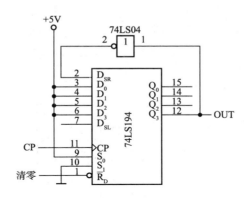

图 4—24　一种序列脉冲产生电路

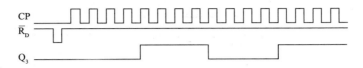

图 4—25　序列脉冲发生器输出波形

电路的工作原理简述如下：74LS194 接成右移方式，其右移串行输入信号取自 Q_3 的非；在清零脉冲的作用下，寄存器的 Q 端全部为 0，D_{SR} 为 1。在时钟信号的作用下，数据右移，为此，Q_3 的输出为 0000111100001111…00001111。

从上面的分析中不难发现，产生序列信号的关键是从移位寄存器的输出端（图 4—24 中的 Q_3）引出一个反馈信号送至串行输入端。序列信号的长度（位数）和数值与移位寄存器的位数及反馈信号的逻辑取值有关。由 n 位移位寄存器构成的序列信号发生器产生的序列信号的最大长度 $P=2n$。由 4 位移位寄存器构成的序列信号发生器的一般结构如图 4—26 所示。

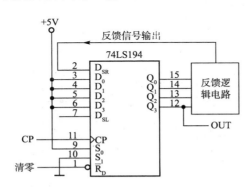

图 4—26　移位型序列信号发生器结构

2. 用移位寄存器计数

在图 4—24 中，如果我们从 Q_0～Q_3 中取出数据，并对数据进行译码，如图 4—27 所示，则电路成为一种计数器。

该电路清零以后，随着计数脉冲的到来，数据右移，$Q_3Q_2Q_1Q_0$ 的数据依次为

$$0000 \rightarrow 0001 \rightarrow 0011 \rightarrow 0111$$

$$1000 \leftarrow 1100 \leftarrow 1110 \leftarrow 1111$$

共有 8 种不同的状态，并且构成一个循环。接在寄存器后面的译码器可以对这 8 种状态译码，得到 0～7 共 8 个数字，显然，上述电路构成八进制计数器。

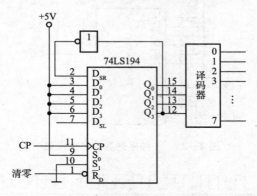

图 4—27　用移位寄存器构成的计数器

计数前，如果不清零，由于随机性，随着计数脉冲的到来，$Q_3Q_2Q_1Q_0$ 的状态可能进入如下的循环：

$$0100 \rightarrow 1001 \rightarrow 0010 \rightarrow 0101$$

$$1010 \leftarrow 1101 \leftarrow 0110 \leftarrow 1011$$

原来的译码器无法对这 8 种状态译码，我们把这种循环称为无效循环。因此，不允许寄存器工作在无效循环状态。

除了存在无效循环外，上述计数器的另一个缺点是没有充分利用寄存器输出的所有状态，解决的办法是设计反馈逻辑电路。

由寄存器构成的计数器的一般电路如图 4—28 所示。

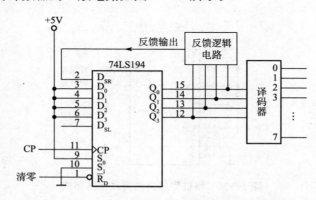

图 4—28　由移位寄存器构成的计数器的一般电路

为了方便，图 4—28 中的寄存器仍采用 4 位双向移位寄存器 74LS194。选择合适的反馈逻辑，可以得到不同长度的计数器。由 n 位寄存器构成的计数器的最大长度为

$$N = 2^n - 1$$

当 $n = 4$ 时，反馈逻辑表达式为

$$D_{SR} = Q_3 \oplus Q_2, \quad Q_3 \oplus Q_0$$

当 $n = 8$ 时，反馈逻辑表达式为

$$D_{SR} = Q_7 \oplus Q_5 \oplus Q_4 \oplus Q_3, \quad Q_7 \oplus Q_3 \oplus Q_2 \oplus Q_1$$

实训 7　计数、译码与显示电路

一、实训目的

（1）掌握中规模集成计数器 4518 的使用。

（2）进一步掌握译码/驱动器的工作原理及使用方法。

二、实训前准备

（1）复习数码显示译码器和计数器的结构及工作原理。

（2）复习用十进制计数器构成任意进制计数器的方法。

（3）预习下面的"实训内容及步骤"。

三、实训器材

（1）CMOS 双十进制加法计数器 4518 一片；

（2）输出低电平有效的译码/驱动器 74LS247 两片；

（3）四-二输入与非门 74LS00；

（4）共阳极数码管两个；

（5）16 脚集成座三个；

（6）逻辑电平开关盒。

四、实训内容及步骤

1. 基本部分

（1）CMOS 双十进制加法计数器 4518 的引脚图如图 4—29 所示，该芯片上集成了两个十进制计数器。其中，1～7 脚，9～15 脚分别为两个计数器的引脚。1EN、2EN 为它们的使能端，高电平有效，正常计数时应为高电平。1CR、2CR 为它们的清零端，也是高电平有效，正常计数时应为低电平。$1Q_0 \sim 1Q_3$、$2Q_0 \sim 2Q_3$ 分别为两个计数器的输出端，它们输出的是 8421BCD 码。U_{DD}、U_{SS} 为电源输入端，其中 U_{DD} 接电源的正极，U_{SS} 接电源的负极，这里电源电压的取值可跟 TTL 集成电路一样为 5V。1CP、2CP 为两个计数器的计数脉冲输入端，上升沿有效。

（2）译码/驱动器 74LS247 的引脚图如图 4—30 所示，其中 a～g 为其输出端，低电平有效。$A_3 \sim A_0$ 为输入的 8421BCD 码（A_3 为最高位，A_0 为最低位），分别与计数器的输出端 $Q_3 \sim Q_0$ 对应连接。$\overline{BI}/\overline{RBO}$、$\overline{LT}$、$\overline{RBI}$ 三个控制端的功能如下：

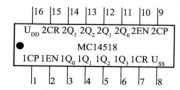

图 4—29　4518 引脚图

图 4—30　74LS247 引脚图

①灭灯功能：只要$\overline{BI}/RBO=0$，则 7 个输出端全为 1，此时数码管不显示。利用这一功能，可以自动熄灭所显示的数字前后不必要的"零"。

②灯测试功能：$\overline{LT}=0$ 且 $\overline{BI}/RBO=1$ 时，7 个输出端均为 0，数码管的每一段均应发光，利用这一功能可以测试数码管的好坏。

③灭零功能：当 $\overline{LT}=1$ 且 $\overline{BI}/RBO$ 作输出端，不输入低电平时，如果 $\overline{RBI}=1$，则在 $A_3\sim A_0$ 的所有组合下，仍然可正常显示。如果 $\overline{RBI}=0$，且 $A_3A_2A_1A_0\neq0000$，也可正常显示。当 $\overline{LT}=1$、$\overline{RBI}=0$、$\overline{BI}/RBO=0$ 时，输出全为高电平，数码管不发光。

本实验这 3 个控制端可以悬空或接高电平。

（3）按图 4—31 接线，其中 4518 只用第二个计数器，第一个计数器的所有引脚（1～7脚）均不用接。2CP 接实验台上的正脉冲源（注意：接脉冲源必须用两根线，另一根线应与电路的"地"连接）。2EN、2CR 接逻辑电平开关。图 4—32 为共阳数码管的引脚图。

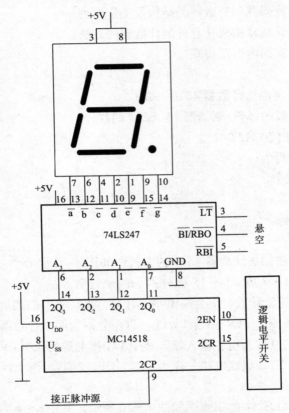

图 4—31 计数器和译码器接线图

（4）按图 4—32 接好线后，拨动逻辑电平开关，使 2EN＝1、2CR＝0；用手按脉冲源，观察数码管上显示的数字是否在 0～9 之间变化。然后使 2EN＝0，用手按脉冲源，观察数码管显示的数字有没有变化。再让 2CR＝1，观察数码管显示的数字是否为 0。

2. 选作部分

用两片 74LS247、一片 4518、一片 74LS00 分别构成六十进制和二十四进制的计数—译码/驱动—显示电路，要求画出接线图，自己拟好实验步骤，并在实验前交任课老师或实验老师检查后，才允许开始实验。其中 74LS00 的引脚图如图 4—33 所示。

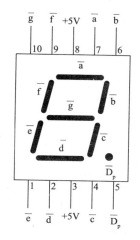

图 4—32 共阳数码管引脚图

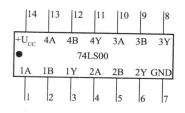

图 4—33 74LS00 引脚图

五、分析与思考

（1）调试过程中，有没有碰到什么异常现象？你是如何分析、判断和解决的？实验的结果如何？

（2）若选作实验的选作部分，则还须画出接线图，说明其工作原理及实验的结果。并回答：用 4518 构成 N 进制计数器是采用置数法还是复位法？这两种方法是否都能用？应如何接线？

（3）通过本次实验，你有什么收获与体会？

实训 8　寄存器实验

一、实训目的

（1）熟悉两种寄存器的电路结构和工作原理。

（2）掌握双向移位寄存器 74LS194 的逻辑功能和使用方法。

二、实训前准备

（1）复习数码寄存器、移位寄存器的工作原理和逻辑电路。

（2）复习双向移位寄存器 74LS194 的逻辑功能表。

（3）预习下面的"实训内容及步骤"。

三、实训器材

（1）双上升沿 D 触发器 74LS74 两片；

（2）双向移位寄存器 74LS194 一片；

（3）逻辑电平开关盒；

（4）14 脚集成座两个，16 脚集成座一个。

四、实训内容及步骤

1. 数码寄存器

（1）按图 4—34 接线，该图为 4 位并行输入、并行输出数码寄存器。其中 $D_0 \sim D_3$ 为数据输入端，接逻辑电平开关；$Q_0 \sim Q_3$ 为数据输出端，接逻辑电平显示二极管；CP 为时钟脉冲，接试验台上的正脉冲源；$\overline{CR}$ 为清零端，低电平有效，接逻辑电平开关。图 4—35 为双上升沿 D 触发器 74LS74 的引脚分布图，其中 1～6 脚、8～13 脚分别为两个 D 触发器的

103

引脚，1、13 脚和 4、10 脚分别为它们的异步置 0 端和异步置 1 端。接线时，可让异步置 1 端 S_d 悬空或接高电平。

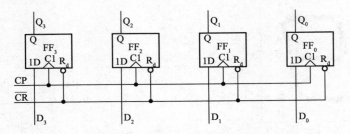

图 4—34　数码寄存器接线图

（2）给数据输入端 D_0、D_1、D_2、D_3 加入数据，按一下正脉冲源，观察输出端 Q_0、Q_1、Q_2、Q_3 的状态，是否与对应的输入端相同；改变输入数据，再按一下正脉冲源，观察前后输出数据是否相同；加入清零信号（$\overline{CR}=0$），再观察输出端有什么变化？

2. 双向移位寄存器

（1）图 4—36 是双向移位寄存器 74LS194 的引脚分布图。图中 CR 为清零端，低电平有效；$D_0 \sim D_3$ 为并行数据输入端；D_{SR} 为右移串行数据输入端；D_{SL} 为左移串行数据输入端；M_0、M_1 为工作方式控制端；以上端子均接逻辑电平开关；CP 为移位脉冲输入端，接正脉冲源；$Q_0 \sim Q_3$ 为并行数据输出端，接逻辑电平显示二极管。其逻辑功能表如表 4—10 所示。

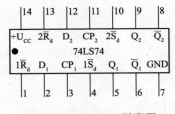

图 4—35　74LS74 引脚图

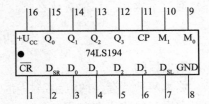

图 4—36　74LS194 引脚图

表 4—10　74LS194 逻辑功能表

输入										输出				功能
CR	M_1	M_0	CP	D_{SL}	D_{SR}	D_0	D_1	D_2	D_3	Q_0^{n+1}	Q_1^{n+1}	Q_2^{n+1}	Q_3^{n+1}	
0	×	×	×	×	×	×	×	×	×	0	0	0	0	清零
1	×	×	0	×	×	×	×	×	×	Q_0^n	Q_1^n	Q_2^n	Q_3^n	保持
1	0	0	×							Q_0^n	Q_1^n	Q_2^n	Q_3^n	
1	1	1	↑	×	×	d_0	d_1	d_2	d_3	d_0	d_1	d_2	d_3	送数
1	0	1	↑	×	1	×	×	×	×	1	Q_0^n	Q_1^n	Q_2^n	右移
1	0	1	↑	×	0	×	×	×	×	0	Q_0^n	Q_1^n	Q_2^n	
1	1	0	↑	1	×	×	×	×	×	Q_1^n	Q_2^n	Q_3^n	1	左移
1	1	0	↑	0	×	×	×	×	×	Q_1^n	Q_2^n	Q_3^n	0	

注：表中的"送数"是指并行置数；"×"表示任取"0"或"1"值。

（2）按表4—10列出的输入端取值，验证74LS194的逻辑功能。

3. 移位寄存器的应用

按图4—37接线，利用一片74LS194接成模为4（即 $M=4$）的环形计数器。将 M_1、M_0、CR、$D_3 \sim D_0$ 端接逻辑电平开关；$Q_3 \sim Q_0$ 端接逻辑电平显示二极管；CP端接正脉冲源；D_{SL} 端悬空。先清零，再拨动逻辑电平开关使 $M_1=1$，$M_0=1$；$D_3=D_2=D_1=0$，$D_0=1$；然后加入时钟脉冲CP，把寄存器的输出 $Q_3Q_2Q_1Q_0$ 置成0001。再把 M_1 置为0，并加入移位脉冲，每加一个脉冲，记录一次输出数据于表4—11中。

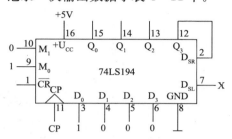

图4—37 移位寄存器接线图

表4—11 　　　　　　　　　　图4—37所示寄存器输出状态转换表

移位脉冲	输　　出			
CP	Q_3	Q_2	Q_1	Q_0
初　态	0	0	0	1
↑				
↑				
↑				
↑				

五、分析与思考

（1）总结本次实训的收获与体会。

（2）图4—37所示计数器能否自启动？若不把 $Q_3Q_2Q_1Q_0$ 预置成0001，能否正常工作？

（3）若构成 $M=8$ 的环形计数器，需用多少片74LS194？试画出线路图。

习　题　4

1. 时序逻辑电路的特点是什么？它与组合逻辑电路的主要区别在哪里？

2. 时序逻辑电路分析的基本任务是什么？简述时序逻辑电路的分析步骤。

3. 画出图4—38所示电路的状态图，简要说明电路的功能特点。

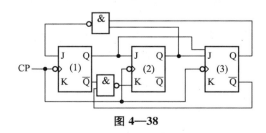

图4—38

4. 画出图 4—39（a）所示电路中 B、C 端的波形。输入端 A、CP 的波形如图 4—39（b）所示，触发器起始状态为零状态。

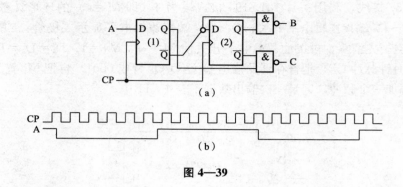

（a）

（b）

图 4—39

5. 分析图 4—40 所示电路的逻辑功能。

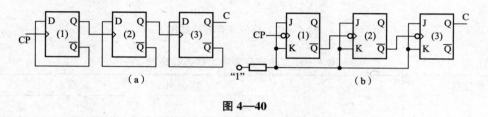

（a）   （b）

图 4—40

第 2 篇　EDA 技术入门篇

第 5 章　EDA 技术入门

5.1　EDA 技术

5.1.1　概述

EDA（Electronic Design Automation，电子设计自动化）技术指的是以计算机硬件和系统软件为基本工作平台，继承和借鉴前人在电路、系统、数据库、图形学、图论和拓扑逻辑、计算数学、优化理论等多学科的最新科技成果而研制成的商品化通用支撑软件和应用软件包。EDA 旨在帮助电子设计工程师在计算机上完成电路的功能设计、逻辑设计、性能分析、时序测试直至 PCB（印制电路板）的自动设计。

与早期的电子 CAD 软件相比，EDA 软件的自动化程度更高，功能更完善，运行速度更快，而且操作界面友好，有良好的数据开放性和互换性，即不同厂商的 EDA 软件可相互兼容。因此，EDA 技术很快在世界各大公司、企业和科研单位得到了广泛应用，并已成为衡量一个国家电子技术发展水平的重要标志。

EDA 技术的范畴应包括电子工程师进行产品开发的全过程，以及电子产品生产的全过程中期望由计算机提供的各种辅助工作。从一个角度看，EDA 技术可粗略分为系统级、电路级和物理实现级三个层次的辅助设计过程；从另一个角度来看，EDA 技术应包括电子电路设计的各个领域，即从低频电路到高频电路，从线性电路到非线性电路，从模拟电路到数字电路，从分立电路到集成电路的全部设计过程。

5.1.2　EDA 技术的基本特征

现代 EDA 技术的基本特征是采用高级语言描述，具有系统级仿真和综合能力。下面介绍与这些基本特征有关的几个新概念。

1. "自顶向下"的设计方法

"自顶向下"的设计方法首先从系统级设计入手，在顶层进行功能方框图的划分和结构设计；在方框图级进行仿真、纠错，并用硬件描述语言对高层次的系统行为进行描述；在功能级进行验证，然后用逻辑综合优化工具生成具体的门级逻辑电路的网表，其对应的物理实现级可以是印制电路板或专用集成电路。"自顶向下"的设计方法有利于在早期发现结构设计中的错误，提高设计的一次成功率，因而在现代 EDA 系统中被广泛采用。

2. 硬件描述语言

用硬件描述语言（HDL）进行电路与系统的设计是当前 EDA 技术的一个重要特征。与传统的原理图输入设计方法相比较，硬件描述语言更适合于规模日益增大的电子系统，它还是进行逻辑综合优化的重要工具。硬件描述语言使得设计者在比较抽象的层次上描述设计的结构和内部特征。它的突出优点是：语言的公开可利用性；设计与工艺的无关性；宽范围的描述能力；便于组织大规模系统的设计；便于设计的复用和继承等。目前最常用的硬件描述语言有 VHDL 和 Verilog-HDL，它们都已经成为 IEEE 标准。

3. 逻辑综合优化

逻辑综合功能将高层次的系统行为设计自动翻译成门级逻辑的电路描述，做到了设计与工艺的独立。优化则是对上述综合生成的电路网表，根据布尔方程功能等效的原则，用更小更快的综合结果替代一些复杂的逻辑电路单元，根据指定的目标库映射成新的网表。

4. 开放性和标准化

框架是一种软件平台结构，它为 EDA 工具提供了操作环境。框架的关键在于提供与硬件平台无关的图形用户界面以及工具之间的通信、设计数据和设计流程的管理等，此外还应包括各种与数据库相关的服务项目。任何一个 EDA 系统只要建立了一个符合标准的开放式框架结构，就可以接纳其他厂商的 EDA 工具一起进行设计工作。这样，框架作为一套使用和配置 EDA 软件包的规范，就可以实现各种 EDA 工具间的优化组合，并集成在一个易于管理的统一的环境之下，实现资源共享。

近年来，随着硬件描述语言等设计数据格式的逐步标准化，不同的设计风格和应用的要求导致各具特色的 EDA 工具被集成在同一个工作站上，从而使 EDA 框架标准化。新的 EDA 系统不仅能够实现高层次的自动逻辑综合、版图综合和测试码生成，而且可以使各个仿真器对同一个设计进行协同仿真，进一步提高了 EDA 系统的工作效率和设计的正确性。

5. 库的引入

EDA 工具之所以能够完成各种自动设计过程，关键是有各类库（Library）的支持，如逻辑模拟时的模拟库、逻辑综合时的综合库、版图综合时的版图库、测试综合时的测试库等。这些库都是 EDA 设计公司与半导体生产厂商紧密合作、共同开发的。

集成电路技术的进展不断对 EDA 技术提出新的要求，促进了 EDA 技术的发展。EDA 工具的发展经历了两个大的阶段，即物理工具阶段和逻辑工具阶段。

物理工具用来完成设计中的实际物理问题，如芯片布局、印制电路板布线等。另外它还能提供一些设计的电气性能分析，如设计规则检查。这些工作现在主要由集成电路厂家来完成。

逻辑工具是基于网表、布尔逻辑、传输时序等概念的。首先由原理图编辑器或硬件描述语言进行设计输入，然后利用 EDA 系统完成逻辑综合、仿真、优化等过程，最后生成物理工具可以接受的网表或 VHDL、Verilog-HDL 的结构化描述。现在 EDA 已被理解为一个整体的概念，即电子系统设计自动化。

5.2 可编程逻辑器件

集成度是可编程逻辑器件的一项很重要的指标，如果从集成度上分类，可分为简单可编程逻辑器件（SPLD）和高密度可编程逻辑器件（HDPLD）。通常将 PROM、PLA、PAL 和 GAL 这四种 PLD 产品划归为简单可编程逻辑器件，而将 CPLD 和 FPGA 统称为高密度可编程逻辑器件，如图 5—1 所示。

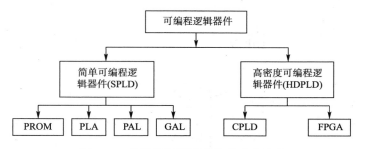

图 5—1　可编程逻辑器件按集成度分类

5.2.1　简单可编程逻辑器件

简单可编程逻辑器件是由与阵列及或阵列组成的。输出到 SPLD 的信号首先通过与阵列形成输入信号的乘积项，然后在或阵列被相加，所以 SPLD 能够有效地实现以积之和为形式的逻辑函数。SPLD 结构上的优点是没有布局布线的问题，性能可以预测。

1. 可编程只读存储器

可编程只读存储器（PROM）最初是作为计算机存储器设计和使用的，后来才被用做 PLD。PROM 的内部结构是固定的与阵列和可编程的或阵列，如图 5—2 所示。

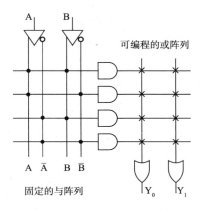

图 5—2　PROM 的内部结构示意图

与阵列是固定的，输入信号的每个可能组合都被连线连接好，而不管此组合是否会被使用，在此看来，PROM 类似于一个查找表，输入信号的组合都被译码，所以 PROM 适合于输入变量数量少，但组合多的场合。例如 $Y_0 = A \oplus B = A\overline{B} + \overline{A}B$ 和 $Y_1 = AB$ 的逻辑关系，可以用 PROM 实现，如图 5—3 所示。

PROM 是一种速度快、成本低、编程容易的 PLD，能够实现随机逻辑置换、译码器、编码器、错误检测与校正、查找表和分布算法等。但当输入信号的数目较多时，其与阵列的规模会变得很大，从而导致器件成本升高、功耗增加、可靠性降低等问题出现。

2. 可编程逻辑阵列

PROM 的与阵列是全译码器，产生全部逻辑组合，在实际应用时，绝大多数组合逻辑函数并不需要全部的逻辑组合。当逻辑函数的输入变量增多时，由于无用的输入组合较多，PROM 的存储单元利用效率会大大降低。针对这一点，可编程逻辑阵列 PLA 对 PROM 进行了改进，如图 5—4 所示。

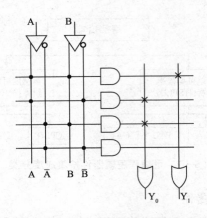

图 5—3　用 PROM 表示的逻辑关系

　　PLA 的与阵列和或阵列都可编程，任何组合函数都可以用 PLA 来实现。但在实现时，PLA 的与阵列不是采用全译码的方式，需要把逻辑函数化成最简与或表达式，然后用可编程的与阵列构成与项，再用可编程的或阵列构成与或表达式。由于仅仅需要逻辑功能要求的那些最小项，因此 PROM 存在的随着输入变量增多规模迅速增加的问题在 PLA 中得到缓解。在有多个输出时，要尽量利用公共的与项，以提高阵列的利用率。

　　虽然 PLA 的利用率较高，可是需要逻辑函数的最简与或表达式，对于多输出函数需要提取、利用公共的与项的情况，涉及的软件算法比较复杂，尤其是多输入和多输出的逻辑函数，处理上更加困难。此外，PLA 的两个阵列均可编程，不可避免地使编程后器件的运行速度下降，在一定程度上限制了 PLA 的使用。

　　3. 可编程阵列逻辑

　　为了改进 PLA 器件软件算法过于复杂的缺点，又设计了另一种编程器件，即可编程阵列逻辑（PAL）。PAL 的结构与 PLA 相似，但是其或阵列是固定的，只有与阵列可编程。PAL 的内部结构如图 5—5 所示。

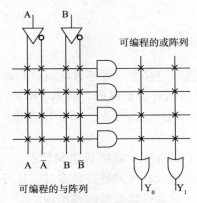

图 5—4　PLA 的内部结构示意图

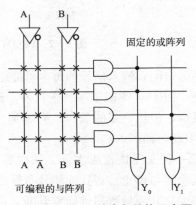

图 5—5　PAL 的内部结构示意图

　　与阵列可编程、或阵列固定的结构避免了 PLA 存在的软件算法复杂的问题，运行速度也有所提高。从 PAL 的结构可知，各个逻辑函数输出化简，不必考虑公共的乘积项。送到或门的乘积项数目是固定的，大大简化了设计算法，同时也使单个输出的乘积项数量有限。

112

但是，为适应不同应用的需要，PAL 的输出 I/O 结构很多，往往一种结构方式就有一种 PAL 器件。设计者在设计不同功能的电路时，要采用不同输出 I/O 结构的 PAL 器件，使得器件种类变得十分丰富，同时也带来了使用、生产上的不便。此外，PAL 一般采用熔丝工艺生产，一次性编程，修改不方便。现在，PAL 也已被淘汰，在中小规模可编程应用领域，PAL 已被 GAL 取代。

4. 通用阵列逻辑

1985 年，美国 Lattice 公司在 PAL 的基础上，设计出了通用阵列逻辑（GAL）器件。首次在 PLD 上采用了 E^2PROM 工艺，使得 GAL 具有电可擦除重复编程的特点，彻底解决了熔丝型可编程器件的重复可编程问题。GAL 在与阵列、或阵列结构上沿用了 PAL 的与阵列可编程、或阵列固定的结构，但对 PAL 输出的 I/O 结构进行了较大改进，在 GAL 的输出部分增加了输出逻辑宏单元（Output Logic Macro Cell，OLMC）。

GAL 的 OLMC 单元设有多种组态，可配置成专用组合输出、双向组合输出、寄存器输出、寄存器双向输出等，为逻辑电路设计提供了极大的灵活性，在一定程度上，简化了电路板的布局布线，使系统的可靠性进一步地提高。GAL 是在 PAL 的基础上设计的，其与许多种 PAL 器件保持兼容性，GAL 能直接替换多种 PAL 器件，方便应用厂商升级现有产品。GAL 的特性如下：

（1）通用性和应用灵活性较高。每个逻辑宏单元都可以根据需要任意组态，既可实现组合电路，又可实现时序电路。当输入管脚数量不足时，还可将 OLMC 构成专用输入组态，使用起来十分方便。

（2）可重复编程。大多数 GAL 采用的是浮栅编程技术，使得与阵列以及逻辑宏单元可以重复编程，使整个器件实现的功能可以重新配置。当编程或逻辑设计有错时，可以随时擦除、重新编程、反复修改，直至得到正确的结果。通常 GAL 可改写百次以上，对于在系统可编程的 GAL 器件，如 ispGAL16Z8 等，其编程改写就更为方便。

（3）性能可测试。GAL 的 OLMC 接成时序状态后，可以通过测试软件对其状态进行预置，从而可以随意将电路置于某一状态，以缩短测试过程，保证电路在编程以后，对编程结果的可测试性。

5.2.2 高密度可编程逻辑器件

1. 概述

复杂可编程逻辑器件（Complex Programmable Logic Device，CPLD）和现场可编程门阵列（Field Programmable Gate Array，FPGA）统称为高密度可编程逻辑器件。高密度可编程逻辑器件通常又称为可编程专用集成电路（Application Specific Integrated Circuits，ASIC），它们的出现，使得电子设计工程师或科研人员有条件在实验室内快速、方便地开发专用集成电路 ASIC，这些专用集成电路往往就是一个复杂的数字系统。因此，可以说可编程 ASIC 给现代电子系统的设计带来了极大的变革。

复杂可编程逻辑器件（CPLD）是 20 世纪 80 年代后期得到迅速发展的新一代可编程 ASIC。早期的 PLD 结构简单，具有成本低、速度高、设计简便等优点，但其规模小，通常只有几百个等效逻辑门，难以实现复杂的逻辑。为了增加 PLD 的密度，扩充其功能，一些厂家对 PLD 的结构进行了改进，例如，在两个逻辑阵列的基础上大量增加输出宏单元，提供更大的与阵列以及采用分层次结构逻辑阵列等，PLD 逐渐向复杂可编程逻辑器件过渡。

进入 20 世纪 90 年代后，复杂可编程逻辑器件已经成为可编程 ASIC 的主流产品，在整个 ASIC 市场占有了较大的份额。它们一般都具有可重编程特性，实现的工艺有 EPROM 技术、闪烁 EPROM 技术和 E^2PROM 技术。在互连特性上，CPLD 采用连续互连方式，即用固定长度的金属线实现逻辑单元之间的互连。这种连续式的互连结构能够方便地预测设计的时序，同时保证了 CPLD 的高速性能。CPLD 的集成度一般可达数千甚至数万门，能够实现较大规模的电路集成。

现场可编程门阵列（FPGA）是与传统 PLD 不同的一类可编程 ASIC，它具有类似于半定制门阵列的通用结构，即由逻辑功能块排列成的阵列组成，并由可编程的互连资源连接这些逻辑功能块来实现所需的设计。FPGA 与掩膜编程门阵列的不同之处就在于它由用户现场编程来完成逻辑功能块之间的互连，而后者需由 IC 工厂通过掩膜来完成互连。因此，在某种意义上说，FPGA 是一种将门阵列的通用结构与 PLD 的现场可编程特性融于一体的新型器件，具有集成度高、通用性好、设计灵活、编程方便、产品上市快等多方面的优点。

FPGA 可反复编程，并能实现芯片功能的动态重构。FPGA 的设计可在厂家提供的开发系统中快速有效地完成，生成的设计文件以构造代码的形式存储在 FPGA 外的存储体中。系统上电时将这些构造代码读入 FPGA 内由 SRAM 构成的配置存储器，并由各个配置存储单元控制 FPGA 中的可编程资源实现用户的专用设计。

与传统的可编程逻辑器件相比，FPGA 由于采用了类似门阵列的通用结构，其规模可以做得较大，可实现的功能更强，设计的灵活性也更大。FPGA 中包含丰富的触发器资源，有些还具有诸如片上 RAM、内部总线等许多系统级的功能，因而完全可以实现片上系统的集成。就互连结构而言，典型的 FPGA 通常采用分段互连式结构，具有走线灵活，便于复杂功能的多级实现等优点，但与此同时也带来了布线复杂度增加、输入至输出的延时变大及总的性能估计较困难等问题。

随着用户对 FPGA 性能要求的多样化，出现了各种改进结构的 FPGA。目前 FPGA 的生产厂家已有很多家，其产品日益丰富，性能不断完善，成为最受欢迎的器件之一。

2. 主要特点

与掩膜 ASIC 相比，可编程 ASIC 具有以下特点。

（1）缩短了研制周期。

可编程 ASIC 相对于用户而言，可以按一定的规格型号像通用器件一样在市场上买到。由于采用先进的 EDA，可编程 ASIC 的设计与编程均十分方便和有效，整个设计通常只需几天便可完成，缩短了产品研制周期，有利于产品的快速上市。

（2）降低了设计成本。

制作掩膜 ASIC 的前期投资费用较高，只有在生产批量很大的情况下才有价值。这种设计方法还需承担很大的风险，因为一旦设计中有错误或设计不完善，则全套掩膜便不能再用。采用可编程 ASIC 为降低投资风险提供了合理的选择途径，它不需掩膜制作费用，比直接设计掩膜 ASIC 费用小、成功率高。

（3）提高了设计灵活性。

可编程 ASIC 是一种由用户编程实现芯片功能的器件，与由工厂编程的掩膜 ASIC 相比，它具有更好的设计灵活性。首先，可编程 ASIC 在设计完成后可立即编程进行验证，有利于及早发现设计中的问题，完善设计；第二，可编程 ASIC 中大多数器件均可反复多次编

114

程，为设计修改和产品升级带来了方便；第三，基于 SRAM 开关的现场可编程门阵列 FP-GA 和基于 E²CMOS 工艺在系统可编程逻辑器件 ISPLD 具有动态重构特性，使得电子系统具有更好的灵活性和自适应性。

3. 可编程 ASIC 技术展望

可编程 ASIC 已经成为当今世界上最富吸引力的半导体器件，在现代电子系统设计中扮演着越来越重要的角色。过去的几年里，可编程 ASIC 市场的增长主要来自大容量的可编程逻辑器件 CPLD 和 FPGA，其未来的发展将呈现以下几个趋势。

（1）为了迎接系统级芯片时代，向密度更高、速度更快、频带更宽的百万门方向发展。

电子系统的发展必须以电子器件为基础，但并不与之同步，往往系统的设计需求更快，因而随着电子系统复杂度的提高，可编程 ASIC 器件的规模不断地扩大，从最初的几百门到现在的上百万门。目前，高密度的可编程 ASIC 产品已经成为主流器件，可编程 ASIC 已具备了片上系统（System-On-Chip）集成的能力，产生了巨大的飞跃，这也促使着工艺的不断进步，而每次工艺的改进，可编程 ASIC 器件的规模都将有很大的扩展。由于看好高密度可编程 ASIC 器件市场前景，各大公司都在纷纷推出自己功能强大的 CPLD 和 FPGA 产品。

Xilinx 已经上市的 Virtex FPGA 是 100 万门系统级器件，具有 SelectRAM、Block、Delay、Lock-Loop 以及针对不同系统的 I/O 口。其操作速度可达 1GHz 的 FPGA，是 XC4036XV 系列的衍生产品。

Altera 的 APEX PLD 最初的可编程逻辑门达 40 万门，1999 年底达到 100 万门，2000 年夏天推出了 250 万门的 PLD 器件。APEX 采用多种内核（Multicore）结构，可提供乘积项内核、查询表内核和存储器内核。其设计效率高，IP 集成容易，可与 64 位 66MHz 的 PCI 接口兼容。APEX 已不单单是 SOC（系统级芯片）了，而是 SOPC（系统级可编程芯片）。但随后而来的问题是：如何对如此复杂的百万门器件进行编程？为此，Altera 推出了与过去开发工具（如 MAX）极为不同的新型开发软件 Quartus。

Vantis 的 M4 产品系列采用乘积项结构，最大延迟时间为 5.5ns，宏单元数从 32～256 个不等。M4 采用 0.35μm 技术，M4A 采用 0.25μm 技术。M4 产品系列主要有三大优点：I/O 引脚配制灵活，延时固定，价格低。

这些高密度、大容量的可编程 ASIC 的出现，给现代电子系统（复杂系统）的设计与实现带来了巨大的帮助。

（2）向系统内可重构的方向发展。

系统内可重构是指可编程 ASIC 在置入用户系统后仍具有改变其内部功能的能力。采用系统内可重构技术，使得系统内硬件的功能可以像软件那样通过编程来配置，从而在电子系统中引入"软硬件"的全新概念。它不仅使电子系统的设计和产品性能的改进和扩充变得十分简便，还使新一代电子系统具有极强的灵活性和适应性，为许多复杂信号的处理和信息加工的实现提供了新的思路和方法。

按照实现的途径不同，系统内重构可分为静态重构和动态重构两类。对基于 E²PROM 或快速擦写技术的可编程器件，系统内重构是通过在系统编程（In System Programmability，ISP）技术实现的，它是一种静态逻辑重构。ISP 可编程逻辑器件的工作电压和编程电压是相同的，编程数据可通过一根编程电缆从 PC 机或工作站写入芯片，设计者无需把芯片从电路板上取下就能完成芯片功能的重新构造，这给设计修改、系统调试及安装带来了极大的方便。

动态重构是指在系统运行期间，根据需要适时地对芯片重新配置以改变系统的功能，可由基于 SRAM 技术的 FPGA 实现。这类器件可以无限次地被重新编程，利用它可以 1 秒几次或者 1 秒数百次地改变器件执行的功能，甚至可以只对器件的部分区域进行重组，此时芯片的其他部分仍可正常工作。可编程 ASIC 的系统内可重构特性有着极其广泛的应用前景，近年来在通信、航天、计算机硬件系统、程序控制、数字系统的测试诊断等多方面获得了较好的应用。

（3）向高速可预测延时器件的方向发展。

可编程 ASIC 产品能得以广泛应用，与其灵活的可编程性分不开，同时时间特性也是一个重要的原因。作为延时可预测的器件，可编程 ASIC 的速度在系统中的作用巨大。当前的系统中，由于数据处理量的激增，要求数字系统有大的数据吞吐量，加之多媒体技术的迅速发展，相应地要有高速的硬件系统，而高速的系统时钟是必不可少的条件。

可编程 ASIC 产品如果要在高速系统中占有一席之地，也必然向高速发展。另外，为了保证高速系统的稳定性，可编程 ASIC 器件的延时可预测性也是十分重要的。用户在进行系统重构的同时，担心的是延时特性会不会因重新布线的改变而改变，若改变则将导致系统重构的不稳定性，这对庞大而高速的系统而言将是不可想象的，其带来的损失将是巨大的。因此，为了适应未来复杂高速电子系统的要求，可编程 ASIC 的高速可预测延时也是一个发展趋势。

（4）向混合可编程技术方向发展。

可编程 ASIC 特有的产品上市快以及硬件的可重构特性，为电子产品的开发带来了极大的方便，它的广泛应用使得电子系统的构成和设计方法均发生了很大的变化。但是迄今为止，有关可编程 ASIC 的研究和开发的大部分工作基本上都集中在数字逻辑电路上，在未来几年里，这一局面将会有所改变，模拟电路及数模混合电路的可编程技术将得到发展。

据报道，国外已有几家公司开展了这方面的研究，并且推出了各自的模拟与数模混合型可编程器件。其中美国 International Microelectronic Products 公司开发的 EPAC（可编程模拟电路）就是一例。这种芯片上的各种模拟电路的功能也是由用户编程来决定的，如可编程增益放大器、可编程比较器、可编程多路复用器、可编程数模转换器、可编程滤波器和跟踪保持放大器等。

用户可利用该公司专门提供的开发工具 Analog Magic 来完成原型设计，确定器件配置，再把设计好的配置数据存放到芯片上的 EEPROM 配置存储器中，就可以通过它们去控制优化的模拟开关，进而把芯片上的各种模拟电路互连起来。美国 Motorola 公司也推出了一种基于开关电容技术的现场可编程模拟阵列 MPAA020 及相应的开发软件，这种器件也和 EPAC 一样，能够通过编程来实现一些常用的模拟电路的功能。

此外，美国 Lattice 公司在 1999 年底也新推出了一种基于在系统编程技术的可编程模拟电路（In System Programmability Programmable Analog Circuits，ispPAC），与数字的在系统可编程 ASIC 一样，ispPAC 允许设计者使用开发软件在计算机中设计、修改模拟电路，进行电路特性模拟仿真，最后通过编程电缆将设计方案下载至芯片中。它可以实现 3 种功能，即信号调理（对信号进行放大、衰减、滤波）、信号处理（对信号进行求和、求差、积分运算）、信号转换（将数字信号转换成模拟信号）。

可以这样认为，可编程模拟 ASIC 是今后模拟电子电路设计的一个发展方向，这一技术的诞生，翻开了模拟电路设计的新篇章，使得模拟电子系统的设计也和数字系统设计一样变得简单易行，从而为模拟电路的设计提供了一个崭新的途径，也为电子设计自动化技术的应用开拓了更广阔的前景。

（5）为了方便用户设计和特殊功能应用，向嵌入通用或标准功能模块方向发展。

下一代的 PLD 将会集成通用的功能模块，为用户提供单片系统级集成方案。Lattics 基于单元的 ispLS16192 将模块化的单口 RAM/双口 RAM/FIFO 以及寄存器阵列集成在传统的 CPLD 中。QuickLogic 在这方面走得更远，它新近推出了两种嵌入标准产品（ESP）：QuickRAM 和 QuickPIC。

QuickRAM 将高性能的双口 RAM 模块集成在 Pasic3FPGA 上，该 RAM 模块可被配置成不同宽度的 RAM/ROM/FIFO，最高工作频率达 150MHz，每一块 RAM 有 1 152 位且可级联成不同大小的块；QuickPCI 是在一块芯片上集成了 FPGA 和全功能的硬线（Hardwired）PCI 控制器。该 PCI 控制器是工业级的，可应用于 66MHz、64 位和零等待状态的 PCI 接口。

实际上，ESP 等于"可编程逻辑阵列＋接口＋标准的嵌入功能"。其中，接口一方面用来将标准嵌入功能客户化，另一方面负责准嵌入功能模块与可编程逻辑阵列之间的通信。简而言之，ESP 是一种软硬结合的新技术，将专门 IC 和 CPLD/FPGA 的优点集于一身，从方便用户的设计和应用来看，ESP 不失为一种独到的解决方案。

（6）为了适应全球环保潮流，向低电压低功耗的绿色元件方向发展。

集成技术的飞速发展，工艺水平的不断提高，节能潮流在全世界的兴起，也为半导体工业提出了降低工作电压的发展方向。在全球环保呼声日益强烈和国际环保标准 ISO 14000 的推动下，半导体制造商纷纷研发能够节省能源的绿色元件。Philips 的 XPLA1 系列的 CPLD 就是一个代表。该绿色 CPLD 产品家族由 22V10、32MC、64MC 和 128MC 等型号产品组成，是在 Philips 第二代 CPLD 基础上发展起来的。之所以被称为绿色器件，是因为它们的功耗是一般 CPLD 产品的 1/1 000。

5.2.3 Altera 公司的可编程逻辑器件

Altera 公司是 20 世纪 90 年代以来发展较快的 PLD 生产厂家，在激烈的市场竞争中，凭借其雄厚的技术实力，独特的设计构思和功能齐全的芯片系列，跻身于世界最大的可编程器件供应商之列。Altera 公司的 PLD 分为 CPLD 和 FPGA 两类：CPLD 器件逻辑单元大，分解组合能力很强，一个单元可以分解成数十个组合逻辑，因此其产品较适合设计组合逻辑电路；FPGA 器件逻辑单元小，有较多的触发器，适合用来设计需要大量触发器的时序逻辑电路。

1. Altera 公司的 CPLD

Altera 公司的 CPLD 器件主要有 Classic 系列、MAX 3000 系列、MAX 5000 系列、MAX 7000 系列和 MAX 9000 系列，这些系列器件都具有可重复编程的功能，Classic 系列和 MAX 5000 系列采用 EPROM（紫外线擦除的可编程存储器）工艺；MAX 3000、MAX 7000、MAX 9000 系列采用 E^2PROM（电可擦除可编程存储器）工艺。

2. Altera 公司的 FPGA

Altera 公司的 FPGA 器件主要有 FLEX 10K 系列、FLEX 6000 系列、FLEX 8000 系列、Cyclone 系列、Stratix 系列、ACEX 1K 系列和 APEX 20K 系列等。在编程工艺上，这

些系列都采用 SRAM（静态随机存储器）工艺。

3. CPLD 与 FPGA 的选用

Altera 公司的 CPLD 和 FPGA 都是由逻辑单元、I/O 单元和互连三部分组成的。其中 I/O 单元的功能基本一致，二者的逻辑单元和互连则各不相同。另外，两类器件的编程工艺也有很大的差别，这些区别决定了应用范围的差别。

（1）逻辑单元。

CPLD 中的逻辑单元是大单元，其变量数可以多达二十几个。因为变量多，所以只能采用 PAL（即乘积项结构）。由于这样的单元功能强大，一般的逻辑在单元内均可实现，因而其互连关系简单，通过总线即可实现。电路的延时通常就是逻辑单元本身和总线的延时（在数纳秒到十几纳秒之间），但芯片内的触发器数量较少。CPLD 较适合控制器等逻辑型系统，这种系统的逻辑关系复杂，输入变量多，对触发器的需要量少。

FPGA 逻辑单元是小单元，每个单元有 1～2 个触发器，其输入变量通常只有几个，因此采用 PROM（即查表结构）。这样的工艺结构占用芯片面积小，速度高（延时只有 1～2ns），每块芯片上能集成的单元数多，但逻辑单元的功能弱。FPGA 较适合信号处理等数据型系统，这种系统的逻辑关系简单，输入变量少，对触发器的需要量多。

（2）互连。

CPLD 逻辑单元大，单元数量少，互连使用的是总线，其互连特点是总线上任意一对输入与输出之间的延时相等，而且是可预测的。

FPGA 因逻辑单元小，单元数量多，所以互连关系复杂，使用的互连方式较多，主要有分段总线、长线和直连等方式。分段总线分布在各单元之间，通过配置将不同位置的单元连接起来，但速度慢。长线有水平长线和垂直长线两种，贯穿芯片内部，相当于高速公路，使用频率较高，速度快。直连是速度最快的一种互连方式，但只限于单元与其四周的 4 个单元之间。由于一对单元之间的互连路径可以有多种，其速度不同，故传输延迟也不好确定。应用 FPGA 时，除了逻辑设计外还要进行延时设计，通常需经数次设计和仿真，才能找出最佳设计方案。

（3）编程工艺。

在 CPLD 中，常使用 EPROM、E^2PROM 和 Flash ROM 编程工艺。这种编程工艺可以反复编程，可多达上万次。但其一经编程片内逻辑就被固定（除非擦除），不会由于系统掉电而丢失。芯片内有可以加密的编程位，能够有效地保护知识产权，但功耗较大。

在 FPGA 中，常采用 SRAM 编程工艺。这种编程工艺成本低、稳定可靠、编程速度快，可实现在系统编程。但系统掉电后编程信息不能保存，必须与存储器联用，在系统上电时须先对芯片编程，方能使用。

5.3 MAX＋plus Ⅱ 开发软件

5.3.1 MAX＋plus Ⅱ 软件介绍

MAX＋plus Ⅱ （Multiple Array Matrix and Programming Logic User System） 开发工具是美国 Altera 公司推出的一种 EDA 工具，具有灵活高效，使用便捷，易学易用的特点。Altera 公司在推出各种 CPLD 的同时也在不断地升级相应的开发工具软件，已从早期的第一代 A＋plus、第二代 MAX＋plus 发展到目前的第三代 MAX＋plus Ⅱ 和第四代 Quartus。使用 MAX+plus Ⅱ软件，设计者无需精通器件内部的复杂结构，只需用所熟悉的设计输入工具，如硬件描述语言、原理图等进行输入，MAX+plus Ⅱ会自动将设计转换成目标文件下载到器件中去。

MAX+plus Ⅱ开发系统具有以下特点：

（1）多平台系统。MAX+plus Ⅱ的设计输入、处理与校验功能一起提供了集成化的可编程开发工具，可以加快动态调试，缩短开发周期。

（2）开放的界面。MAX+plus Ⅱ可与其他工业标准的设计输入、综合和校验工具连接。具有 EDIF，VHDL，Verilog HDL 以及其他的网表接口，便于与许多公司的 EDA 工具接口，包括 Cadence，Mentor，Synopsys，Synplicity，Viewlogic 等公司提供的 EDA 工具的接口连接。

（3）模块组合式工具软件。MAX+plus Ⅱ具有一个完整的可编程逻辑设计环境，包括设计输入、设计处理、设计校验和下载编程四个模块，设计者可以按设计流程选择工作模块。

（4）与结构无关。MAX+plus Ⅱ支持 Altera 的 MAX 5000、MAX 7000、FLEX 8000、FLEX 10K 等可编程器件系列，提供工业界中唯一真正与结构无关的可编程逻辑设计环境。

（5）硬件描述语言。MAX+plus Ⅱ支持各种 HDL 设计输入语言，包括 VHDL、Verilog HDL 和 Altera 的硬件描述语言 AHDL。

5.3.2　MAX+plus Ⅱ 软件安装

可以在 Altera 公司的代理商处获得 MAX+plus Ⅱ10.2 BASELINE（教育版）软件的光盘，也可以到 Altera 公司的网站上下载，网址是 http://www.altera.com。其安装步骤如下：

（1）启动安装向导：运行 setup.exe，出现如图 5—6 所示界面。

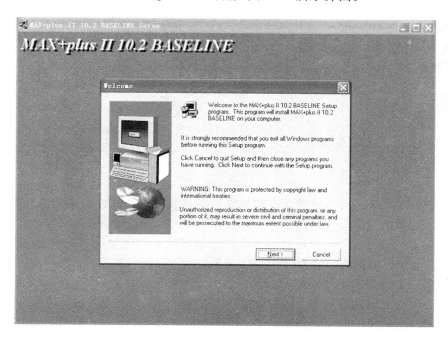

图 5—6　安装准备

单击【Next】按钮，出现另一个界面，如图 5—7 所示。

在公司与用户协议界面中单击【Yes】按钮，表示同意该协议后，出现图 5—8 所示界面。图 5—8 提示需要一个 license（授权）文件来运行程序，授权文件需要在安装完软件后，才能安装，这里暂时不做处理。

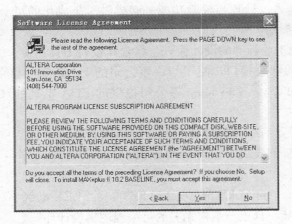

图 5—7　公司与用户协议

图 5—8　授权提示

（2）输入用户信息：在图 5—8 中，单击【Next】按钮，出现用户信息对话框。根据自己的实际情况输入用户信息，如图 5—9 所示。完成后，单击【Next】按钮，出现图 5—10 所示界面。

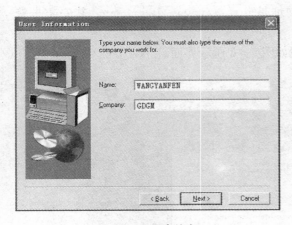

图 5—9　用户信息

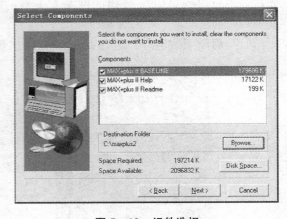

图 5—10　组件选择

（3）选择安装组件：选择准备安装的组件，默认是全选。软件若要安装在 D 盘（或其他盘符）下，可单击【Browse】按钮，在出现的图 5—11 所示对话框中设置。

键入或选择安装的目录，如果目录不存在，会出现是否创建此目录的对话框，可单击【Yes】按钮，然后在图 5—11 中单击【OK】按钮。回到图 5—10 所示界面后，单击【Next】按钮，出现图 5—12 所示界面。

（4）选择部件安装：图 5—12 要求选择安装 MAX＋plus Ⅱ Tutorial 部件，在该部件中含有许多设计实例的硬件描述语言源代码或原理图，最好安装。单击【Browse】按钮，可以选择安装目录。选好后单击【Next】按钮，出现图 5—13 所示界面。

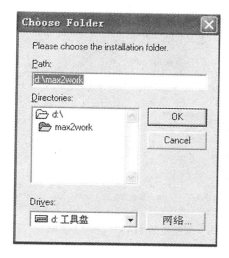

图 5—11　安装位置选择

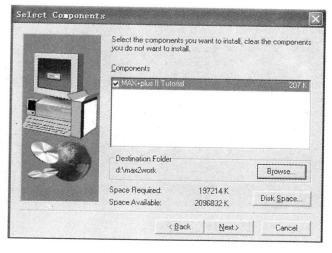

图 5—12　部件选择

单击图 5—13 中的【Next】按钮，出现安装画面，如图 5—14 所示，安装结束。

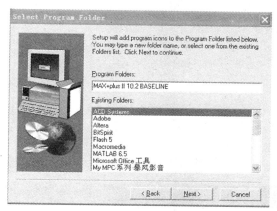

图 5—13　程序安装

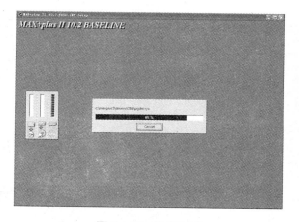

图 5—14　程序安装

在安装好软件之后，还必须完成授权工作，才能保证软件的正常工作。

（5）下面讲解一下软件的授权步骤：在安装完软件，但未授权之前，运行软件，单击 MAX＋plus Ⅱ 菜单（见图 5—15），可以看到菜单中只有 6 项子菜单（见图 5—16），说明还没有完成授权工作。

首先，先将安装盘中的授权文件 license_M_Q 复制粘贴到安装路径下的 maxplus2 文件夹内，见图 5—17、图 5—18 及 图 5—19。

其次，运行软件（见图 5—20），在 Options 菜单下，单击 License Setup 选项，安装授权文件。在 License Setup 安装界面下（见图 5—21），单击【Browse】按钮，找到刚刚复制粘贴到 maxplus2 文件夹内的授权文件 license_M_Q.dat，单击之后使其自动复制到 File Name 框内，单击【OK】按钮，回到 License Setup 安装界面（见图 5—22），再次单击【OK】按钮，完成授权安装。此时，重新单击 MAX＋plus Ⅱ 菜单，可以看到菜单下有 11 项子菜单（见图 5—23），说明授权工作已经完成。下面就可以正常使用软件了。

图 5—15　运行软件

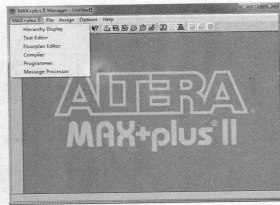

图 5—16　未授权的 MAX＋plus Ⅱ 菜单

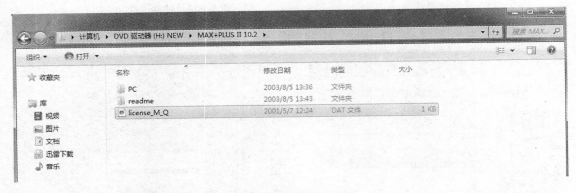

图 5—17　复制授权文件

图 5—18　安装路径下的 maxplus2 文件夹

图 5—19　粘贴授权文件

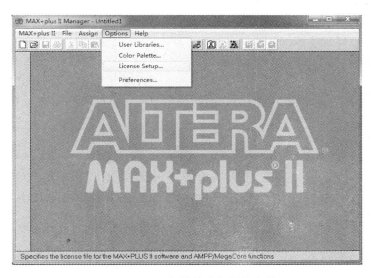

图 5—20　运行软件进行授权安装

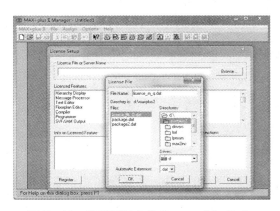

图 5—21　找到授权文件 license ＿ M ＿ Q. dat

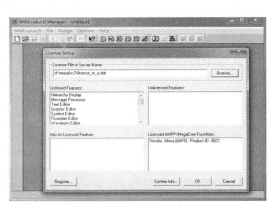

图 5—22　回到授权安装界面

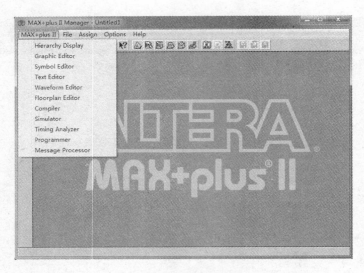

图 5—23 完成授权安装后的 MAX＋plusⅡ菜单

5.3.3 MAX＋plus Ⅱ设计向导

1. 原理图编辑

用原理图编辑器设计数字电路的主要工作是符号的引入与线的连接。MAX＋plus Ⅱ软件提供了数种常用的逻辑函数。在原理图编辑窗口中是以符号引入的方式将需要的逻辑函数引入的，各设计电路的信号输入脚与信号输出脚也需要以符号方式引入。有 4 个不同的子目录分别放有不同种类的逻辑函数文件。

（1）内附逻辑函数。

内附的逻辑函数又可再分为三大类。

①基本逻辑函数（Primitives）。数字电路的基本函数如 AND、XOR、VCC、GND、INPUT、OUTPUT 等如图 5—24 所示，它们都放在 \ maxplus2 \ max2lib \ prim 的子目录下。关于基本逻辑函数可参考菜单 Help→Primitives 的说明。

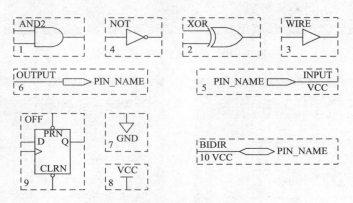

图 5—24 基本逻辑函数

②旧式函数（Old-Style Macrofunctions）。MAX＋plus Ⅱ旧式函数收集了很多常用的逻辑电路，例如 74138、74160 等，如图 5—25 所示。这些函数都放在 \ maxplus2 \ max2lib \ mf 的子目录下。适时地将这些逻辑电路直接运用在逻辑图设计上，可以简化许多设计工作。

在 \ maxplus2 \ max2inc 下存有这些旧式函数电路的包含文件（.inc）。对于旧式函数，可参考菜单 Help→Old-Style Macrofunctions 的说明。

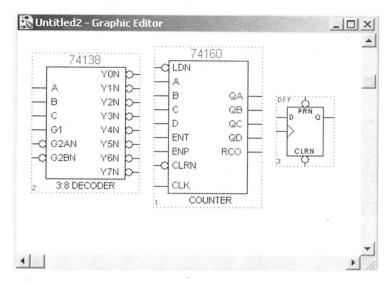

图 5—25　旧式函数

③参数式函数（Megafunctions）。MAX＋plus Ⅱ 参数式函数是一些在功能上具有弹性的函数，这些函数本身含有一些可调整的参数以适应不同的应用场合，例如 CLKLOCK、LPM_AND 等，如图 5—26 所示。这些函数都放在 \ maxplus2 \ max2lib \ mega_lpm 的子目录下，此目录下也包含这些函数的包含文件（.inc）。关于参数式函数可参考菜单 Help→Mega-functions/LPM 的说明。

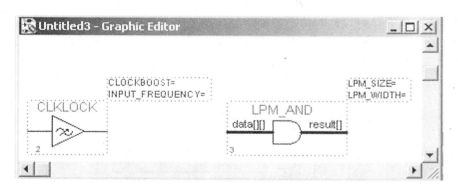

图 5—26　参数式函数

（2）编辑规则。

①脚位名称：输入/输出脚位如图 5—27 所示。命名时可采用英文字母的大写"A"～"Z"或是小写"a"～"z"；阿拉伯数字"0"～"9"；或是一些特殊符号如"/"、"_"、"-"等。例如，abc、a/b、d1、123_ab、1-a 等都可以作为脚位名称。但是要注意名称所包括的字母长度不可以超过 32 个，而英文字母的大小写代表的意义是相同的，也就是说 abc 与 Abc 代表的是同样的脚位名称。此外，在同一个设计文件中，脚位名称绝对不能重复。

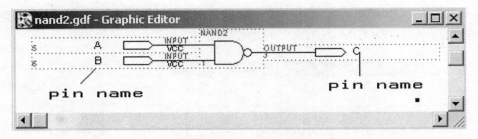

图 5—27　输入/输出脚位

②节点名称：节点（Node）在图形编辑窗口中是一条细线，如图 5—28 所示。它负责在不同的逻辑器件间传送信号，其名称的命名规则与脚位名称相同，限制也是一样的。例如，abc、a/b、d1、123 _ ab、1-a 等都是可以接受的节点名称。

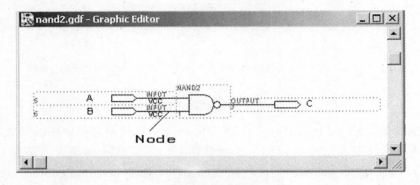

图 5—28　节点

③总线名称：总线（Bus）在图形编辑窗口中是一条粗线，如图 5—29 所示。一条总线代表很多节点的组合，可以同时传送多种信号，最少代表 2 个节点的组合，最多可代表 256 个节点的组合。总线名称的命名规则与脚位名称和节点名称有很大的不同，必须要在名称的后面加上"[$m..n$]"表示一条总线内所含有的节点编号，m 和 n 都必须是整数，但谁大谁小并无原则性规定。例如，Z [3..0]、f [5..9]、C [4..2] [2..3] 等。

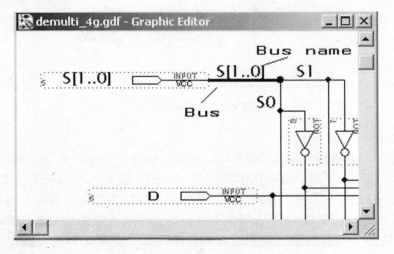

图 5—29　总线

其中，Z [3..0] 代表 Z3、Z2、Z1、Z0（或写成 Z [3]、Z [2]、Z [1] 与 Z [0]）四个节点；f [5..9] 代表 f5、f6、f7、f8 与 f9（或写成 f [5]、f [6]、f [7]、f [8]与 f [9]）五个节点；C [4..2][2..3] 较为复杂，代表六个节点，分别是 C4 _ 2、C4 _ 3、C3 _ 2、C3 _ 3、C2 _ 2 与 C2 _ 3（或写成 C [4][2]、C [4][3]、C [3][2]、C [3][3]、C [2][2] 与 C [2][3]）。

④文件名称：电路图设计的文件名称可包括 32 个字母以内的长度，而扩展名".gdf"并不包括在这 32 个字母的限制内，如图 5—30 所示。

⑤项目名称：一个项目（Project）包括所有从电路设计文件编译后产生的文件。这些文件是由 MAX＋plus Ⅱ程序所产生的，有共同的文件名称，但其扩展名则各不相同。而项目名称必须与最高层的电路设计文件名称相同，如图 5—31 所示。

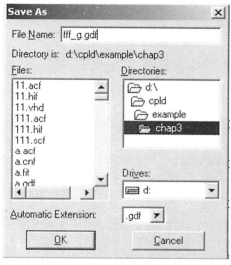

图 5—30　电路图设计文件名称

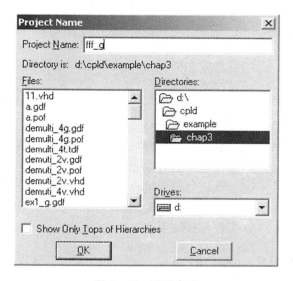

图 5—31　项目名称

（3）原理图编辑工具。

MAX＋plus Ⅱ的原理图编辑器提供了许多工具，熟悉这些工具的基本性能，能显著地提高输入原理图的效率。

①选择工具：可以选取、移动、复制对象，为最基本且常用的功能。

②文字工具：可以输入或编辑文字，例如，可在指定名称或是在批注时使用。

③画正交线工具：可以画垂直线和水平线。

④画直线工具：可以画直线、斜线。

⑤画弧线工具：可以画出一个弧形，且可依自行需要拉出想要的弧度。

⑥画圆工具：可以画出一个圆形。

⑦字形与字体大小控制 Arial　8：可从下拉列表中选取文字的字型和大小。

⑧线形控制：必须在窗口菜单中选择 Options→Line Style 才可进行设置。有 6 种类型

的线可供选择，如图 5—32 所示。其中最粗的实线是总线专用线，其他的则是节点线，两者不可混用。

图 5—32　直线类型

（4）电路图编辑流程。

电路图编辑流程如下：

①打开新文件；

②保存文件；

③指定项目名称与文件名相同；

④选定对象插入时的摆放位置；

⑤引入逻辑函数符号；

⑥引入信号输入端和信号输出端；

⑦更改信号输入端和信号输出端的脚位名称；

⑧连接信号输入端和信号输出端与逻辑函数符号的引脚；

⑨更改连接线类型；

⑩命名节点线或总线；

⑪指定设计器件；

⑫保存并检查；

⑬侦错；

⑭保存并编译；

⑮创建电路符号文件；

⑯创建电路包含文件。

详细说明如下：

• 打开新文件 ▭。选择窗口菜单 File→New，出现对话框，在其中选定图形编辑 Graphic Editor file 选项，单击【OK】按钮，进入图形编辑画面。

• 保存文件 ▭。选择窗口菜单 File→Save，出现对话框，输入文件名称，其扩展名为 . gdf。

• 指定项目名称与文件名相同 ▭。有两种方法，一种是选择窗口菜单 File→Project→Set Project to current File，即设定项目名称与文件名相同；另一种是选择窗口菜单 File→Project→Name，出现对话框，输入与电路文件名相同的项目名称（去掉扩展名），再单击【OK】按钮即可。

• 选定对象插入时的摆放位置。先用鼠标选择工具面板中的选择工具 ▭，再到图形编辑窗口中单击一下鼠标左键，在箭头的尖端会出现一个黑点，当插入新的对象时，此黑点即为对象左上角的位置。

- 引入逻辑函数符号。有两种方法，一种是选择窗口菜单 Symbol→Enter Symbol，出现对话框；另一种是利用鼠标直接在编辑窗口中双击，也会出现对话框。在"Enter Symbol"对话框中，可先从 Symbol Libraries 菜单中选择符号文件目录，例如在 c：\ maxplus2 \ max2lib \ prim 处双击，会在 Symbol Files 处的列表框中出现所有的基本逻辑函数符号文件，如图 5—33 所示。也可直接在 Symbol Name 输入栏中输入文件名。

- 引入信号输入和信号输出脚。信号输入和信号输出的引入方式与其他逻辑门引入方式相同，即引入 c：\ maxplus2 \ max2lib \ prim 目录下的 input 和 output 即可。

- 更改信号输入端和信号输出端的脚位名称。由于所有新加入的信号输入端和信号输出端在引入时都是以 PIN _ NAME 命名的，故必须更改信号输入端和信号输出端的脚位名称，使每一个信号输入端和信号输出端都拥有自己的脚位名称。如果忘了更改，则在侦错时会出现一大堆的错误信息。更改时可以选取文字工具 $\mathbf{A}$ ，在要修改处选取并加以编辑即可。

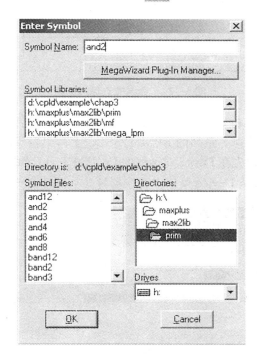

图 5—33　引入符号对话框

- 连接信号输入端和信号输出端与逻辑函数符号的引脚。

方法 1：将光标停留在路基函数脚位尾端，光标会转换成"＋"的形状，在此处按住鼠标并拖曳，可进行连接。

方法 2：选取窗口左边工具面板的画正交线或直线工具，等光标变成"＋"后，按下鼠标拖曳，即可进行连接。

如果想要检验连接是否成功，可选取连接的逻辑函数符号并拖曳，若线会跟着移动则代表连接成功。若要跨越其他线路，只需在拖曳时快速经过，即会形成跳接；若要与其他线路相连，只需将光标在要相连的地方稍作停留，即会形成节点。

● 更改连接线类型。在窗口菜单中选择 Options→Line Style，选择接线类型。当连接线传送多种信号时必须选用总线（粗实线），当连接线仅传送一种信号时最好使用缺省类型的细实线。

● 命名节点线或总线。选取节点线或总线，按鼠标右键选择 Enter Node/Bus Name，在线的旁边会出现一个黑点，即可输入名称，但要注意连接信号输出/输入端的节点线或总线名称要与输出/输入端名称相同。若不命名节点线，MAX＋plus Ⅱ 自己会默认名称，但连接至总线的节点线一定要自行命名，如图 5—34 所示。

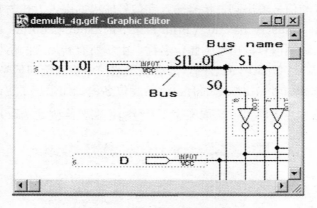

图 5—34 命名节点线或总线

● 指定设计器件。选取窗口菜单 Assign→Device，出现对话框，其中仅有两种器件可供选择，一种是属于 MAX 7000S 系列的 EPM7128SLC84-7，另一种是属于 FLEX 10K 系列的 EPF10K20RC240-4。故必须先在 Device 对话框的 Device Family 菜单中选取使用 MAX 7000S 系列或 FLEX 10K 系列，再至 Device 菜单中选取器件，如图 5—35 所示。

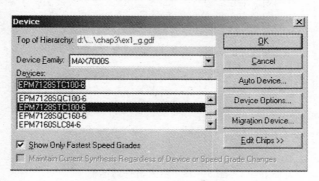

图 5—35 指定设计器件

● 保存并检查。电路编辑完成之后，选取窗口菜单 File→Project→Save＆Check，即可针对电路设计文件进行检查。检查完后会出现错误数目信息对话框，如图 5—36 所示。若有错误则单击【确定】按钮，再针对 Messages-Compiler 窗口所提供的信息进行修改。

● 侦错。常见的错误方式有脚位名字重复、接线没接好、文件名格式不对等，如图 5—37 所示。修改错误可单击 Messages-Compiler 窗口中的【Message】按钮，选出要查看的错误信息，再单击【Locate】按钮，会跳到说明所指的电路错误位置所在。也可单击 Messages-Compiler 窗口中的【Help on Message】按钮，连至文字说明画面，以帮助错误的修改。

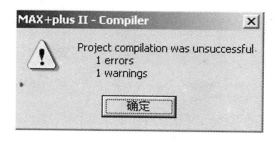

图 5—36 错误数目信息对话框

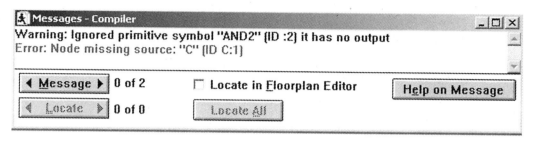

图 5—37 常见错误信息

• 保存并编译 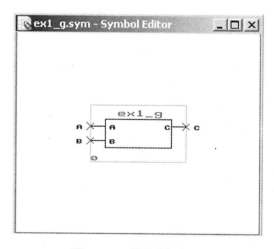。编辑好之后选取窗口菜单 File→Project→Save&Compile，即可进行编译。选用"EPF10K10LC84-4"器件设计的电路文件会产生 .sof 烧写文件，选用"EPM7128SLC84-7"器件设计的电路文件会产生 .pof 烧写文件。

• 创建电路符号文件。选取窗口菜单 File→Create Default Symbol，可以产生一个代表现在所设计逻辑函数的电路符号文件，其扩展名为 .sym，可供其他电路图使用。再利用窗口菜单 File→Edit Symbol，可以编辑或查看符号文件，如图 5—38 所示。

图 5—38 符号编辑窗口

• 创建电路包含文件。选取窗口菜单 File→Create Default Include File，可以产生一个代表现在所设计逻辑函数类型的文件，其扩展名为 .inc，可供其他 AHDL 编辑时使用。可以选择窗口菜单 MAX＋plus Ⅱ→Hierarchy Display，打开 Hierarchy Display 窗口，再选取 .inc 文件查看函数，如图 5—39 所示。其内容为函数名称，并列出了信号输入端和信号输出端名称。

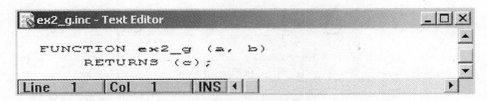

图 5—39 电路包含文件

（5）符号编辑流程。

编辑一个代表目前设计文件符号的步骤如下：

①选择窗口菜单 File→Edit Symbol，打开符号编辑窗口并显示出代表目前设计文件的符号。符号编辑窗口如图 5—40 所示。

②选择窗口菜单 File→Save，保存修改过的符号文件或选择窗口菜单 File→Save As，另存为新文件。注意符号名称要与文件名相同。

③在使用到修改过符号的图形编辑文件中，选取被修改过的函数符号，再选择窗口菜单 Symbol→Update Symbol 更新被修改过的符号，如图 5—41 所示。

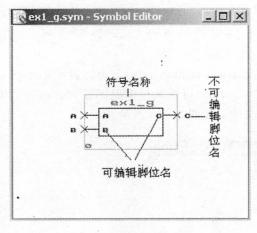

图 5—40 符号编辑窗口

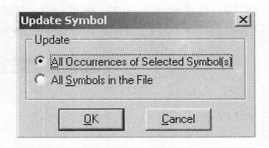

图 5—41 更新符号

2. 文字编辑——VHDL 设计

VHDL 为超高速的集成电路硬件描述语言，提供一个高级且快速的设计工具，以 VHDL 编辑数字电路的主要方式是函数库引入声明、脚位声明、逻辑描述。在安装 MAX＋plus Ⅱ 软件时已有数种逻辑函数与 VHDL 范例安装在目录内。

（1）内附逻辑函数。

①基本逻辑函数（Primitives）。VHDL 输出/输入脚对应的基本函数有 IN、OUT、IN-OUT，相当于图形编辑的基本逻辑函数 input、output、bidir。而在 VHDL 语法中，AND、OR、NOT 等基本逻辑函数则变成逻辑操作数。VHDL 引用 Altera 链接库的基本函数为 DFF、TFF 等，如图 5—42 所示。基本逻辑函数类型在 \ maxplus2 \ vhdl87 \ altera \ maxplus2. vhd 与 Pcmaxplus2 \ vhdl93 \ altera \ maxplus2. vhd 的文件的 maxplus2 套件中定义。关于基本逻辑函数，可参考菜单 Help→Primitives 的说明。

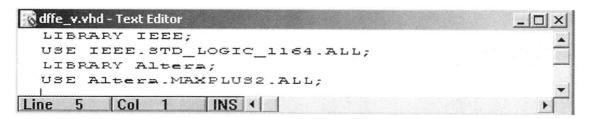

图 5—42　VHDL 基本逻辑函数的使用

②旧式函数（Old Style Macrofunctions）。VHDL 可引用 Altera 链接库的旧式函数所收集的常用逻辑电路，如 a _ 7400、a _ 74161 等。旧式函数类型在 \ maxplus2 \ vhdl87 \ altera \ maxplus2. vhd 与 \ maxplus2 \ vhdl93 \ altera \ maxplus2. vhd 的文件的 maxplus2 套件中定义，引用方式如图 5—43 所示。关于旧式函数，可参考菜单 Help→Old-Style Macrofunctions 的说明。

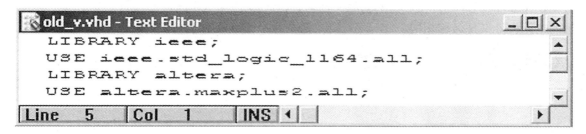

图 5—43　VHDL 旧式函数的使用

③参数式函数（Megafunction）。VHDL 自带的参数式函数包含了众多的常用逻辑电路供用户调用，例如，lpm _ or、lpm _ ram _ io 等。参数式函数类型在 \ maxplus2 \ vhdl87 \ lmp _ pack. vhd 与 \ maxplus2 \ vhdl93 \ lpm \ lpm _ pack. vhd 文件的 LPM _ COMPONENTS 套件中定义，引用方式如图 5—44 所示。关于参数式函数，可参考菜单 Help _ Megafunction/LPM 的说明。

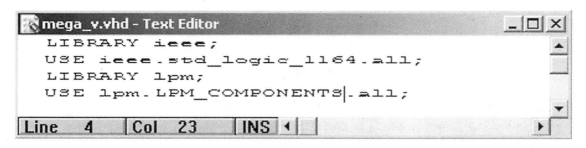

图 5—44　VHDL 参数式函数的使用

（2）VHDL 编辑规则。

①脚位名称：输入/输出脚位声明如图 5—45 所示。命名时可采用英文字母的大写 "A" ～ "Z" 或小写 "a" ～ "z"，阿拉伯数字 "0" ～ "9" 或底线符号 " _ "，例如，abc，d1，a _ 123b，a _ 123 _ b。但仍有部分限制，如不可超过 32 个字母，不能以数字开头或底线符号 " _ " 开头，不能连续使用底线符号 " _ _ "，也不能以符号 " _ " 结束，更不能与

133

关键字相同。

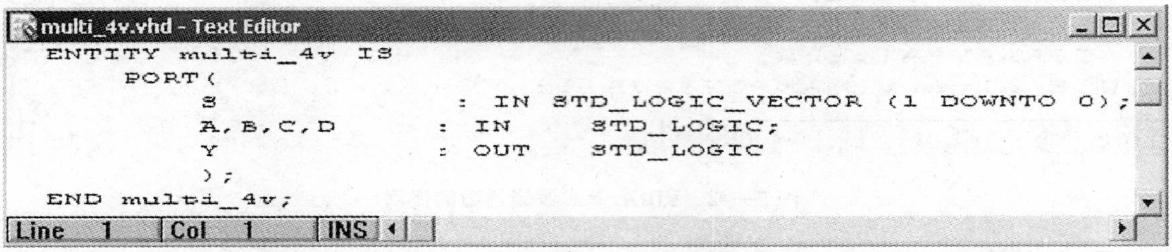

```
multi_4v.vhd - Text Editor                                      _ □ ×
  ENTITY multi_4v IS
      PORT(
            S               : IN STD_LOGIC_VECTOR (1 DOWNTO 0);
            A,B,C,D         : IN    STD_LOGIC;
            Y               : OUT   STD_LOGIC
            );
  END multi_4v;
Line  1    Col  1    INS ◄                                           ►
```

图 5—45   VHDL 输入/输出脚位声明

②文件名称与电路名称（Entity Name）：电路名称必须与文件名相同，如图 5—46 所示，其命名规则与脚位命名相同。

③项目名称：一个项目（Project）包括所有从电路设计文件产生的文件，这些文件由 MAX＋plus Ⅱ 程序所产生，有共同的文件名，但扩展名各不相同，而项目名称必须与最高层的电路设计文件名称相同。

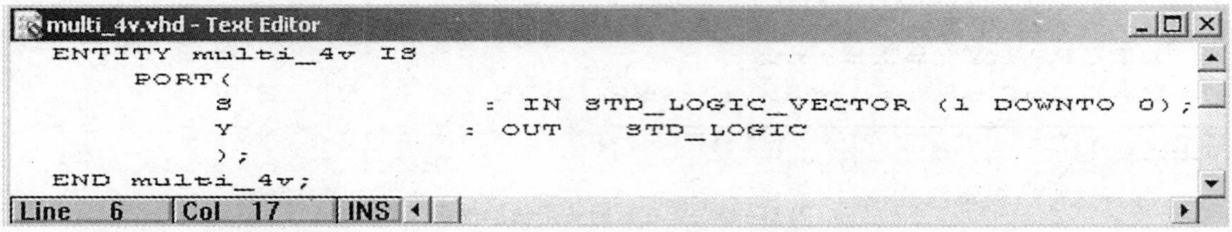

```
multi_4v.vhd - Text Editor                                      _ □ ×
  ENTITY multi_4v IS
      PORT(
            S                   : IN STD_LOGIC_VECTOR (1 DOWNTO 0);
            Y                   : OUT   STD_LOGIC
            );
  END multi_4v;
Line  6    Col  17   INS ◄                                           ►
```

图 5—46   VHDL 文件名称与电路名称

④批注符号：VHDL 的批注符号为"－－"，在"－－"后面的文字全被视为批注文字，如图 5—47 所示。

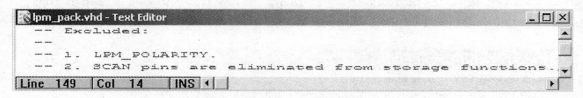

```
lpm_pack.vhd - Text Editor                                      _ □ ×
  -- Excluded:
  --
  -- 1. LPM_POLARITY.
  -- 2. SCAN pins are eliminated from storage functions.
Line 149   Col  14   INS ◄                                           ►
```

图 5—47   VHDL 的批注符号

（3）文字编辑工具。

①关键字上色：可以在文字编辑窗口菜单 Options→Color Palate 中设定各种关键字的颜色，以方便程序的编辑。

②VHDL 样本（Templates）：提供 VHDL 的各种结构语法，可以从文字编辑窗口菜单 Templates→VHDL Templates 中选取需要的语法插入 VHDL 电路设计画面，如图 5—48 所示。

③VHDL 范例：MAX＋plus Ⅱ 软件提供一些 VHDL 范例，放在/max2work/vhd1 目录下，参考文字编辑窗口菜单 Help→To Use MAX＋plus Ⅱ VHDL 中也有部分范例可供参考。

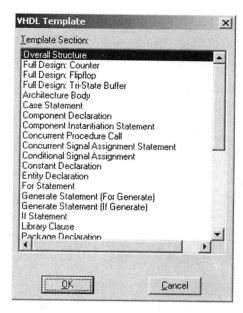

图 5—48　VHDL 样本

④字形与字体大小控制：可从下拉列表 Fixedsys ▼ 10 ▼ 中改变选取文字的字型与字体大小。

（4）VHDL 编辑流程。

VHDL 编辑流程如下：

①打开新文件；

②指定项目名称与文件名相同；

③输入 VHDL 源程序；

④保存文件；

⑤指定设计器件；

⑥保存并检查；

⑦侦错；

⑧保存并编译；

⑨创建电路符号；

⑩创建电路包含文件。

其详细说明如下：

• 打开新文件 ☐。选择窗口菜单 File→New，出现对话框，选择文本编辑选项 Text Editor file，再单击【OK】按钮，进入文字编辑画面。

• 指定项目名称与文件名相同 ⊞。有两种方法，一种是选择窗口菜单 File→Project→Set Project to current File，即设定项目名称与文件名相同；另一种是选择窗口菜单 File→Project→Name，出现对话框，输入与电路文件名称相同的项目名称（去掉扩展名），再单击【OK】按钮即可。

• 输入 VHDL 源程序。

- 保存文件，输入与项目名称相同的文件名称，扩展名为 .vhd。
- 指定设计器件。选取窗口菜单 Assign→Device，出现对话框，先在 Device 对话框的 Device Family 菜单中选取使用 FLEX 10K 系列，再至 Devices 菜单中选取器件。
- 保存并检查 。电路编辑完成之后，选取窗口菜单 File→Project→Save&Check，即可针对电路设计文件进行检查。检查完后会出现错误数目信息对话框，若有错误则单击【确定】按钮，再针对 Messages-Compiler 窗口所提供的信息进行修改。
- 侦错。常见的错误有电路名称与文件名称不同、少分号或括号、扩展名格式不对、"IF"结构少"END IF"、使用脚位没有声明、引用函数脚位名称错误、没有声明有数据类型定义的匹配、没有声明函数形式而直接使用等，如图 5—49 所示。修改错误可单击图 5—49 中的【Message】按钮，选中要查看的错误信息，再单击【Locate】按钮，会跳至说明所指的电路错误位置所在。也可利用 Messages-Compiler 窗口中的【Help on Message】按钮，连至文字说明画面，以帮助错误的修改。

图 5—49　错误信息

- 保存并编译。编辑好之后选取窗口菜单 File→Project→Save&Check，即可进行编译。选用 EPF10K10LC84-4 等 FPGA 器件设计的电路文件会产生 .sof 烧写文件，选用 EPM7128SLC84-7 等 CPLD 器件设计的电路文件会产生 .pof 烧写文件。
- 创建电路符号。选取窗口菜单 File→Create Default Symbol，可以产生一个代表现在所设计逻辑函数的电路符号文件，其扩展名为 .sym，可供其他电路图使用。再利用窗口菜单 File→Edit Symbol，可以编辑或观看符号文件。
- 创建电路包含文件。选取窗口菜单 File→Create Default Include File，可以产生一个代表现在所设计逻辑函数的电路函数类型文件，其扩展名为 .inc，可供其他 AHDL 编辑时使用。可以在文字编辑窗口中打开 .inc 文件查看函数，其内容为函数名称，并列出了信号输入端和信号输出端名称。

5.4　Quartus Ⅱ 开发软件

5.4.1　Quartus Ⅱ 软件介绍

Quartus Ⅱ 是 Altera 公司推出的新一代 FPGA/CPLD 开发软件，适合于大规模复杂的逻辑电路，是 Altera 公司的第 4 代可编程逻辑器件集成开发环境，提供了从设计输入到器件编程的全部功能。同第 3 代设计工具 MAX+plus Ⅱ相比，Quartus Ⅱ设计软件增加了网络编辑功能，提升了调试能力，解决了潜在的设计延迟，为其他 EDA 工具提供了方便的接口。

Quartus Ⅱ 软件能使用户大幅缩短开发周期，支持绝大部分 Altera 公司的 FPGA/CPLD，有强大的整套设计及调试工具，是目前使用最广泛的 Altera 设计软件。它比 MAX＋plus Ⅱ具有更强大的功能，有两种界面，其中一种界面类似于 MAX＋plus Ⅱ的界面形式，使熟悉 MAX＋plus Ⅱ的用户可以很容易过渡到 Quartus Ⅱ的设计环境。

5.4.2　Quartus Ⅱ 软件安装

Quartus Ⅱ 有网络版和正式版两种，主要是授权和功能的区别，在安装和卸载上没有太大的不同，其步骤介绍如下：

（1）在 Window 操作系统下，将 Quartus Ⅱ的安装光盘放入光驱，启动运行 Quartus Ⅱ 安装程序，弹出安装界面，如图 5—50 所示。

单击【Next】按钮，出现图 5—51 所示界面，在图中单击"I accept the terms of the license agreement"。

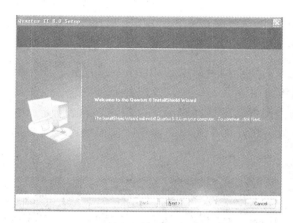

图 5—50　安装准备

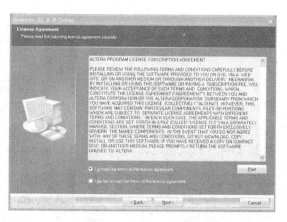

图 5—51　公司与用户协议

（2）输入用户信息：在图 5—51 中，单击【Next】按钮，出现如图 5—52 所示用户信息对话框，在"User Name"栏中输入用户名，在"Company Name"栏中输入用户的单位名称。

（3）单击图 5—52 中的【Next】按钮，安装程序进入相应的 Quartus Ⅱ安装路径对话框，如图 5—53 所示。可以看出，Quartus Ⅱ默认安装路径是 C 盘，用户可以单击【Browse】自行选择相应的安装路径。

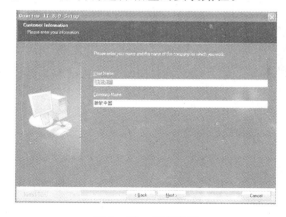

图 5—52　用户信息

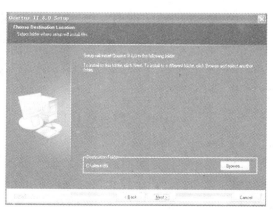

图 5—53　安装路径对话框

（4）继续单击【Next】按钮，这时安装程序进入程序图标路径选择对话框，如图5—54所示。继续单击【Next】按钮，进入图5—55所示界面。

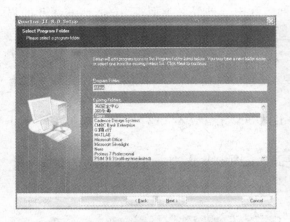

图5—54　程序图标路径选择对话框　　　　　图5—55　输入名字对话框

（5）单击图5—55中的【Next】按钮，进入安装类型对话框，如图5—56所示。上下两个按钮分别为完全安装和定制安装。如果硬盘容量足够大，一般建议选择完全安装。

（6）单击图5—56中的【Next】按钮，进入设置信息选择对话框，如图5—57所示。在这个对话框中，给出了前面安装程序的相应设置信息，如果用户需要更改前面的设置，只需单击【Back】按钮返回前面的设置界面即可。

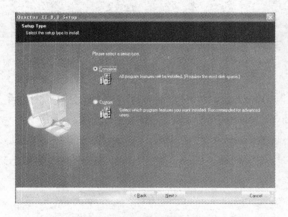
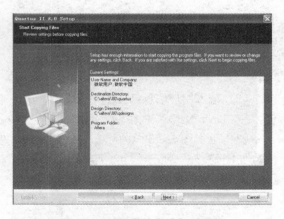

图5—56　安装类型对话框　　　　　图5—57　设置信息选择对话框

（7）单击图5—57中的【Next】按钮，安装程序开始复制文件，Quartus Ⅱ进入具体安装操作，如图5—58所示，直到完成安装。

5.4.3　Quartus Ⅱ软件设计向导

1. Quartus软件界面

Quartus软件界面如图5—59所示。

（1）菜单栏。菜单栏由文件（File）、编辑（Edit）、视图（View）、工程（Project）、资源分配（Assignments）、操作（Processing）、工具（Tools）、窗口（Window）和帮助（Help）共9个下拉菜单组成。

图 5—58 Quartus Ⅱ 安装操作

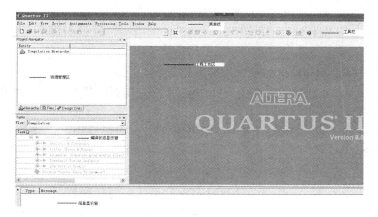

图 5—59 Quartus 软件界面

①文件菜单【File】：对文件的一些操作。

• 【New】：新建各种设计文件、软件文件和其他文件。

• 【New Project Wizard】：新建工程向导。

• 【Convert Programming Files】：转换各种编辑文件。

②编辑菜单【Edit】：对文本的撤销、前进、复制、粘贴、查找等常用编辑操作。

③视图菜单【View】：显示或隐藏各种视图。

【Utility Windows】：在下一级菜单里分别显示/隐藏资源管理窗（Project Navigator）、节点查找器（Node Finder）、Tcl 脚本执行窗（Tcl Console）、信息显示窗（Messages）、编辑状态显示窗（State）和工程更改管理窗（Change Manager）。

④工程菜单【Project】。

• 【Add/Remove Files in Project】：添加移除工程中的文件。

• 【Revisions】：创建或删除工程；或者在已经创建好的工程中选择其中一个，单击【Set Current】按钮，设置为当前工程。

- 【Archive Projet】：归档备份工程。
- 【Restore Archive Project】：恢复已备份工程。
- 【Generate Tcl File for Project】：产生工程的 Tcl 脚本文件。
- 【Generate Power Estimation Project】：产生功率估计文件。
- 【HardCopy Utilities】：跟 HardCopy 器件相关的工具。
- 【Locate】：将 Assignment Edit 中的节点或源代码中的信号在 Timing Closure Floorplan、布局布线图、Chip Editor 或源文件中定位位置。
- 【Set as Top-level Entity】：把工程区打开的文件设定为顶层文件。
- 【Hierarchy】：打开上一层、下一层或顶层源文件。

⑤资源分配菜单【Assignments】。
- 【Device】：设置目标器件型号。
- 【Assign Pins】：给信号分配 I/O 引脚。
- 【Timing Settings】：打开时序约束对话框。
- 【EDA Tool Settings】：设置 EDA 工具。
- 【settings】：打开参数设置页面，可以进行设计开发的各个步骤的参数设置。
- 【Timing Wizard】：时序参数设置向导。
- 【Assignment Editor】：分配编辑器，用于分配引脚，设定引脚电平标准、设定时序约束等。
- 【Remove Assignment】：删除设定的类型分配。
- 【Demote Assignment】：允许用户降级使用当前较不严格的约束，使编译器更高效地编译分配和约束等。
- 【Back-Annotate Assignments】：允许用户在工程中反标引脚、逻辑单元、LogicLock 区域、节点、布线分配等。
- 【Import Assignment】：导入分配文件。
- 【Timing Closure Foorplan】：启动时序收敛平面布局规划器。
- 【LogicLock Region】：用户查看、创建和编辑 LogicLock 区域约束，还可导入/导出 LogicLock 区域约束文件。

⑥操作菜单【Processing】：执行各种设计流程，如编译、综合、布局布线等。

⑦工具菜单【Tools】：集成了各种设计工具，如 Compiler Tool（编译工具）、Simulator Tool（仿真工具）、Timing Analyzer Tool（时序分析工具）、PowerPlay Power Analyzer Tool（功率分析工具）、Chip Editor（芯片编辑器）、RTL Viewer（RTL 观察期）、Programmer（编程器）等工具。

（2）工具栏。工具栏是常用命令的快捷图标。

（3）资源管理区。资源管理区用来显示当前工程中所有相关资源文件。资源管理区有结构层次（Hierachy）、文件（Files）和设计单元（Design Units）三个标签。

（4）工程工作区。工程的各种操作，如参数设置、文件编辑、报告查看、工具使用等，都会在工程工作区中显示。根据工程操作的不同，工程工作区会显示不同的内容。

（5）编译状态显示窗。编译状态显示窗主要显示模块综合、布局布线、时序分析以及网表建立的进度和所耗费的时间。

（6）信息显示窗。信息显示窗显示编译过程中的相关信息，分为 System、Processing、

Extra Info、Info、Warning、Critical Warning、Error7 个分窗口。比较常用的是 Processing 窗口，它显示了全编译过程中出现的各种定时、警告、错误等信息。

2. 原理图编辑

（1）建立工程。运行 Quartus Ⅱ软件，执行 File→New Project Wizard 建立工程，如图 5—60 所示。

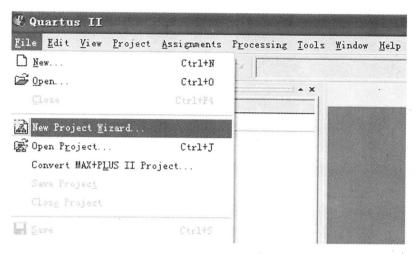

图 5—60 建立工程

出现图 5—61 所示对话框，在三个空白处分别填写项目信息。按下【Next】按钮，出现添加工程文件的对话框，如图 5—62 所示，先暂时不用管它，直接单击【Next】按钮，选择 FPGA 器件型号，如图 5—63 所示。

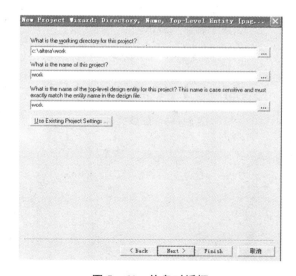

图 5—61 信息对话框

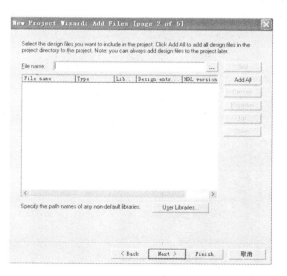

图 5—62 添加工程文件

在图 5—63 中单击【Next】按钮，进入图 5—64 所示对话框。图 5—64 所示是 EDA 的工具对话框，不做任何改动，单击【Next】按钮，进入图 5—65 所示对话框，可以看到工程的信息总体概括对话框，单击【Finish】按钮，即建立了一个空项目。

141

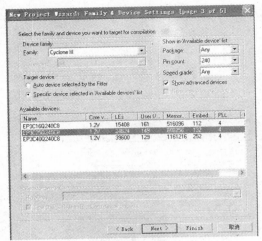

图 5—63　选择器件

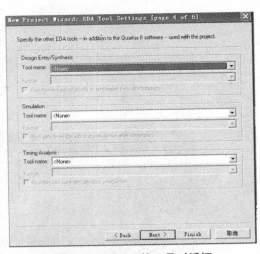

图 5—64　EDA 的工具对话框

（2）建立顶层图。在图 5—66 中单击 File→New，出现新建原理图文件对话框，如图 5—67 所示，选择 "Block Diagram Schematic File"，单击【OK】按钮即建立一个空的顶层图，缺省名为 "Block1. bdf"。单击 File→Save as 另存并改名，本例改名为 "lab. bdf"，同时将 "Add file to current project" 选项打钩，使该文件被添加到工程中，如图 5—68 所示。

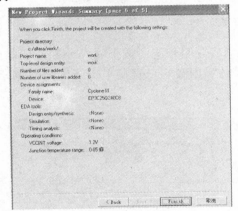

图 5—65　信息对话框

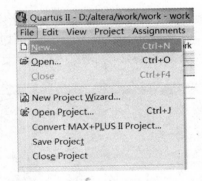

图 5—66　新建文件

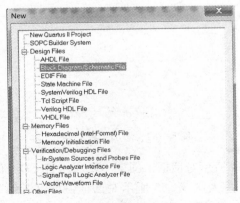

图 5—67　新建原理图

图 5—68　更改文件名

（3）添加逻辑元件。

①查找逻辑元件：双击顶层图图纸的空白处，弹出添加元件对话框，如图 5—69 所示，在库中寻找所需要的逻辑元件，如果知道逻辑元件的名称，可以直接在"Name"栏中输入名字，右边的预览图即可显示元件的外观，单击【OK】按钮后光标旁边即拖着一个元件符号，在图纸上单击左键，元件被安放在图纸上。使用同样的方法，在图纸上添加 2 输入与门（and2），输入（input）、输出（output）。

②连线：将光标移动到元件连线端口位置，光标变成"＋"，按下鼠标左键拖动到另一个元件的连线端。依次连接完所有元件。

③命名：双击 input 和 output 的"pin _ name"，将其改名为"A"、"B"、"Y"。

④单击 Project → Set as Top-Level Entity，将当前文件设置为顶层文件。

⑤单击 Processing → Start Compilation，编译检查错误。

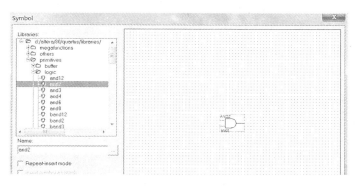

图 5—69　添加逻辑元件

3. 文字编辑

（1）建立工程。建立工程的方法和原理图编辑建立工程的方法一样。

（2）建立顶层文件。单击 File→New，弹出图 5—70 所示对话框，选择"VHDL File"，单击【OK】按钮即建立一个空的顶层文件，缺省名为"Vhdl1. vhd"。单击 File→Save as 另存并改名，本例改名为"andgate. vhd"，同时将"Add file to current project"选项打钩，使该文件被添加到工程中，如图 5—71 所示。

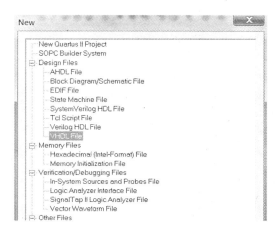

图 5—70　新建文本文件

图 5—71　更改文件名

（3）输入 VHDL 文本文件。

①输入程序，如图 5—72 所示。

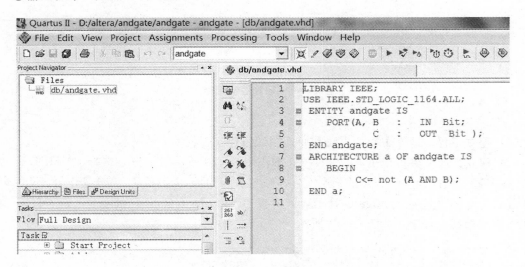

图 5—72　输入文本文件

②单击 Project → Set as Top-Level Entity，将当前文件设置为顶层文件。

③单击 Processing → Start Compilation，编译检查错误。

实训 9　基本门电路的 EDA 设计与分析

基本门电路主要用来实现基本的输入/输出之间的逻辑关系，包括与门、非门、或门、与非门、或非门、异或门、同或门等，下面以 2 输入端与非门为例讲解基本门电路的设计。

一、实验原理

2 输入端与非门是组合逻辑电路中的基本逻辑器件，有 2 个输入端 A、B 和 1 个输出端 C。其真值表如表 5—1 所示。2 输入端与非门应具备的脚位如下：

输入端：A、B；

输出端：C。

输入端		输出端
A	B	C
0	0	1
0	1	1
1	0	1
1	1	0

二、原理图输入

与非门原理图输入的操作步骤如下：

（1）建立新文件：选取窗口菜单 File→New，出现对话框，选择 Graphic Editor File 选项，单击【OK】按钮，进入图形编辑界面。

（2）保存：选取窗口菜单 File→Save，出现对话框，键入文件名"nand2.gdf"，单击【OK】按钮。

（3）指定项目名称，要求与文件名相同：选取窗口菜单 File→Project→Name，键入文件名"nand2"，单击【OK】按钮。

（4）确定对象的输入位置：在图形窗口内单击鼠标左键。

（5）引入逻辑门：选取窗口菜单 Symbol→Enter Symbol，在 \ Maxplus2 \ max2lib \ prim 处双击，在 Symbol File 菜单中选取"NAND2"逻辑门，单击【OK】按钮。

（6）引入输入和输出脚：按步骤（5）选出 2 个输入脚和 1 个输出脚。

（7）更改输入和输出脚的脚位名称：在 PIN_NAME 处双击鼠标左键，进行更名，输入脚为 A、B，输出脚为 C。

（8）连接：将 A、B 脚连接到与非门的输入端，C 脚连接到与非门的输出端，如图 5—73 所示。

（9）选择实际编程器件型号：选取窗口菜单 Assign→Device，出现对话框，选择 FLEX10K 系列的 EPF10K10LC84-4。

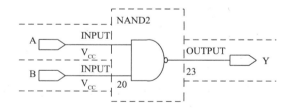

图 5—73　2 输入端与非门的原理图

（10）保存并查错：选取窗口菜单 File→Project→Save&Check，即可针对电路文件进行检查。

（11）修改错误：针对 Massage-Compiler 窗口所提供的信息修改电路设计，直到没有错误为止。

（12）保存并编译：选取窗口菜单 File→Project→Save &Compile，即可进行编译，产生"nand2.sof"烧写文件。

（13）创建电路符号：选取窗口菜单 File→Create Default Symbol，可以产生"nand2.sym"文件，代表现在所设计的电路符号。选取 File→Edit Symbol，进入 Symbol

Edit 界面，2 输入端与非门的电路符号如图 5—74 所示。

（14）时间分析：选取窗口菜单 Utilities→Analyze Timing，再选取窗口菜单 Analysis→Delay Matrix，可以产生如图 5—75 所示的时间分析结果。

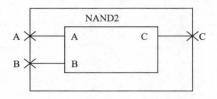

图 5—74　2 输入端与非门的电路符号

Delay Matrix

	C		
Destination			

	C		
A	7.5 ns		
B	7.3 ns		
s			
o			
u			
r			
c			
e			

图 5—75　2 输入端与非门的时间分析

三、文本输入

（1）建立新文件：选取窗口菜单 File→New，出现对话框，选择 Text Editor File 选项，单击【OK】按钮，进入文本编辑画面。

（2）保存：选取窗口菜单 File→Save，出现对话框，键入文件名"nand2.vhd"，单击【OK】按钮。

（3）指定项目名称，要求与文件名相同：选取窗口菜单 File→Project→Name，键入文件名"nand2"，单击【OK】按钮。

（4）选择实际编程器件型号：选取窗口菜单 Assign→Device，出现对话框，选择 FLEX 10K 系列的 EPF10K10LC84-4。

（5）输入 VHDL 源程序：

```
ENTITY nand2 IS
PORT (A, B  :   IN   Bit;
        C  :   OUT  Bit
          );
END nand2;
ARCHITECTURE a OF nand2 IS
BEGIN
C<= not (A AND B);
END a;
```

（6）保存并查错：选取窗口菜单 File→Project→Save&Check，即可针对电路文件进行检查。

（7）修改错误：针对 Massage-Compiler 窗口所提供的信息修改电路文件，直到没有错误为止。

（8）保存并编译：选取窗口菜单 File→Project→Save&Compile，即可进行编译，产生 "nand2. sof" 烧写文件。

（9）创建电路符号：选取窗口菜单 File → Create Default Symbol，可以产生 "nand2. sym" 文件，代表现在所设计的电路符号。选取 File→Edit Symbol，进入 Symbol Edit 界面。

（10）时间分析：选取窗口菜单 Utilities→Analyze Timing，再选取窗口菜单 Analysis→ Delay Matrix，产生时间分析结果。

四、软件仿真

（1）进入波形编辑窗口：选取窗口菜单 MAX＋plus Ⅱ→Waveform Editor，进入波形编辑窗口。

（2）引入输入/输出脚：选取窗口菜单 Node→Enter Nodes from SNF，出现对话框，单击【List】按钮，选择 Available Nodes 中的输入与输出，按 "=>" 键将 A、B、C 移至右边，单击【OK】按钮进行波形编辑。

（3）设定时钟的周期：选取窗口菜单 Options→Gride Size，出现对话框，设定 Gride Size 为 50ns，时钟周期为 100ns，单击【OK】按钮。

（4）设定初始值并保存：设定初始值，选取窗口菜单 File→Save，出现对话框，单击【OK】按钮。

（5）仿真：选取窗口菜单 MAX＋plus Ⅱ→Simulator，出现 Timing Simulation 对话框，单击【Start】按钮，出现 Simulator 对话框，单击【确定】按钮，出现 2 输入端与非门的波形图，如图 5—76 所示。

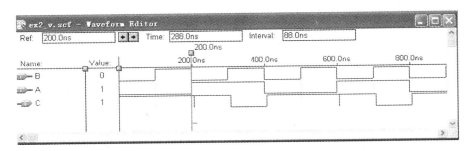

图 5—76　2 输入端与非门的波形图

五、硬件仿真

（1）下载实验验证。

①选择器件：打开 MAX＋plus Ⅱ，选取窗口菜单 Assign→Device，出现对话框，选择 FLEX 10K 系列的 EPF10K10LC84-4，如图 5—77 所示。

②锁定引脚：选取窗口菜单 Assign→Pin/Location/Chip，出现对话框，在 Node Name 中分别键入引脚名称 A、B、C，在 Pin 中键入引脚编号 30、35、16。引脚 30 对应 SW1，信号灯为 LED＿KEY1；引脚 35 对应 SW2，信号灯为 LED＿KEY2；引脚 16 对应彩灯 D101。锁定引脚的界面如图 5—78 所示。

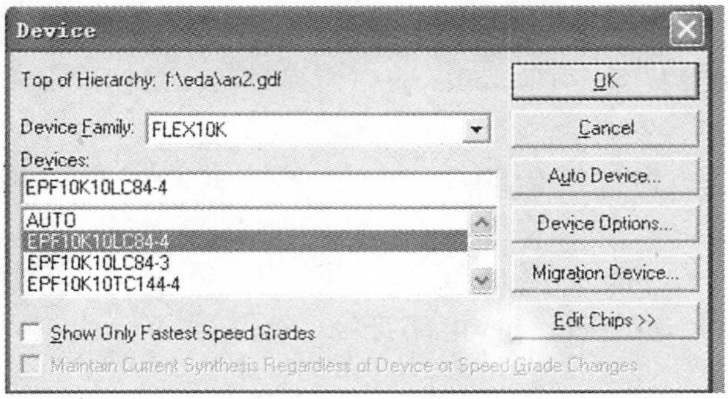

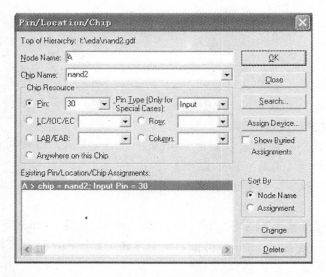

图 5—77　选择器件

图 5—78　锁定引脚

③编译：选取窗口菜单 File→Project→Save &Compile，即可进行编译，编译完成后的提示信息如图 5—79 所示。

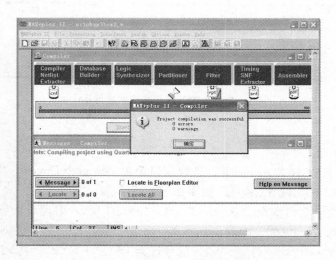

图 5—79　编译完成后的提示信息

④烧写：选取窗口菜单 Programmer→Configure 进行烧写，如图 5—80 所示。

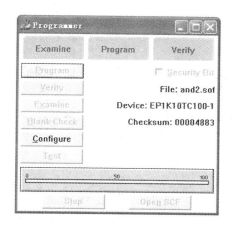

图 5—80 烧写

（2）实验结果。

设定输入信号为开关向上时输入"1"信号，此时信号灯亮，否则输入"0"信号，信号灯灭。输出信号灯亮时为"1"，信号灯灭时为"0"。

按表 5—2 所示，设置开关 SW1、SW2 键，观察输出彩灯的结果。

表 5—2 与非门的实验结果

LED-SW1	LED-SW2	D101
灭	灭	亮
灭	亮	亮
亮	灭	亮
亮	亮	灭

（3）实验解释。

信号输入键为 SW1、SW2。打开 SW1 键，信号灯 LED＿SW1 亮，即把"1"信号输入到 30 引脚（A），否则表示送入信号"0"。打开 SW2 键，信号灯 LED＿SW2 亮，即把"1"信号输入到 35 引脚（B），否则表示送入信号"0"。

信号输出由信号灯 D101 来显示。D101 亮时表示输出信号为"1"，否则信号为"0"，以此表示 16 引脚（C）的信号。

输出端的值由芯片 EPF10K10LC84-4 通过程序所编的 A 和 B 之间的逻辑关系 C<=not(A AND B) 确定。

习 题 5

1. 简述现代电子系统的特点和设计方法。

2. 简述可编程 ASIC 的特点和发展趋势。

3. EDA 技术的基本特征是什么？

4. 试根据可编程逻辑器件的密度对其进行分类。

5. 简述可编程逻辑器件的一般设计过程。

6. 列举常用的 PLD 设计输入方式并进行比较。

7. 什么样的 PLD 器件必须用编程器才能下载编程数据？

8. 列举你所知道的硬件描述语言。

9. EDA 开发工具在"设计实现"过程中主要完成哪些工作？

10. 列举几种常用的 EDA 开发软件工具。

11. 简述 MAX+plus Ⅱ 进行 EDA 设计的一般步骤。

12. VHDL 与 Verilog-HDL 各有何特点？试比较各自的应用场合。

第6章 VHDL硬件描述语言

6.1 VHDL概述

目前，电路系统的设计正处于EDA时代。借助EDA技术，系统设计者只需要提供欲实现系统行为与功能的正确描述即可。至于将这些系统描述转化为实际的硬件结构，以及转化时对硬件规模、性能进行优化等工作，都可以交给EDA工具软件来完成。使用EDA技术大大缩短了系统设计的周期，减少了设计成本。

EDA技术首先要对系统的行为、功能进行正确的描述。硬件描述语言HDL是各种描述方法中最能体现EDA优越性的描述方法。所谓硬件描述语言，实际就是一个描述工具，其描述的对象就是待设计电路系统的逻辑功能、实现该功能的算法、选用的电路结构以及其他各种约束条件等。通常要求HDL既能描述系统的行为，又能描述系统的结构。

HDL的使用与普通的高级语言相似，编制的HDL程序也需要首先经过编译器进行语法、语义的检查，并转换为某种中间数据格式。但与其他高级语言相区别的是，用硬件描述语言编制程序的最终目的是要生成实际的硬件，因此HDL中含有与硬件实际情况相对应的并行处理语句。此外，用HDL编制程序时，还需注意硬件资源的消耗问题（如门、触发器、连线等的数目），有的HDL程序虽然语法、语义上完全正确，但并不能生成与之对应的实际硬件，其原因在于要实现这些程序所描述的逻辑功能，消耗的硬件资源将十分巨大。

VHDL（Very High Speed Integrated Circuits Hardware Description Language，超高速集成电路硬件描述语言）是最具推广前景的HDL。VHDL是美国国防部于20世纪80年代后期出于军事工业的需要开发的。1984年，VHDL被IEEE（Institute of Electrical and Electronics Engineers）确定为标准化的硬件描述语言。1994年，IEEE对VHDL进行了修订，增加了部分新的VHDL命令与属性，增强了系统的描述能力，并公布了新版本的VHDL，即IEEE标准版本1046—1994版本。VHDL已经成为系统描述的国际公认标准，得到众多EDA公司的支持，越来越多的硬件设计者使用VHDL描述系统的行为。

6.1.1 VHDL的特点

VHDL之所以被硬件设计者日趋重视，是因为它在进行工程设计时有如下优点：

（1）VHDL行为描述能力明显强于其他HDL语言，这就使得用VHDL编程时不必考虑具体的器件工艺结构，能比较方便地从逻辑行为这一级别描述和设计电路系统。而对于已完成的设计，只需改变某些参量，就能轻易地改变设计的规模和结构。例如，设计一个8位计数器，可以将其输出引脚定义为"BIT_VECTOR（7 DOWNTO 0）"，而要将该计数器改为 16 位时，只要将引脚定义中的数据 7 改为 15 即可。

（2）能在设计的各个阶段对电路系统进行仿真模拟，使设计者在系统的设计早期就可检查设计系统的功能，极大地减少了可能发生的错误，降低了开发成本。

（3）VHDL 程序结构（如设计实体、程序包、设计库）决定了它在设计时可利用已有的设计成果，并能方便地将较大规模的设计项目分解为若干部分，从而实现多人多任务的并行工作方式，保证了较大规模系统的设计能被高效、高速地完成。

（4）EDA 工具和 VHDL 综合器的性能日益完善。经过逻辑综合，VHDL 语言描述能被自动地转变成某一芯片的门级网表；通过优化能使对应的结构更小、速度更快。同时设计者可根据 EDA 工具给出的综合和优化后的设计信息对 VHDL 设计描述进行改良，使之更为完善。

6.1.2 VHDL 程序的一般结构

小到一个元件、一个电路，大到一个系统，都可以用 VHDL 描述其结构、行为、功能和接口。编程时，VHDL 将一项工程设计（或称设计实体）分成"外部端口"和"内部结构、功能及其实现算法"两大部分进行描述。设计完成一个实体的内、外部后，其他实体就可以像调用普通元件一样直接调用这个实体。

【例 6—1】 给出了一个较简单的 VHDL 源程序，它实现了一个与门。

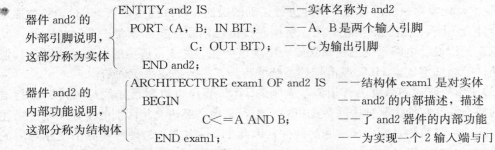

```
器件 and2 的          ENTITY and2 IS            ——实体名称为 and2
外部引脚说明，          PORT (A，B：IN BIT；       ——A、B 是两个输入引脚
这部分称为实体                  C：OUT BIT)；      ——C 为输出引脚
                     END and2；

器件 and2 的          ARCHITECTURE exam1 OF and2 IS  ——结构体 exam1 是对实体
内部功能说明，            BEGIN                    ——and2 的内部描述，描述
这部分称为结构体              C<=A AND B；         ——了 and2 器件的内部功能
                     END exam1；                 ——为实现一个 2 输入端与门
```

该程序包括一个 VHDL 程序必备的两个部分：实体（Entity）说明部分和结构体（Architecture）说明部分。

"实体"说明部分给出了器件 and2 的输入/输出引脚（PORT）的外部说明，如图 6—1 所示。

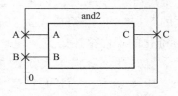

图 6—1 AND2 的电路符号

其中，A、B 是两个输入引脚（IN），数据类型为 BIT，即"二进制位"数据类型，这种数据类型只有"0"和"1"两种逻辑值；C 为输出引脚，数据类型也为 BIT。这部分相当于是画原理图时的一个元件符号。

"结构体"说明部分给出了该器件的内部功能信息。其中，"and"是 VHDL 的一个运算符，表示"与"操作；而符号"<="是 VHDL 的赋值运算符，从电路的角度来说，表示信号的传输，将输入信号 A、B"与"操作后的结果传送到输出端 C。VHDL 的逻辑综合

软件将根据该程序的描述得到相应的硬件设计结果。

从这个例子可以看出，VHDL 的所有语句都以";"结束，而";"后的"－－"表示是程序注释。

6.2 VHDL 语言的程序结构

实体、结构体是组成 VHDL 的两个最基本结构，如例 6—1 就是只包含这两个基本结构的最简单的 VHDL 程序。考虑到大型设计过程通常采用多人多组的形式进行，为了使已完成的设计成果（包括已定义的数据类型、函数、过程或实体等）为其他设计任务所共享，有必要把被共享的设计成果集中到一起。VHDL 语言设置了库（Library）与程序包（Package）的程序结构。

此外，对于较复杂的设计项目，一个实体往往与多个结构体相对应。而当实体设计完成后，放入程序包供其他实体共享时，其他实体可能只需要使用该实体的一个结构体，这时，VHDL 提供了配置（Configuration）这种结构，为实体配置（指定）一个结构体。

可见，实体、结构体、库、程序包与配置是构成一个完整的 VHDL 语言程序的五个基本结构。

6.2.1 实体

实体用来描述设计的输入/输出信号，至于该元件内部的具体结构或功能，将在结构体中详细给出。实体说明的书写格式如下所示：

ENTITY 实体名 IS
［GENERIC（类属参数说明）；］
［PORT（端口说明）；］
END 实体名；

在实体说明中应给出实体名，并描述实体的外部接口情况。此时，实体被视为"黑盒"，不管其内部结构功能如何，只描述它的输入/输出接口信号。

【例 6—2】 D 触发器的实体说明。

ENTITY dff IS
GENERIC (tsu：TIME：= 5ns)；
  PORT (clk, d：IN bit；
          Q, qb：OUT bit)；
END dff；

上面给出的程序是一位 D 触发器的实体说明。实体说明以 ENTITY 开始，dff 是实体名，GENERIC 为类属参数表，PORT 后为输入/输出端口表。

下面分别对各部分的定义方法进行详细说明。

1. 类属参数说明语句

类属参数说明语句（GENERIC）必须放在端口说明语句之前，用以指定参数。格式如下：

GENERIC（常数名：数据类型：＝设定值；
            ⋮
        常数名：数据类型：＝设定值）；

例 6—2 程序中的 GENERIC（tsu：TIME：=5ns）指定了结构体内建立的时间参数用 tsu 表示，值为 5ns。

【例 6—3】

```
ENTITY exam IS
GENERIC （width：INTEGER ：=42）；
PORT （M：IN STD _ LOGIC _ VECTOR （width-1 DOWNTO 0）；
        Q：OUT STD _ LOGIC _ VECTOR （15 DOWNTO 0））；
END exam；
```

其中，类属参数定义了一个宽度常数，在端口定义部分应用该常数 width 定义了一个 42 位的信号，这句相当于语句：

M ：IN STD _ LOGIC _ VECTOR （41 DOWNTO 0）；

若该实体内部大量使用了 width 参数表示数据宽度，则当设计者需要改变宽度时，只需一次性在语句 GENERIC （width：INTEGER：=某常数）；中改变常数即可。

一个数字的改变，从 EDA 的综合结果来看，将大大地影响设计结果的硬件规模，而从设计者的角度来看，只需改变一个数字。应用 VHDL 设计进行 EDA 设计的优越性从此可窥一斑。

2. 端口说明

在电路图上，端口对应于元件符号的外部引脚。端口说明（PORT）语句是对一个实体界面的说明，也是对端口信号名、数据类型和端口模式的描述。语句的一般格式如下：

```
PORT （端口信号名，{端口信号名}：端口模式  端口类型；
        ⋮
     端口信号名，{端口信号名}：端口模式  端口类型）；
```

（1）端口信号名。端口信号名是赋给每个外部引脚的名称，如例 6—1 中的 A、B、C。各端口信号名在实体中必须是唯一的，不能有重复现象。

（2）端口模式。端口模式用来说明信号的方向，详细的信号方向说明见表 6—1。

表 6—1   信号方向说明

方向定义	含　义
IN	输入
OUT	输出（结构体内不能再使用）
INOUT	双向（可以输入，也可以输出）
BUFFER	输出（结构体内可再使用），可以读或写

其中，BUFFER 是 INOUT 的子集，它与 INOUT 的区别在于：INOUT 是双向信号，既可以输入，也可以输出。同时 BUFFER 也是实体的输出信号，但作为输入时，信号不是由外部驱动，而是从输出反馈得到，即 BUFFER 类的信号在输出外部电路的同时，也可以被实体本身的结构体读入，这种类型的信号常用来描述带反馈的逻辑电路，如计数器等。

（3）端口类型。端口类型指的是端口信号的取值类型，常见的有以下几种：

BIT：二进位类型，取值只能是 0、1，由 STANDARD 程序包定义。

BIT _ VECTOR：位向量类型，表示一组二进制数，常用来描述地址总线、数据总线等端口，由 STANDARD 程序包定义。例如：

datain：IN BIT _ VECTOR（4 downto 0）——定义了一个具有 5 位位宽的输入数据总线

STD _ LOGIC：工业标准的逻辑类型，取值 0、1、X、Z，由 STD _ LOGIC _ 1164 程序包定义。

STD _ LOGIC _ VECTOR：工业标准的逻辑向量类型，是 STD _ LOGIC 的组合，由 STD _ LOGIC _ 1164 程序包定义。

INTEGER：整数类型，可用作循环的指针或常数，通常不用作 I/O 信号。

BOOLEAN：布尔类型，取值 FALSE、TRUE。

REAL：实数类型，实数的定义值范围为 $-1.0E+48 \sim +1.0E+48$。实数有正负数，书写时一定要有小数点。当小数部分为零时，也要加上其小数部分，若 4.0 表示为 4 则会出现语法错误。值得注意的是，虽然 VHDL 提供了实数这一数据类型，但仅在仿真时可使用该类型。综合过程时，综合器是不支持实数类型的，原因是综合的目标是硬件结构，而要想实现实数类型，通常需要耗费过大的硬件资源，这在硬件规模上无法承受。

CHARACTER：字符类型，字符也是一种数据类型，所定义的字符量通常用单引号括起来，如'A'。一般情况下 VHDL 对字母的大、小写不敏感，但是认为字符量中的大、小写字符是不一样的。字符可以是英文字母中的任一个大、小写字母，0~9 中的任一个数字以及空白或特殊字符。

STRING：字符串类型，字符串是由双引号括起来的一个字符序列，也称为字符矢量或字符串数组，如"VHDL Programmer"。字符串常用于给出程序的说明。

TIME：时间类型，时间是一个物理量数据。完整的时间数据应包含整数和单位两部分，而且整数和单位之间至少应留一个空格的位置。如"10ns，55min"等。设计人员常用时间类型的数据在系统仿真时表示信号延时，从而使模型系统能更逼近实际系统的运行环境。

SEVERITY LEVER：错误等级，错误等级类型数据用来表示系统的状态，共有四种等级：NOTE（注意），WARNING（警告），ERROR（出错），FAILURE（失败）。在系统仿真过程中，操作人员根据这四种状态的提示，随时了解当前系统的工作情况并采取相应的对策。

在例 6—2 中，D 触发器作为实体，其端口有两个输入信号和一个输出信号，输入信号和输出信号的类型相同。

6.2.2 结构体

对一个电路系统而言，实体描述部分主要对系统的外部接口进行描述，这一部分如同是一个"黑盒"，描述时并不需要考虑实体内部的具体细节，因为描述实体内部结构与性能的工作是由"结构体"所承担的。

结构体（Architecture）是一个实体的组成部分，是对实体功能的具体描述。结构体主要描述实体的硬件结构、元件之间的互连关系、实体所完成的逻辑功能以及数据的传输变换等方面的内容。具体编写结构体时，可以从其中的某一方面来描述，也可综合各个方面来进行描述。一个结构体的书写格式如下：

ARCHITECTURE　结构体名　OF　实体名　IS
［说明语句］内部信号，常数，数据类型，函数等的定义；
　　　　　BEGIN

[功能描述语句]
END 结构体名;

　　一个实体可以具有一个结构体,也可以具有几个结构体。一个实体内部若有几个结构体,则结构体名不能重复。

　　结构体中的说明语句位于 ARCHITECTURE 和 BEGIN 之间,对结构体内部使用的信号(SIGNAL)、常数(CONSTANT)、数据类型、元件(COMPONENT)和过程(PRO-CEDURE)等加以说明。需要注意的是,结构体内部定义的数据类型、常数或函数、过程等只能用于该结构体内部,若要使这些定义也能被其他实体或结构体所引用,则需先把它们放入程序包。其他实体或结构体只有打开相应的程序包后才能引用。

　　例 6—4 描述了一个具有简单逻辑操作功能的电路,原理图如图 6—2 所示。实体部分说明了四个输入端与一个输出端,结构体描述以关键字 ARCHITECTURE 开头,A 是结构体名,OF 之后为实体名(应与实体说明一致)。在 ARCHITECTURE 与 BEGIN 之间对该结构体内部将使用的两个信号 Temp1 和 Temp2 进行说明,指出它们的数据类型为 BIT。BE-GIN 之后为结构体的正文部分,用于描述实体的逻辑功能。

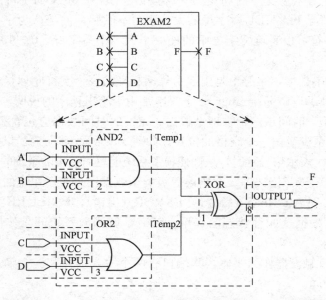

图 6—2　例 6—4 所描述的实体部分及其结构部分(电路原理图)

【例 6—4】

ENTITY　exam2 IS
PORT (a , b , c , d: IN　bit;
　　　　　　f: OUT bit);
END exam2;
ARCHITECTURE a OF exam2　IS
SIGNAL　temp1, temp2 : BIT ;
BEGIN
f<= temp1 XOR　temp2;
temp1<= a　AND　b;

156

```
temp2<= c   OR   d ;
END a ;
```

其中，temp1、temp2 和 f 这 3 个信号的赋值语句之间是并行的关系，它们的执行是同步进行的。只要某个信号发生变化，都会立刻引起相应的语句被执行，产生相应的输出，而不管这些语句书写的先后顺序。这点与一般程序设计语言的顺序执行情况不一样，但它和硬件电路的工作情况是一致的，这种并行的执行方式是 VHDL 区别于传统软件描述语言的最显著的一面。

6.2.3 程序包、库及配置

除了实体和结构体外，程序包、库及配置是 VHDL 语言中另外三个组成部分。

1. 程序包

某实体中定义的各种数据类型和元件调用说明等只能局限在该实体内或结构体内调用，其他实体不能使用。出于资源共享的目的，VHDL 提供了程序包（PACKAGE）机制。程序包如同公用的"工具箱"，各种数据类型、子程序等一旦放入程序包，就成为共享的"工具"，各个实体都可使用程序包定义的"工具"。程序包的语句格式如下：

```
PACKAGE   程序包名   IS
［说明语句］
END   程序包名 ;
PACKAGE BODY   程序包名   IS
［程序包体说明语句］
END   程序包名 ;
```

为了方便设计，VHDL 提供了一些标准程序包。例如，STANDARD 程序包，它定义了若干数据类型、子类型和函数，前面提到过的 BIT 类型就是在这个包中定义的。STANDARD 程序包已预先在 STD 库中编译好，并且自动与所有模型连接，所以设计单元无需作任何说明，就可以直接使用该程序包内的类型和函数。

另一种常用的 STD _ LOGIC _ 1164 程序包定义了一些常用的数据类型和函数，如 STD _ LOGIC、STD _ LOGIC _ VECTOR 类型。它也预先在 IEEE 库中编译，但是在设计中用到时，需要在实体说明前加以下调用语句：

```
LIBRARY IEEE;                        ——打开 IEEE 库
USE IEEE. STD _ LOGIC _ 1164. ALL；——调用其中的 STD _ LOGIC _ 1164 程序包
```

此外还有其他一些常用的标准程序包，如 STD _ LOGIC _ UNSIGNED 和 STD _ LOG-IC _ SIGNED，这两个包都预先编译于 IEEE 库内，这些程序包重载了可用于 INTEGER、STD _ LOGIC 及 STD _ LOGIC _ VECTOR 几种类型数据之间混合运算的运算符，如 "+"的重载运算符在计数器 VHDL 描述中的使用情况可见例 6—5。

【例 6—5】

```
LIBRARY IEEE;
USE IEEE. STD _ LOGIC _ 1164. ALL;
USE IEEE. STD _ LOGIC _ UNSIGNED. ALL;
ENTITY counter IS
PORT ( Clk : IN STD _ LOGIC;
```

```
                        Q：BUFFER　STD＿LOGIC＿VECTOR（2 DOWNTO 0））；
        END counter；
        ARCHITECTURE a OF counter IS
        BEGIN
        PROCESS（clk）
        BEGIN
            IF clk'event AND clk＝'1' THEN
                    Q<= Q+1；                ——注意该语句"＋"两侧的数据类型
                END IF；
                END PROCESS；
        END a ；
```

该例中，Q 是 STD＿LOGIC＿VECTOR 类型，但它却与整数"1"直接相加，这完全得益于程序包 STD＿LOGIC＿UNSIGNED 中对"＋"进行了函数重载，其重载语句为：

function"＋"（L：STD＿LOGIC＿VECTOR；R：INTEGER）return STD＿LOGIC＿VEC-TOR；

程序包 STD＿LOGIC＿ARITH 也是常用程序包，它在 STD＿LOGIC＿1164 的基础上定义了 3 个数据类型 UNSIGNED、SIGNED 和 SMALL＿INT 及其相关的算术运算符和转换函数。

除了标准程序包外，用户也可以自己定义程序包。自定义的程序包和标准程序包一样，也要通过调用才能使用。如要使用用户自定义的 mypkg 程序包，则要在实体说明前加上以下语句：

SE work . mypkg . all；

2. 库

VHDL 语言中的库（LIBRARY）用来存放已编译过的设计单元（包括实体说明、结构体、配置说明、程序包），库中内容可以用作其他 VHDL 描述的资源。库的功能相当于一个共享资源存放的仓库，所有已完成的设计资源只有存入某个"库"内才可被其他实体所共享。在 VHDL 语言中，库的说明总是放在设计单元的最前面，表明该库内的资源对以下的设计单元开放。常用的库有 IEEE 库、STD 库和 WORK 库。库（LIBRARY）语句格式如下：

LIBRARY 库名；

（1）IEEE 库：包含了支持 IEEE 标准和其他一些工业标准的程序包，其中 STD＿LOG-IC＿1164、STD＿LOGIC＿UNSIGNED、STD＿LOGIC＿ARITH 等程序包是目前最常用、最流行的。使用 IEEE 库必须先用语句 LIBRARY IEEE 声明。

（2）STD 库是 VHDL 的标准库，VHDL 在编译过程中自动使用这个库，所以使用时不需要语句说明，即类似"LIBRARY STD"这样的语句是不必要的。

（3）WORK 库是用户的现行工作库，用户设计的成果将自动地存放入这个库中，所以像语句"LIBRARY WORK"也是没有必要的。

由于一个库内资源很多，因此在打开库后，还要说明使用的是库中哪一个程序包以及程序包中的项目名。说明格式如下：

```
      LIBRARY 库名；
      USE 库名．程序包．使用的项目          ——库在被使用前均需加上这两条语句
库的典型应用如下：

      LIBRARY   IEEE；                      ——打开 IEEE 库
      USE   IEEE. STD _ LOGIC _ 1164. ALL；  ——使用 IEEE 库内的 STD _ LOGIC _ 1164
      USE   IEEE. STD _ LOGIC _ UNSIGNED. ALL；  ——和 STD _ LOGIC _ U—NSIGNED 程序
                                            ——包内的所有资源
```

3．配置

有时为了满足不同设计阶段或不同场合的需要，对某一个实体，可以给出几种不同形式的结构体描述，这样调用该实体时，就可以根据需要选择其中某一个结构体。另外，大型电路仿真时，需要选择不同的结构体，以便进行性能对比实验，确认性能最佳的结构体。以上这些工作可用配置（CONFIGURATION）语句来完成。配置语句的基本书写格式如下：

```
CONFIGURATION  配置名   OF   实体名   IS
FOR 选配结构体名
         END FOR ；
END   配置名；
```

例如，一个 RS 触发器，用两个结构体描述，分别是行为描述方式的结构体 rs _ behav 与结构描述方式的结构体 rs _ constru。若要选用行为描述方式的结构体，可在描述语句中加上例 6—6 的配置说明。

【例 6—6】

```
LIBRARY IEEE；
USE IEEE. STD _ LOGIC _ 1164. ALL；
ENTITY NAND2 IS
PORT （A：IN STD _ LOGIC；
         B：IN STD _ LOGIC；
         C：OUT STD _ LOGIC）；
END NAND2；
ARCHITECTURE   ART1 OF NAND2 IS
    BEGIN
    C<= NOT （A AND B）；
END ARCHITECTURE ART1；
ARCHITECTURE ART2 OF NAND2 IS
BEGIN
    C<= '1' WHEN （A= '0'）AND （B= '0'）ELSE
        '1' WHEN （A= '0'）AND （B= '1'）ELSE
'1' WHEN （A= '1'）AND （B= '0'）ELSE
'0' WHEN （A= '1'）AND （B= '1'）ELSE
'0'；
END ARCHITECTURE ART2；
CONFIGURATION SECOND OF NAND2 IS
FOR ART2
```

```
END FOR;
END SECOND;
CONFIGURATION FIRST OF NAND2 IS
FOR ART1
END FOR;
END FIRST;
```

配置就像设计的零件清单，将所需的结构体描述装配到每一个实体。对于标准 VHDL 语言，配置说明并非是必需的，如果没有说明，则默认结构体为最新编译进工作库的那个。

6.3 VHDL 的基本语句

VHDL 的描述语句分为并行语句和顺序语句两种。并行语句主要用来描述模块之间的连接关系，顺序语句一般用来实现模型的算法部分。并行语句之间是并行的关系，当某个信号发生变化时，受此信号触发的所有语句同时执行。顺序语句则是严格按照书写的先后次序顺序执行的。

6.3.1 并行语句

常用的并行语句有并行信号赋值语句（包括简单信号赋值语句、选择信号赋值语句、条件信号赋值语句）、块语句、进程语句（进程作为一个整体与其他语句之间是并行的关系）、元件例化语句、生成语句等。

1. 简单信号赋值语句

简单信号赋值语句（Simple Signal Assignment Statement）的语句格式如下：

```
目标信号<= 表达式        ——要求语句左右的数据类型必须相同
```

【例 6—7】

```
LIBRARY IEEE;
USE IEEE. STD _ LOGIC _ 1164. ALL;
ENTITY simp _ s IS
PORT
(
    in1, in2, in4：IN STD _ LOGIC;
    out1，out2：OUT STD _ LOGIC
);
END simp _ s;
ARCHITECTURE exam OF simp _ s IS
BEGIN
out1 <= in1 AND in2；   ——建立了一个与门
out2 <=  in4；          ——将 d、e 两个节点连接起来
END exam;
```

例 6—7 中的两个赋值语句是并行语句，所以它们是并行关系。其中，信号 in1、in2、in4 相当于 PROCESS 语句的敏感信号，它们的变化将触发赋值语句的执行，重新计算表达式的值。假设信号 in1 或 in2 先发生变化，则语句"out1<= in1 AND in2"先被执行；若信号 in4 先变化，则语句"out2<=in4"先被执行；若信号 in1 或 in2 中至少一个与 in4 同

时发生变化，则两条语句同时被执行。从这些过程可以看出，语句执行的先后顺序与语句的书写顺序无关，这就是并行语句之间的并行关系。

2. 选择信号赋值语句

选择信号赋值语句（Selected Signal Assignment Statement）的语句格式如下：

```
WITH 选择表达式 SELECT
目标信号<= 表达式 WHEN 选择表达式的值，
          表达式 WHEN 选择表达式的值，
          表达式 WHEN 选择表达式的值；
                   ⋮
```

以 4 选 1 电路为例。

【例 6—8】

```
LIBRARY IEEE；
USE IEEE. STD _ LOGIC _ 1164. ALL；
  ENTITY mux4 IS
  PORT （input：IN   STD _ LOGIC _ VECTOR （3 DOWNTO 0）；
              sel：IN   INTEGER RANGE 0 TO 3 ；
                y：OUT STD _ LOGIC ）；
  END mux4；
ARCHITECTURE rtl OF mux4   IS
BEGIN
WITH sel SELECT
  y<= input （0） WHEN 0 ，
      input （1） WHEN 1 ，
      input （2） WHEN 2 ，
      input （3） WHEN 3 ；
END rtl；
```

注意：用 WITH _ SELECT _ WHEN 语句赋值，必须列出所有的输入取值，且各值不能重复。特别提示：对于 STD _ LOGIC 类型的数据，由于该类型数据取值除了 1 和 0 外，还有可能是 "U"、"X"、"Z"、"—" 等情况，因此，在语句的最后应该加上 WHEN OTHERS 语句。若不用 WHEN OTHERS 代表未列出的取值情况，则编译器将指出"赋值涵盖不完整"。

【例 6—9】

```
LIBRARY IEEE；
USE IEEE. STD _ LOGIC _ 1164. ALL；
  ENTITY mux4 IS
  PORT （input：IN   STD _ LOGIC _ VECTOR （3 DOWNTO 0）；
              sel：IN   STD _ LOGIC _ VECTOR （1 DOWNTO 0）；
                y：OUT STD _ LOGIC ）；
  END mux4；
ARCHITECTURE rtl OF mux4   IS
BEGIN
WITH sel SELECT
```

```
y<= input (0)        WHEN "00" ,
    input (1)        WHEN "01" ,
    input (2)        WHEN "10" ,
    input (3)        WHEN "11" ,
    'X'              WHEN OTHERS;
END rtl;
```

本例中最后一句 WHEN OTHERS 包含了所有未列举出的可能情况,此句必不可少。

3. 条件信号赋值语句

条件信号赋值语句(Conditional Signal Assignment Statement)的格式如下:

```
目标信号<= 表达式 WHEN 条件表达式    ELSE
          表达式 WHEN 条件表达式    ELSE
          …
          表达式;
```

条件信号赋值语句与选择信号赋值语句最大的区别在于选择信号赋值语句的各个"选择表达式的值"之间处于同一优先级,而条件信号赋值语句的各"赋值条件"具有优先顺序。当条件信号赋值语句被执行时,每个条件表达式将按其书写的顺序进行测试:

(1) 某个条件表达式的条件满足,其值为"真",则该条件表达式对应的关键词 WHEN 之前的表达式的值将赋值给目标信号。

(2) 当几个条件表达式都测试为"真"时,优先级较高的那个条件表达式所对应的关键词 WHEN 之前的表达式的值将赋值给目标信号。

(3) 若所有条件表达式都不满足时,最后一个 ELSE 关键词后的表达式值将赋值给目标信号。

【例 6—10】   用条件信号赋值语句描述 4 选 1 多路选择器。

```
ARCHITECTURE   rtl   OF mux4 _ 1   IS
BEGIN
y<= input (0) WHEN sel=0 ELSE
    input (1) WHEN sel=1 ELSE
    input (2) WHEN sel=2 ELSE
    input (3);
END rtl;
```

本例中的条件表达式仅根据一个信号 sel 的值决定赋值行为,在这种情况下,sel 的几个条件表达式的书写顺序不影响程序的运行结果。根据多个信号进行判断的情况见例 6—11。

【例 6—11】

```
LIBRARY   IEEE;
USE   IEEE. STD _ LOGIC _ 1164. ALL;
ENTITY   cond _ s   IS
PORT
(
left, mid, right: IN STD _ LOGIC;
        result: OUT STD _ LOGIC _ VECTOR (2 DOWNTO 0)
```

162

```
                    );
                    END cond _ s;
                    ARCHITECTURE exam OF cond _ s IS
                    BEGIN
                    result <= " 101"    WHEN    mid = '1'    ELSE    ——当 mid ＝ "1" 时，不管其他为何值
                            " 011"    WHEN    left = '1'    ELSE    ——当 left ＝ "1" 且 mid ≠ "1" 时
                            " 110"    WHEN    right = '1'    ELSE    ——当 right ＝ "1"、left ≠ "1" 且 mid
                                                                        ≠ "1" 时
                            " 000";                                  ——当 right、left、mid 均不为 "1" 时
                    END exam;
```

例 6—11 中对不同的信号 right、left、mid 进行了判断，此时它们的书写顺序将决定程序的运行结果。例如，当 right ＝ "1" 而同时有 left ＝ "1" 时，由于 left 先书写，所以 result 将赋值为 "011" 而不是 "110"。

通常，当某逻辑功能既可以用选择信号赋值语句描述，也可以用条件信号赋值语句描述时，应尽量用选择信号赋值语句描述。

4. 块语句

使用过 Protel 软件的人都知道，画一个较大的电路原理图时，通常可分为几个子模块进行绘制，而其中每个子模块都可以是一个具体的电路原理图；倘若子模块仍很大，还可以往下再分子模块。VHDL 语言中的块（BLOCK）结构的应用类似于此。

事实上，块（BLOCK）语句只是一种将结构体中的并行描述语句进行组合的方法，VHDL 程序的设计者使用 BLOCK 的目的是为了改善程序的可读性或关闭某些信号，BLOCK 语句对大型电路进行的划分仅限于形式上的，而不会改变电路的逻辑功能。设计者可以合理地将一个模块划分为多个区域，在每个块中都能定义或描述局部信号、数据类型和常量。所有能在结构体的说明部分进行说明的对象都可以在 BLOCK 的说明部分进行说明。BLOCK 语句的书写格式如下（其中加方括号的为可选内容）：

```
        块标号名：BLOCK   [块保护表达式]
                        [端口说明语句]
                        [类属参数说明语句]
                        BEGIN
                        并行语句
                        END BLOCK 块结构名;
```

【例 6—12】   采用 BLOCK 语句来描述全加器电路。

```
ENTITY   Full _ add   IS
PORT（ADD1，ADD2，CARIN：IN BIT;
            SUM，CAROUT：OUT BIT）;
END Full _ add;
ARCHITECTURE   exam _ of _ blk   OF   Full _ add   IS
BEGIN
Half _ add1：BLOCK
   BEGIN
    ——半加器 1 的描述语句;
```

```
        END BLOCK    Half_add1;
    Half_add2：BLOCK
        BEGIN
        ——半加器 2 的描述语句；
        END BLOCK    Half_add2;
    Connecter：BLOCK
        BEGIN
        ——将两个半加器组合为全加器的连接部分描述语句；
        END BLOCK    Connecter;
    END exam_of_blk;
```

端口说明语句对 BLOCK 的端口设置以及外界信号的连接情况进行说明，类似于原理图中的端口说明，可以包含由关键词 PORT、GENERIC、PORT MAP 和 GENERIC MAP 引导的端口说明语句。

块的说明语句部分只适用于当前的 BLOCK，对于块的外部来说是不透明的，即不能适用于外部环境。块的说明部分可以定义的对象是 USE 语句、子程序、数据类型、子类型、常数、信号及元件。

例 6—12 中使用的 BLOCK 语句仅仅是将结构体分成几个独立的程序模块，在对程序进行仿真时，BLOCK 语句中所描述的各条语句是并行执行的，执行顺序与书写顺序无关。但是在实际的电路设计时，有时需要在满足一定条件的前提下执行 BLOCK 语句。

【例 6—13】　通过卫式 BLOCK 实现 BLOCK 的执行控制。

```
    ENTITY latch IS
    PORT（d, clk：IN BIT；
            q，qb：OUT BIT）；
    END latch；
    ARCHITECTURE latch_guard OF latch IS
    BEGIN
      G1：
      BLOCK（clk='1'）
    BEGIN
    q<= GUARDED d AFTER 5ns；
      qb<= GUARDED NOT（d）AFTER 5ns；
      END BLOCK G1；
    END latch_guard；
```

如上述程序所示，卫式 BLOCK 语句的书写格式如下：

    BLOCK（卫式表达式）

当卫式表达式为真时，BLOCK 语句被执行，否则将跳过 BLOCK 语句。在 BLOCK 块中的信号传送语句前都要加一个前卫关键词 GUARDED，以表明只有在条件满足时此语句才会执行。

在实际的电路设计中，是否应用 BLOCK 语句，对于原结构体的逻辑功能的仿真结果不会产生任何影响。从技术交流、程序移植、排错等角度看，恰当地使用 BLOCK 语句是很有益的，但从综合的角度来看，BLOCK 语句的存在没有任何实际意义。在综合过程中，

VHDL 综合器会略去所有的块语句。正因为如此，在划分结构体中的功能语句时，一般不采用块结构，而是采用元件例化的方式。

5. 进程

进程（PROCESS）是最常用的 VHDL 语句之一，极具 VHDL 特色。一个结构体中可以含有多个 PROCESS 结构，如果 PROCESS 结构的敏感信号参数表中定义的任一敏感参量变化，该 PROCESS 都将被激活。不只是所有被激活的进程是并行运行的，当 PROCESS 与其他并行语句（包括其他 PROCESS 语句）一起出现在结构体内时，它们之间也是并行的。不管它们书写的先后顺序如何，只要有相应敏感信号的变化就能启动 PROCESS 立刻执行，所以 PROCESS 本身属于并行语句。

进程虽归类为并行语句，但其内部的语句却是顺序执行的，当设计者需要以顺序执行的方式描述某个功能部件时，就可将该功能部件以进程的形式写出来。由于进程的顺序性，编写者不能像写并行语句那样随意安排 PROCESS 内部各语句的先后位置，必须密切关注所写语句的先后顺序，不同的语句书写顺序将导致不同的硬件设计结果。PROCESS 的语句格式如下：

［进程名］：PROCESS（信号 1，信号 2…）
［进程说明部分］
BEGIN
　　⋮
END PROCESS;

进程名是进程的命名，并不是必需的。括号中的信号是进程的敏感信号，任意一个敏感信号改变，进程中由顺序语句定义的行为就会重新执行一遍。进程说明部分对该进程所需的局部数据环境进行定义。BEGIN 和 END PROCESS 之间是由设计者输入的描述进程行为的顺序执行语句。进程行为的结果可以赋给信号，并通过信号被其他的 PROCESS 或 BLOCK 读取或赋值。当进程中最后一个语句执行完成后，执行过程将返回到进程的第一个语句，以等待下一次敏感信号变化。

如上所述，PROCESS 语句结构通常由三部分组成：进程说明部分、顺序描述语句部分和敏感信号参数表。进程说明部分主要定义一些局部量，包括数据类型、常数、变量、属性、子程序等，例如 PROCESS 内部需要用到变量时，需首先在说明部分对该变量的名称、数据类型进行说明。顺序描述语句部分包含的语句可分为赋值语句、进程启动语句、子程序调用语句、顺序描述语句和进程跳出语句等。敏感信号参数表列出了用于启动本进程可读入的信号名。

【例 6—14】　一个典型的含有进程结构体的 D 触发器（见图 6—3）的描述。

```
LIBRARY IEEE;
USE IEEE. STD _ LOGIC _ 1164. ALL;
ENTITY d _ ff IS
PORT (d, clk: IN BIT;
        q, qb: OUT BIT);
END d _ ff;
ARCHITECTURE d OF d _ ff IS
BEGIN
```

图 6—3　D 触发器

```
    PROCESS (clk)
BEGIN
  IF clk' EVENT AND clk='1' THEN
    q<= d;
    qb<= NOT (d);
    END IF;
  END PEOCESS;
END d;
```

此进程中的敏感信号为时钟信号 clk，每出现一个时钟脉冲的变化，就运行一次 BEGIN 和 END PROCESS 之间的顺序描述语句。由于时钟变化包括上升沿和下降沿，为了准确描述，此程序的进程内部应用了下面这个条件判断语句来判断时钟信号是否为上升沿，只有当上升沿到来时，赋值语句才会被执行，如此循环往复。

```
    IF (clk'event AND clk='1') THEN…
```

若要扩展例 6—14 的功能，使之具备复位功能，只需在 PROCESS 的敏感信号表中添加复位信号"reset"作为敏感信号，使进程也对复位信号"敏感"即可。因此该进程只要 clk 或 reset 两信号中任何一个发生变化都将引起进程的执行。这里特别强调，必须在进程的敏感信号表中加入"reset"，否则复位信号有效时，不会引起进程任何动作。

由于 reset 有可能为高电平或低电平，所以该进程内部通过 IF 语句对 reset 信号的电平进行判断。加入了"reset"敏感信号的程序如例 6—15 所示，该程序的 reset 信号是高电平有效，因而程序通过下面语句来判断复位信号是否有效，若有效则使 q 复位到状态 0。

```
    IF reset='1'  THEN  q<= 0;
```

【例 6—15】

```
    LIBRARY IEEE;
    USE IEEE. STD _ LOGIC _ 1164. ALL;
    ENTITY d _ ff IS
      PORT (d, clk, reset: IN BIT;
                  q, qb: OUT BIT);
    END d _ ff;
    ARCHITECTURE d OF d _ ff IS
BEGIN
    PROCESS (clk, reset)
BEGIN
  IF reset='1' then q<= 0;
ELSIF (clk' EVENT AND clk='1') THEN
  q<= d;
  qb<= NOT (d);
    END IF;
  END PROCESS;
END d;
```

在进行进程的设计时，需要注意以下几个方面的问题：

（1）同一结构体中的进程是并行的，但同一进程中的逻辑描述是顺序运行的。

（2）结构体中多个进程之间的通信是通过信号和共享变量值来实现的。也就是说，对于结构体而言，信号具有全局特性，是进程间进行并行联系的重要途径，所以进程的说明部分不允许定义信号和共享变量。

6. 元件例化语句

该语句在前面的举例中曾经用到过，它用来调用已编译过的库单元或低一级的实体，通过关联表将实际信号与定义的对应端口联系起来。

元件例化语句通常分为元件声明与元件例化两部分。

（1）元件声明部分。

```
COMPONENT 元件名 IS
GENERIC（参数表）；
PORT（端口名表）；
END COMPONENT；
```

（2）元件例化部分。

```
例化名：元件名 PORT MAP（［端口名］=> 连接端口名，…）；
```

元件例化语句的引脚匹配 PORT MAP（…）内的匹配方式有按位置匹配，按名字匹配与按位置、名字混合匹配三种，设元件声明为

```
COMPONENT halfadder
PORT（a，b：IN STD _ LOGIC；
  sum，carry：OUT STD _ LOGIC）；
END COMPONENT；
```

则按位置匹配为（此时位置的不同将导致不同的例化结果）

```
u1：halfadder   PORT MAP（a1，b1，sum1，cout1）
```

按名字匹配为（此时摆放位置可任意）

```
u1：halfadder   PORT MAP（a=>a1，b=>b1，carry=>cout1，sum=>sum1）；
```

按位置、名字混合匹配为

```
u1：halfadder   PORT MAP（a=>a1，b=>b1，sum=>sum1，cout1）；
```

对整个系统自顶向下逐级分层细化的描述，也离不开元件例化语句。分层描述时可以将子模块看做上一层模块的元件，运用元件说明和元件例化语句来描述高层模块中的子模块。而每个子模块作为一个实体，仍然要进行实体的全部描述，同时它又可将下一层子模块当作元件来调用，如此下去，直至底层模块。

系统的层次化设计可以通过一个 4 位加法器的例子来说明。设计中，4 位加法器由 3 个全加器和 1 个半加器组成。全加器又由 2 个半加器和 1 个或门组成。将 4 位加法器自顶向下分层设计，可分为 3 层：底层实体就是半加器 HALFADDER 和或门 ORGATE，如图 6—4 所示；第二层实体就是全加器 FULLADDER，如图 6—5 所示；顶层实体就是 4 位加法器 ADD4，如图 6—6 所示，具体的描述见例 6—16。

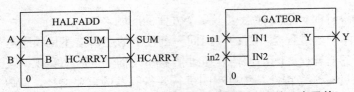

图 6—4　实体 HALFADD 与实体 GATEOR 形成的两个元件

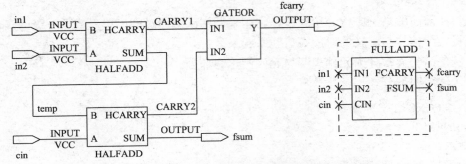

图 6—5　实体 FULLADD 的内部例化结构及其符号

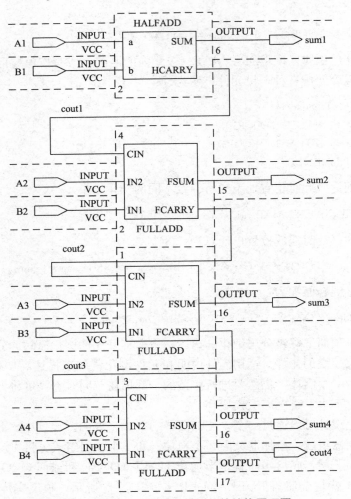

图 6—6　实体 ADD4 元件例化的结构原理图

168

【例 6—16】

——底层实体描述

```
LIBRARY IEEE；
USE IEEE. STD _ LOGIC _ 1164. ALL；
ENTITY halfadd IS
    PORT (a, b：IN STD _ LOGIC；
      sum，hcarry：OUT STD _ LOGIC)；
END halfadd；
ARCHITECTURE ha OF halfadd IS
BEGIN
    sum<= a XOR b；
    hcarry<= a AND b；
END ha；


LIBRARY   IEEE；
USE IEEE. STD _ LOGIC _ 1164. ALL；
ENTITY gateor IS
    PORT (in1, in2：IN STD _ LOGIC；
                  y：OUT STD _ LOGIC)；
END gateor；
ARCHITECTURE or2 OF gateor IS
BEGIN
    y<= in1 OR in2；
END or2；
```

——第二层实体描述

```
LIBRARY IEEE；
USE IEEE. STD _ LOGIC _ 1164. ALL；
ENTITY fulladd IS
    PORT (in1, in2, cin：IN STD _ LOGIC；
          Fsum, fcarry：OUT STD _ LOGIC)；
END fulladd；
ARCHITECTURE fadd   OF fulladd IS
SIGNAL temp, carry1, carry2：STD _ LOGIC；
COMPONENT halfadd   IS
    PORT (a, b：IN STD _ LOGIC；
      sum, hcarry：OUT STD _ LOGIC)；
END COMPONENT；
COMPONENT gateor IS
    PORT (in1, in2：IN STD _ LOGIC；
                  y：OUT STD _ LOGIC)；
END COMPONENT；
BEGIN
u0：halfadd   PORT MAP (a=> in2, b=> in1, sum=> temp, hcarry=> carry1)；
```

u1：halfadd　PORT MAP (a=> cin，b=> temp，sum=> fsum，hcarry=> carry2)；

u2：gateor　PORT MAP (in1=> carry1，in2=> carry2，y=> fcarry)；

END fadd；

——顶层描述

LIBRARY　IEEE；

USE　IEEE. STD＿LOGIC＿1164. ALL；

ENTITY add4 IS

    PORT (a1，a2，a3，a4：IN STD＿LOGIC；

        b1，b2，b3，b4：IN STD＿LOGIC；

sum1，sum2，sum3，sum4：OUT STD＿LOGIC；

cout4：OUT STD＿LOGIC)；

END add4；

ARCHITECTURE add＿arc OF　add4　IS

SIGNAL cout1，cout2，cout3：STD＿LOGIC；

COMPONENT halfadd IS

  PORT (a，b：IN STD＿LOGIC；

   sum，hcarry：OUT STD＿LOGIC)；

END COMPONENT；

COMPONENT fulladd IS

  PORT (in1，in2，cin：IN STD＿LOGIC；

      fsum，fcarry：OUT STD＿LOGIC)；

END COMPONENT；

BEGIN

u1：halfadd　PORT　MAP (a=> a1，b=> b1，sum=> sum1，hcarry=> cout1)；

u2：fulladd　PORT　MAP (in2=> a2，in1=> b2，cin=> cout1,

                 fsum=> sum2，fcarry=> cout2)；

u3：fulladd　PORT　MAP (in2=> a3，in1=> b3，cin=> cout2,

                 fsum=> sum3，fcarry=> cout3)；

u4：fulladd　PORT　MAP (in2=> a4，in1=> b4，cin=> cout3，fsum=> sum4，fcarry=>

cout4)；

    END add＿arc；

7. 生成语句

生成语句主要用来自动生成一组有规律的单元结构，有两种形式：

形式一：

    标号：FOR 循环变量 IN 取值范围 GENERATE

    说明语句

    BEGIN

    并行语句

    END GENERATE；

注意：取值范围的表达形式有两种：整数表达式 to 整数表达式

                          整数表达式 downto 整数表达式

循环变量变化方式：to 按照自加一由小到大变化

170

downto 按照自减一由大到小变化

形式二：

```
IF 条件 GENERATE
说明语句
BEGIN
并行语句
END GENERATE；
```

【例 6—17】 生成 8 个 D 触发器的程序。

```
LIBRARY   IEEE；
USE   IEEE. STD _ LOGIC _ 1164. ALL；
LIBRARY   ALTERA；
USE ALTERA. MAXPLUS2. ALL；
ENTITY   EXAM   IS
PORT （d：IN STD _ LOGIC _ VECTOR （7 DOWNTO 0）；
        clk：IN STD _ LOGIC；
          q：OUT STD _ LOGIC _ VECTOR （7 DOWNTO 0））；
END EXAM；
ARCHITECTURE   a   OF   EXAM   IS
COMPONENT DFF
PORT （d, clk：IN STD _ LOGIC；
             q：OUT STD _ LOGIC）；
END COMPONENT；
BEGIN
g1：FOR i IN 0 TO 7 GENERATE
BEGIN
u1：dff   PORT MAP （d （i）, clk, q （i））；
END   GENERATE；
END   a；
```

6.3.2　顺序语句

顺序语句的执行顺序与它们的书写顺序基本一致，它们只能应用于进程和子程序中。顺序语句主要有顺序赋值语句、IF 语句、CASE 语句、LOOP 语句和 WAIT 语句等。

1. 顺序赋值语句

虽然该语句与并行信号赋值语句实现的同为赋值功能，但它们是有区别的。并行赋值语句的赋值目标只能是信号，而顺序赋值语句不但可对信号赋值，也可对变量赋值。

对变量赋值时，其语句格式如下：

变量赋值目标：＝赋值源；

对信号赋值时，其语句格式如下：

信号赋值目标<= 赋值源；

2. IF 语句

IF 语句与并行语句中的条件信号赋值语句的功能相当，因为这两条语句中的"条件表达式"都有"优先级"，且均为先写的条件具有较高的优先级。

IF 语句有两种基本格式，即两分支 IF 语句与多分支 IF 语句，其语句格式如下：

（1）两分支 IF 语句。

```
IF 条件表达式 THEN
顺序语句；
ELSE 顺序语句；
END IF；
```

（2）多分支 IF 语句。

```
IF 条件表达式 THEN
顺序语句；
ELSIF 条件表达式 THEN
顺序语句；
ELSE
顺序语句；
END IF；
```

需要注意的是，多分支 IF 语句中的"ELSIF"并不是"ELSE IF"。

【例 6—18】 描述一个反相器。

```
ENTITY  ff  IS
PORT （a：IN BIT；
        b：OUT BIT）；
END ff；
ARCHITECTURE  a  OF  ff  IS
BEGIN
PROCESS
BEGIN
IF a='0'  THEN  b<= '1'；
          ELSE  b<= '0'；
END IF；
END PROCESS；
END a；
```

【例 6—19】 描述一个带清零端 clrn 的 D 触发器。

```
SIGNAL qout ：STD _ LOGIC；
IF clrn='0' THEN qout<= '0'；        ——若清零端有效，则输出清零
ELSIF clk'event AND clk='1' THEN
qout<= d；                          ——清零端无效，则时钟上升沿时输出为 d
END IF；
```

若要该 D 触发器再增加使能端 en（要求高电平时使能），则改为下面的语句即可：

```
IF clrn='0' THEN qout<= '0'；
ELSIF clk'event AND clk='1' THEN
IF en='1' THEN qout<= d；          ——若使能端有效，则输出为 d
```

172

```
        ELSE   qout<= qout ;              ——若使能端无效，则保持原值
        END IF；
        END IF；
```

3. CASE 语句

CASE 语句与并行语句中的选择信号赋值语句的功能相当，因为这两条语句中"表达式"的取值之间没有优先级之分。CASE 语句的语句格式如下：

```
CASE 表达式 IS
WHEN   常数值=> 顺序语句；
WHEN   常数值=> 顺序语句；
…
END   CASE；
```

【例 6—20】   CASE 语句的使用方法示例。

```
LIBRARY IEEE；
USE IEEE. STD _ LOGIC _ 1164. ALL；
ENTITY sevenv IS
PORT (D：IN   INTEGER RANGE 0 TO 3；
       S：OUT   STD _ LOGIC _ VECTOR (0 TO 2) )；
END sevenv；
ARCHITECTURE a OF sevenv IS
BEGIN
PROCESS（D）
   BEGIN
     CASE D IS
     WHEN 0=> S<= "000"；——0
     WHEN 1=> S<= "001"；——1
     WHEN 2=> S<= "010"；——2
     WHEN 3=> S<= "011"；——3
     WHEN OTHERS；
     END CASE；
   END PROCESS；
END a；
```

使用 CASE 语句需注意以下几点：

（1）当执行到 CASE 语句时，首先计算表达式的值，将计算结果与备选的常数值进行比较，并执行与表达式值相同的常数值所对应的顺序语句。知道了这个过程就很容易理解，若某个常数值出现了两次，而两次所对应的顺序语句不相同，编译器将无法判断究竟应该执行哪条语句，因此 CASE 语句要求 WHEN 后所跟的备选常数值不能重复。

（2）注意例 6—20 中 CASE 语句的最后有 "WHEN OTHERS" 语句。该语句代表已给的各常数值中未能列出的其他可能的取值，除非给出的常数值涵盖了所有可能的取值，否则最后一句必须加 "OTHERS"。比如某信号是 STD _ LOGIC 类型，则该信号可能的取值除了 "1" 和 "0" 外，还有可能是 "U 未初始化"、"X（强未知）"、"Z（高阻）"、"—（忽略）"等其他可能的结果，若不加该语句，编译器会给出错误信息，指出若干值没有指定（如有的

173

编译器给出错误信息 "choices 'u' to -'not specified")。

（3）CASE 的常数值部分表达方法有单个取值（如 7）、数值范围取值（如 5 to 7，即取值为 5、6、7 时）、并列取值（如 4 | 7，表示取 4 或取 7 时）三种。

（4）对于本身就有优先关系的逻辑关系（如优先编码器），用 IF 语句比用 CASE 语句更合适。

4. WAIT 语句

WAIT 语句即等待语句，表示程序顺序执行该语句时将暂停，直到某个条件满足后才继续执行其后语句。WAIT 语句常用的格式如下：

WAIT UNTIL 条件表达式；

如常用语句 "WAIT UNTIL clk＝'1' AND clk' EVENT;" 代替进程中的敏感信号表 PROCESS（clk）。

5. LOOP 语句

LOOP 语句即循环语句，与其他高级语言一样，循环语句使它所包含的语句重复执行若干次。VHDL 的循环语句有两种基本格式。

格式一：

[标号]：FOR 循环变量 IN 循环范围 LOOP
顺序语句；
END LOOP [标号]；

注意：

循环变量是 LOOP 内部自动声明的局部量，仅 LOOP 内可见。循环范围必须是计算的整数范围。例如：

整数表达式 to 整数表达式
整数表达式 downto 整数表达式

格式二：

[标号]：WHILE　条件表达式　LOOP
顺序语句；
END LOOP [标号]；

【例 6—21】

...
FOR i IN 0 to 7　LOOP
Q [i] <= datain [i]；
END LOOP；
...

注意： 循环变量 i 须事先定义，赋初值，并指定其变化方式。

一般综合器不支持 WHILE…LOOP。

例 6—21 相当于连续执行了 8 条赋值语句。

【例 6—22】

...
WHILE i< 255　LOOP

174

```
Q<= Q+1;
END LOOP;
…
```

例 6—22 表示一个累加的过程。但需注意，并不是所有的综合器都支持 WHILE 格式，多数综合器仅支持 FOR LOOP 的循环语句。

6.4 VHDL 语言的数据类型及运算操作符

6.4.1 VHDL 语言的客体及其分类

VHDL 语言中凡是可以赋予一个值的对象均称为客体。而我们知道，VHDL 语言是一种硬件描述语言，硬件电路的工作过程实际上是信号流经其中变化至输出的过程，所以 VHDL 语言最基本的客体就是信号。为了便于描述，还定义了另外两类客体：变量和常量。在电子电路设计中，这三类客体通常都具有一定的物理含义。信号对应物理设计中某一条硬件连接线；常量对应数字电路中的电源和地等。然而变量的对应关系不太直接，通常只代表暂存某些值的载体。三类客体的含义和说明场合如表 6—2 所示。

表 6—2   VHDL 语言三类客体的含义和说明场合

客体类别	含义	说明场合
信号	信号说明全局量	实体，结构体，程序包
变量	变量说明局部量	进程，函数，过程
常量	常量说明全局量	以上场合均可存在

1. 常量

常量（CONSTANT）是一个固定的值。所谓常量说明，就是对某一常量名赋予一个固定的值。通常赋值在程序开始前进行，该值的数据类型则在说明语句中指明。常量说明的一般格式如下：

CONSTANT 常量名：常量类型 ：＝ 表达式

例如下面这个语句定义一个时间类型的常量，其初值为 15ns：

CONSTANT delay1：TIME ：＝15ns；

常量一旦赋值就不能再改变。另外，常量所赋的值应和定义的数据类型一致。例如：

CONSTANT VCC：REAL ：＝"0101"；

这样的常量说明显然是错误的。

2. 变量

变量（VARIABLE）只能在进程语句、函数语句和过程语句结构中定义和使用，它是一个局部变量，可以多次进行赋值。在仿真过程中，它不像信号，到了规定的仿真时间才进行赋值，变量的赋值是立即生效的。变量说明语句的格式如下：

VARIABLE 变量名：数据类型 约束条件：＝初始表达式；

定义一个 8 位的变量数组的语句如下：

VARIABLE temp：OUT STD＿LOGIC＿VECTOR (7 DOWNTO 0)；

变量的赋值符号是"：＝"。变量的赋值是立刻发生的，因而不允许产生附加时延。例如 a，b，c 都是变量，则使用下面的语句产生时延是不合法的：

　　　a：＝b＋c AFTER 10ns；

3. 信号

信号（SIGNAL）可看作硬件连线的一种抽象表示，它既能保持变化的数据，又可连接各元件，作为元件之间数据传输的通路。信号通常在结构体、程序包和实体中说明。信号说明的格式如下：

　　　SIGNAL　信号名：数据类型　约束条件　表达式

例如：

　　　SIGNAL qout：STD＿LOGIC＿VECTOR（4 DOWNTO 0）；

在程序中，信号值的代入采用符号"<＝"，信号代入时可以产生附加时延，如上例中的 a，b，c 若为信号，则给出的语句就是合法的。信号是一个全局变量，可以用来进行进程之间的通信。在 VHDL 中对信号赋值一般是按仿真时间来进行的，而且信号值的改变也需按仿真时间的计划表行事。

4. 信号和变量的区别

归纳起来，信号与变量的区别主要有以下几点：

（1）值的代入形式不同，信号值的代入采用符号"<＝"，而变量的赋值语句为"：＝"。

（2）通常，变量的值可以传送给信号，但是信号的值却不能传递给变量。

（3）信号是全局量，是一个实体内部各部分之间以及实体之间（实际上端口 PORT 被默认为信号）进行通信的手段；而变量是局部量，只允许定义并作用于进程和子程序中。变量须首先赋值给信号，然后由信号将其值带出进程或子程序。

（4）操作过程不相同。在变量的赋值语句中，该语句一旦执行，其值立刻被赋予新值。在执行下一条语句时，该变量的值就用新赋的值参与运算；而在信号赋值语句中，该语句虽然已被执行，但新的信号值并没有被立即代入，因而下一条语句执行时，仍使用原来的信号值。在结构体的并行部分，若信号被赋值 1 次以上，则编译器将给出错误报告，指出同一信号出现了两个驱动源。进程中，若对同一信号赋值超过 2 次，则编译器将给出警告，指出只有最后一次赋值有效。

【例 6—23】　变量与信号的区别示例。

```
LIBRARY IEEE；
USE IEEE. STD＿LOGIC＿1164. ALL；
USE IEEE. STD＿LOGIC＿UNSIGNED. ALL；
ENTITY　exam　IS
PORT（clk：in std＿logic；
qa：OUT STD＿LOGIC＿VECTOR（4 DOWNTO 0）；
qb：OUT STD＿LOGIC＿VECTOR（4 DOWNTO 0）
）；
END exam；
ARCHITECTURE　svsv　OF　exam　IS
```

```
SIGNAL  b：STD_LOGIC_VECTOR（4 DOWNTO 0）：="00000";
BEGIN
PROCESS（clk）
VARIABLE  a：STD_LOGIC_VECTOR（4 DOWNTO 0）：="00000";
BEGIN
IF clk'event AND clk='1' THEN
a：=a+1;
a：=a+1;
b<= b+1;              ——这条语句对程序运行结果无影响
b<= b+1;
END IF;
qa<= a;               ——变量的值可以传送给信号，信号将其值带出进程或子程序
qb<= b;
END PROCESS;
END svsv；
```

图 6—7 是程序的仿真结果，从图中可清楚地看到，虽然变量 a 与变量 b 在语句上完全相同，但它们的运行效果却相差甚远。由于变量的赋值指令执行后，其赋值行为是立刻进行的，因此在每次 clk 启动进程后，变量 a 都要被连加两次 1；而信号 b 的运行结果相当于每次进程只执行了一次加 1 操作，这是因为当信号的赋值语句被执行后，赋值行为并不立刻发生，而需等进程执行结束，即退出进程后才根据最近一次的对 b 赋值的语句将有关值代入 b。

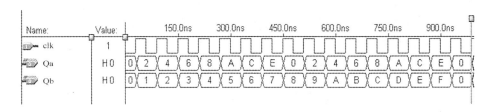

图 6—7　例 6—23 程序的仿真结果

6.4.2　VHDL 语言的运算操作符

在 VHDL 语言中共有三类操作符，可以分别进行逻辑运算、算术运算、关系运算。需要注意的是，被操作符所操作的操作数之间必须是同类型的，且操作数的类型应该和操作符所要求的类型相一致。但若某操作数和某些操作符要求的类型不符，而程序又需要该操作数必须使用这些操作符，则此时应先对操作符进行重载，然后才可使用。例如，逻辑操作符（如 AND、XOR 等）要求的数据类型是 BIT 或 BOOLEAN，因此 STD_LOGIC 型的数据是不可进行这些操作的，但在程序包 STD_LOGIC_1164 中重载了这些操作符，因此只要 VHDL 程序打开程序包 STD_LOGIC_1164，就可在随后的程序中使用逻辑操作符操作 STD_LOGIC 类型的数据。

另外，运算操作符是有优先级的，例如逻辑运算符 NOT，在所有操作符中其优先级最高。表 6—3 列出了操作符的优先次序。

177

表 6—3　　　　　　　　　　　　　　操作符的优先级

操作符	优先等级
NOT，ABS,**	
* , /, MOD, REM	
＋（正号），－（负号）	高
＋（加），－（减），&（并置）	↑
SLL, SLA, SRL, SRA, ROL, ROR	低
=, /=, <, <=, >, >=	
AND, OR, NAND, NOR, XOR, XNOR	

1. 逻辑运算符

如表 6—3 所示，VHDL 语言中的逻辑运算符共有以下 7 种。

(1) NOT——取反；

(2) AND——与；

(3) OR——或；

(4) NAND——与非；

(5) NOR——或非；

(6) XOR——异或；

(7) XNOR——同或（VHDL—94 新增逻辑运算符）。

这 7 种逻辑运算符可以对"STD_LOGIC"和"BIT"等的逻辑型数据、"STD_LOG-IC_VECTOR"逻辑型数组及布尔型数据进行逻辑运算。必须注意的是，运算符的左边和右边以及代入信号的数据类型必须是相同的，否则编译时会给出出错警告。

当一个语句中存在两个以上的逻辑表达式时，在 C 语言中运算有自左至右的优先级顺序的规定，而在 VHDL 语言中，左右没有优先级差别。例如，在下例中，若去掉式中的括号，则从语法上来说是错误的：

　　　　X<=(a AND b) OR c ;

不过，如果一个逻辑表达式中只有一种逻辑运算符，如只有"AND"或只有"OR"或只有"XOR"运算符等，那么改变运算的顺序不会导致逻辑的改变，此时括号就可以省略掉。例如：

　　　　a<= b OR c OR d OR e;

2. 算术运算符

VHDL 语言的算术运算符包括以下几种。

(1) ＋——加；

(2) －——减；

(3) *——乘；

(4) /——除；

(5) &——并置；

(6) MOD——求模；

(7) REM——取余；

(8) ＋——正（一元运算）；

（9）－——负（一元运算）；

（10）**——指数；

（11）ABS——取绝对值；

（12）SLL、SRL、SLA、SRA、ROL、ROR——移位操作（VHDL—94新增操作符）。

在算术运算中，一元运算的操作数可以为任何数据类型，加法和减法的操作数规定均为整数类型，乘除法的操作数可以同为整数或实数。物理量可以被整数或实数相乘或相除，其结果仍为一个物理量。求模和取余的操作数必须是同一整数类型数据，一个指数运算符的左操作数可以是任意整数或浮点数，而右操作数必须为整数。

使用算术运算符，要严格遵循赋值语句两边的数据的位长一致，否则编译时将出错。比如，对"STD_LOGIC_VECTOR"进行加、减运算，则要求操作符两边的操作数和运算结果的位长相同，否则编译时会给出语法出错信息。另外，乘法运算符两边的位长相加后的值和乘法运算结果的位长不同时，同样也会出现语法错误。

此外，使用算术运算符还要考虑操作数的符号问题，IEEE库内有程序包STD_LOGIC_SIGNED和STD_LOGIC_UNSIGNED，这两个程序包都定义了"＋"运算符，但STD_LOGIC_SIGNED程序包内的"＋"运算符运算时会考虑操作数的符号，而程序包STD_LOGIC_UNSIGNED内的"＋"运算符却不考虑操作数的符号。

算术运算符有一种特殊的运算，称为并置运算（或连接运算），用符号"&"表示，它表示两部分的连接关系，如"JLE"&"－2"的结果为"JLE－2"。

【例6—24】 并置运算示例。

```
LIBRARY IEEE;
USE IEEE. STD_LOGIC_1164. ALL;
USE IEEE. STD_LOGIC_UNSIGNED. ALL;
ENTITY mux4 IS
PORT（input：IN STD_LOGIC_VECTOR（4 DOWNTO 0）；
        a，b：IN STD_LOGIC；
            y：OUT STD_LOGIC）；
END mux4；
ARCHITECTURE rtl OF mux4  IS
SIGNAL sel：STD_LOGIC_VECTOR（1 DOWNTO 0）；
BEGIN
sel<= a&b；                    ——使用了&运算符
WITH sel SELECT
y<= input（0）WHEN "00"，
    input（1）WHEN "01"，
    input（2）WHEN "10"，
    input（3）WHEN "11"，
    'x' WHEN  OTHERS；
END rtl；
```

例6—24中的信号sel是两位数组，而作为选择信号输入的a、b都是一位数据，此时就可使用并置符号"&"将两个一位的a、b合并成两位，然后直接将a、b赋值给sel。

并置运算符&不允许出现在赋值语句左边。

在数据位较长的情况下，使用算术运算符进行运算，特别是进行乘法和除法运算时，应特别慎重。因为乘、除法综合后所对应的硬件电路将耗费巨大的硬件资源，如对于 16 位的乘法运算，综合后的逻辑门电路有可能会超过 2 000。实际上，当硬件资源有限而必须有乘法操作时，通常可用加法的形式实现乘法运算，这样可有效节约硬件资源。例 6—25 就是一个应用加法实现乘法的典型例子（其原理如图 6—8 所示），也是并置运算符的典型应用。

	a	1	1	1	被乘数
	b	1	1	0	乘数
		0	0	0	temp 1
		1	1	1	temp 2
	1	1	1		temp 3
1	0	1	0	1	0

图 6—8　用加法实现 3×3 乘法运算原理

【例 6—25】　3×3 乘法器。

```
LIBRARY IEEE;
USE IEEE. STD_LOGIC_1164. ALL;
USE IEEE. STD_LOGIC_UNSIGNED. ALL;
ENTITY mul IS
PORT (a, b: IN STD_LOGIC_VECTOR (2 DOWNTO 0);
          m: OUT STD_LOGIC_VECTOR (5 DOWNTO 0));
END mul;
ARCHITECTURE  exam  OF mul IS
SIGNAL  temp1: STD_LOGIC_VECTOR (2 DOWNTO 0);
SIGNAL  temp2: STD_LOGIC_VECTOR (3 DOWNTO 0);
SIGNAL  temp3: STD_LOGIC_VECTOR (4 DOWNTO 0);
BEGIN
temp1<= a WHEN b (0) ='1'  ELSE  "000";
temp2<= (a & '0')    WHEN b (1) ='1'  ELSE "0000";
temp3<= (a & "00")    WHEN b (2) ='1'  ELSE "00000";
m<= temp1+temp2+ ('0' & temp3);
END exam;
```

例 6—25 的运算结果如图 6—9 所示。

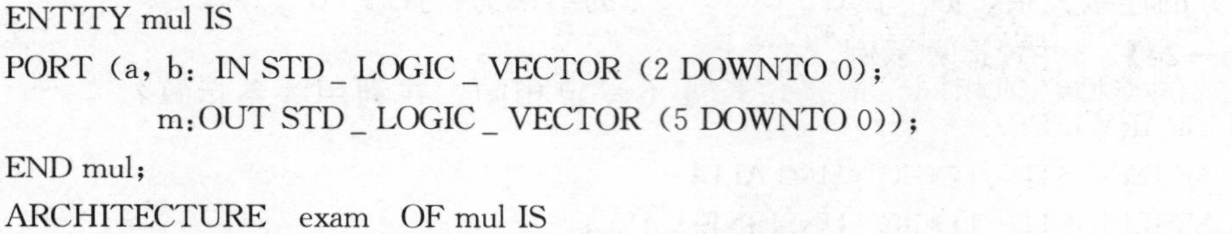

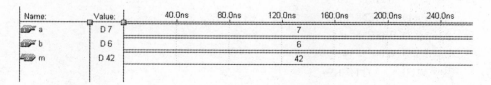

图 6—9　3×3 乘法器运算结果

VHDL—94 标准新增了 SLL、SRL、SLA、SRA、ROL、ROR 六种移位操作符。SLL、SRL 是逻辑左移、右移，SLA、SRA 是算术移位，ROL、ROR 是向左、向右循环移位，它们移出的位将用于依次填补移空的位。其中逻辑移位与算术移位的区别在于：逻辑移位是用"0"来填补移空的位，而算术移位把首位看作是符号，移位时保持符号不变，因此移空的位用最初的首位来填补。如有变量定义如下：

VARIABLE exam：STD_LOGIC_VECTOR（4 DOWNTO 0）：="11011";

则执行逻辑左移语句"exam SLL 1;"后，变量 exam 的值变为"10110"，而执行算术左移指令"exam SLA 1;"后，变量 exam 的值变为"10111"。注意因为是左移，所以这里的首位是最右边的一位。

3. 关系运算符

VHDL 中有以下 6 种关系运算符。

（1）= ——等于；

（2）/= ——不等于；

（3）< ——小于；

（4）> ——大于；

（5）<= ——小于或等于；

（6）>= ——大于或等于。

关系运算符的左右两边是运算操作符，不同的关系运算符对两边的操作数的数据类型有不同的要求。其中等号和不等号适用于所有类型的数据，其他关系运算符则适用于整数和实数、位等枚举类型以及位矢量等数组类型的关系运算。在进行关系运算时，左右两边操作数的类型必须相同，但是位长度不一定相同。在利用关系运算符对位矢量数据进行比较时，比较过程是从最左边的位开始，自左至右按位进行比较的。在位长不同的情况下，只能按自左至右的比较结果作为关系运算的结果。例如，对 2 位和 4 位的位矢量进行比较：

SIGNAL a：STD_LOGIC_VECTOR（4 DOWNTO 0）;
SIGNAL b：STD_LOGIC_VECTOR（2 DOWNTO 0）;
a<= "11001";
b<= "111";
IF（a<b）THEN
⋮
ELSE
⋮
END IF;

上例中 a 是 25，b 是 7，显然应该是 a>b，但由于 a 的第三位是 0，而 b 的第三位是 1，因此从左往右比较时，判定 a<b，这样的结果显然是错误的。然而这种情况通常不会在实际编程时产出错误，因为多数的编译器在编译时会自动为位数少的数据增补 0，如本例中的 b 将被增补为"00111"以匹配 a，这样当从左往右比较时就会得到正确的结果。

实际设计过程中，有时需要对不同的数据类型的数据进行比较，因此在程序包"STD_LOGIC_UNSIGNED"中对"STD_LOGIC_VECTOR"关系运算符重新作了定义，使其可以正确地进行关系运算。例如关系运算符">= "的某条重载语句如下：

FUNCTION" >= " （L：INTEGER；R：STD_LOGIC_VECTOR）RETURN BOOLEAN;

关系运算符中的小于等于运算符"<="与信号赋值时的符号"<="是相同的。读者在阅读 VHDL 程序时，应按照上下文关系来判断此符号到底是关系运算符还是代入符。

实训 10   数据分配器的 EDA 设计

数据分配器是一种处理数据的逻辑电路，用来将一个输入信号输出（分配）到指定的输出端。数据分配器可分为 1 对 2 数据分配器、1 对 4 数据分配器等，下面以 1 对 2 数据分配器为例来介绍数据分配器的设计。

一、实训原理

1 对 2 数据分配器有 1 个控制端，2 个输出端和 1 个数据输入端，根据控制端的值选取输入端的值送入到输出端。1 对 2 数据分配器的真值表如表 6—4 所示。

表 6—4   1 对 2 数据分配器真值表

控制端	输出	
S	Y0	Y1
0	D	0
1	0	D

1 对 2 数据分配器应具备的脚位：

控制端：S；

输出端：Y0，Y1；

数据输入端：D。

二、原理图输入

（1）建立新文件：选取窗口菜单 File→New，出现对话框，选择 Graphic Editor file 选项，单击【OK】按钮，进入图形编辑画面。

（2）保存：选取窗口菜单 File→Save，出现对话框，键入文件名 demuti _ 2v. gdf，单击【OK】按钮。

（3）指定项目名称，要求与文件名相同：选取窗口菜单 File→Project→Name，键入文件名 demuti _ 2v，单击【OK】按钮。

（4）确定对象的输入位置：在图形窗口内单击鼠标左键。

（5）引入逻辑门：选取窗口菜单 Symbol→Enter Symbol，在 \ Maxplus2 \ max2lib \ prim 处双击，在 Symbol File 菜单中选取所需的逻辑门，单击【OK】按钮。

（6）引入输入和输出脚：按步骤（5）选择输入脚和输出脚。

（7）更改输入和输出脚的脚位名称：在 PIN _ NAME 处双击鼠标左键，进行更名，输入脚为 S、D，输出脚为 Y0、Y1。

（8）连接：将 S、D 脚连接到输入端，Y0、Y1 脚连接到输出端，如图 6—10 所示。

（9）选择实际编程器件型号：选取窗口菜单 Assign→Device，出现对话框，选择 FLEX 10K 系列的 EPF10K10LC84-4。

（10）保存并查错：选取窗口菜单 File→Project→Save&Check，即可针对电路文件进行检查。

（11）修改错误：针对 Massage-Compiler 窗口所提供的信息修改电路文件，直到没有错误为止。

（12）保存并编译：选取窗口菜单 File→Project→Save&Compile，即可进行编译，产生 demuti _ 2v. sof 烧写文件。

（13）创建电路符号：选取窗口菜单 File→Create Default Symbol，可以产生 demuti _ 2v. sym 文件，代表现在所设计的电路符号。选取 File→Edit Symbol，进入 Symbol Edit 画面，1 对 2 多任务器的电路符号如图 6—11 所示。

（14）时间分析：选取窗口菜单 Utilities→Analyze Timing，再选取窗口菜单 Analysis→Delay Matrix，可以产生如图 6—12 所示的时间分析结果。

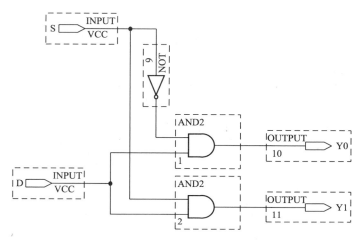

图 6—10 1 对 2 数据分配器的原理图

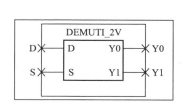

图 6—11 1 对 2 数据分配器的电路符号

Delay Matrix

	Destination	
	Y0	Y1
D	7.5 ns	7.5 ns
S	7.5 ns	7.5 ns
s		
o		
u		
r		
c		
e		

图 6—12 时间分析结果

三、文本输入

（1）建立新文件：选取窗口菜单 File→New，出现对话框，选择 Text Editor file 选项，单击【OK】按钮，进入文本编辑画面。

（2）保存：选取窗口菜单 File→Save，出现对话框，键入文件名 demuti _ 2v. VHD，单击【OK】按钮。

（3）指定项目名称，要求与文件名相同：选取窗口菜单 File→Project→Name，键入文件名 demuti _ 2v，单击【OK】按钮。

（4）选择实际编码器件型号：选取窗口菜单 Assign→Device，出现对话框，选择 FLEX 10K 系列的 EPF10K10LC84-4。

（5）输入 VHDL 源程序：

```
LIBRARY IEEE；
USE IEEE. STD _ LOGIC _ 1164. ALL；
ENTITY demuti _ 2v IS
PORT （ D，S：IN　STD _ LOGIC；
      Y0，Y1：OUT STD _ LOGIC)；
END demuti _ 2v；
ARCHITECTURE a OF demuti _ 2v IS
BEGIN
PROCESS
BEGIN
IF S ='0' THEN
Y0 <= D；
ELSE
Y1 <= D；
END IF；
END PROCESS；
END a；
```

（6）保存并查错：选取窗口菜单 File→Project→Save&Check，即可针对电路文件进行检查。

（7）修改错误：针对 Massage-Compiler 窗口所提供的信息修改电路文件，直到没有错误为止。

（8）保存并编译：选取窗口菜单 File→Project→Save&Compile，即可进行编译，产生 demuti _ 2v. sof 烧写文件。

（9）创建电路符号：选取窗口菜单 File→Create Default Symbol，可以产生 demuti _ 2v. sym 文件，代表现在所设计的电路符号。选取 File→Edit Symbol，进入 Symbol Edit 画面。

（10）时间分析：选取窗口菜单 Utilities→Analyze Timing，再选取窗口菜单 Analysis→Delay Matrix，产生时间分析结果。

四、软件仿真

（1）进入波形编辑窗口：选取窗口菜单 MAX＋plus Ⅱ→Waveform Editor，进入波形编辑窗口。

（2）引入输入和输出脚：选取窗口菜单 Node→Enter Nodes from SNF，出现对话框，单击 list 按钮，选择 Available Nodes 中的输入与输出，按 "=> " 键将 S、Y0、Y1、D 移至右边，单击【OK】按钮进行波形编辑。

（3）设定时钟的周期：选取窗口菜单 Options→Gride Size，出现对话框，设定 Gride Size 为 50ns，单击【OK】按钮。

（4）设定初始值并保存：设定初始值，选取窗口菜单 File→Save，出现对话框，单击【OK】按钮。

（5）仿真：选取窗口菜单 MAX＋plus Ⅱ→Simulator，出现 Timing Simulation 对话框，单击【Start】按钮，出现 Simulator 对话框，单击【确定】按钮，显示如图 6—13 所示的波形图。

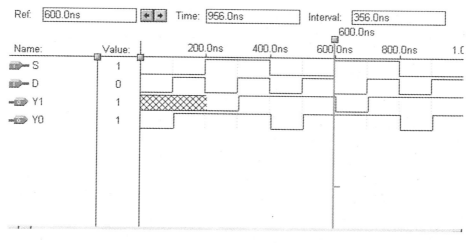

図 6—13　1 对 2 数据分配器的波形图

（6）观察输入结果的正确性：单击【A】按钮，可以在时序图中写字，并验证仿真结果的正确性。

五、硬件仿真

（1）下载实验验证。

①选择器件：打开 MAX＋plus Ⅱ，选取窗口菜单 Assign→Device，出现对话框，选择 FLEX 10K 系列的 EPF10K10LC84-4。

②锁定引脚：选取窗口菜单 Assign→Pin/Location/Chip，出现对话框，在 Node Name 中分别键入引脚名称 S、D、Y0、Y1。在 Pin 中键入引脚编号 30、35、16、17。引脚 30 对应 SW1，信号灯为 LED_1；引脚 35 对应 SW2，信号灯为 LED_2；引脚 16、17 分别对应 D101、D102。

③编译：选取窗口菜单 File→Project→Save&Compile，即可进行编译。

④烧写：选取窗口菜单 Programmer→Configure 进行烧写。

（2）实验结果。

设定输入信号为开关向上时输入"1"信号，此时信号灯亮；否则输入"0"信号，信号灯灭。输出信号当信号灯亮时为"1"，信号灯灭时为"0"。

按表 6—5 所示，分别按下 SW1、SW2 键，观察输出 D101 和 D102 的结果。

表 6—5　　　　　　　　　　　　　　　1 对 2 数据分配器的实验结果

地址线	输入	输出	
LED_SW1（S）	LED_SW2（D）	D102（Y1）	D101（Y0）
灭	亮	灭	亮
亮	亮	亮	灭

（3）实验解释。

信号输入键为 SW1，SW2。按下 SW1 键，信号灯 LED_1 亮，即把"1"信号输入到 30 引脚（S），否则表示送入信号"0"。按下 SW2 键，信号灯 LED_2 亮，即把"1"信号输入到 35 引脚（D），否则表示送入信号"0"。

信号输出由信号灯 D101 来显示。LED1（或 LED2）亮时表示输出信号为"1"，否则为信号"0"，以此表示 17、16 引脚（Y1、Y0）的信号。

输出端的值由芯片 EPF10K10LC84-4 通过程序所编的输入和输出之间的逻辑关系来确定。

习 题 6

1. 什么是硬件描述语言？它与一般的高级语言有哪些异同？

2. 用 VHDL 设计电路与传统的电路设计方法有何区别？

3. VHDL 程序有哪些基本的部分？

4. 什么是进程的敏感信号？进程与赋值语句有何异同？

5. 什么是并行语句？什么是顺序语句？

6. 怎样使用库及库内的程序包？列举出三种常用的程序包。

7. BIT 类型与 STD_LOGIC 类型有什么区别？

8. 信号与变量使用时有何区别？

9. BUFFER 与 INOUT 有何异同？

10. 为什么实体中定义的整数类型通常要加上一个范围限制？

11. 怎样将两个字符串"hello"和"word"组合为一个 10 位长的字符串？

12. IF 语句与 CASE 语句的使用效果有何不同？

13. 使用 CASE 语句时是否一定要加语句"WHEN OTHERS"？为什么？

14. 以下程序有何错处？试改正。

```
ENTITY basiccount IS
PORT (clk：IN BIT；
        q：OUT BIT_VECTOR（7 DOWNTO 0））；
END basiccount；
ARCHITECTURE a OF basiccount IS
BEGIN
PROCESS（clk）
IF clk'event AND clk='1' THEN
q<= q+1；
END IF；
END PROCESS；
END a；
```

15. 试编写一个程序包，在该程序包内部定义一个枚举类型与一个函数，其中函数的功能是对输入的两个数进行大小比较。

16. 下列语句是否有错？有则改之。

```
ENTITY Exe_4 IS
PORT (D：IN   INTEGER RANGE 0 TO 15；
        S: OUT STD_LOGIC_VECTOR（0 TO 3）；)
END Exe_4；
ARCHITECTURE A OF Exe_4 IS
BEGIN
PROCESS
```

```
BEGIN
CASE D IS
WHEN 0=> S<= "1111";
WHEN 1=> S<= "0110";
WHEN 2=> S<= "1101";
WHEN 3=> S<= "1001";
END CASE;
END PROCESS;
END Exe _ 4;
```

第7章　VHDL 设计举例

7.1　组合逻辑电路的设计

组合逻辑电路任何时刻的输出信号仅取决于该时刻输入信号的取值组合。

【例 7—1】　与门、或门、非门（反相器）、与非门、或非门、异或门的 VHDL 描述。

这些都是基本的组合电路，利用逻辑运算符（AND、OR、NOT、NAND、NOR、XOR）很容易实现，请读者自己编写 VHDL 程序（也可以利用赋值语句描述真值表来实现）。

用赋值语句描述 2 输入与非门如下：

```
LIBRARY IEEE;
USE IEEE. STD _ LOGIC _ 1164. ALL;
ENTITY nand2 IS
PORT (A, B: IN STD _ LOGIC;
          Y: OUT STD _ LOGIC);
END nand2;
ARCHITECTURE ff OF nand2 IS
BEGIN
  PROCESS (A, B)
    VARIABLE comb: STD _ LOGIC _ VECTOR (1 DOWNTO 0);
  BEGIN
  Comb: =A&B;
CASE comb IS
    WHEN "00" => Y<= '1';
    WHEN "01" => Y<= '1';
    WHEN "10" => Y<= '1';
    WHEN "11" => Y<= '0';
    WHEN OTHERS => Y<= '0';
  END CASE;
  END PROCESS;
END ff;
```

【例 7—2】　用 VHDL 描述如图 7—1 所示的 3-8 线译码器。

```
LIBRARY IEEE;
USE IEEE. STD _ LOGIC _ 1164. ALL;
```

```
ENTITY decoder3_8 IS
PORT (A，B，C：IN STD_LOGIC；
 STA，STB，STC：IN STD_LOGIC；
                Y：OUT STD_LOGIC_VECTOR (7 DOWNTO
                   0))；
END decoder3_8；
ARCHITECTURE struct OF decoder3_8 IS
SIGNAL indata：STD_LOGIC_VECTOR (2 DOWNTO 0)；
BEGIN
    Indata<= A&B&C；
    PROCESS (indata，STA，STB，STC)
    BEGIN
    IF (STA='1' AND STB='0'AND STC='0') THEN
    CASE  indata  is
    WHEN "000" => Y<= "11111110"；
    WHEN "001" => Y<= "11111101"；
    WHEN "010" => Y<= "11111011"；
    WHEN "011" => Y<= "11110111"；
    WHEN "100" => Y<= "11101111"；
    WHEN "101" => Y<= "11011111"；
    WHEN "110" => Y<= "10111111"；
    WHEN "111" => Y<= "01111111"；
        WHEN OTHERS=> Y<= "ZZZZZZZZ"；
     END CASE；
  ELSE
    Y<= "11111111"
END IF；
END PROCESS；
END struct；
```

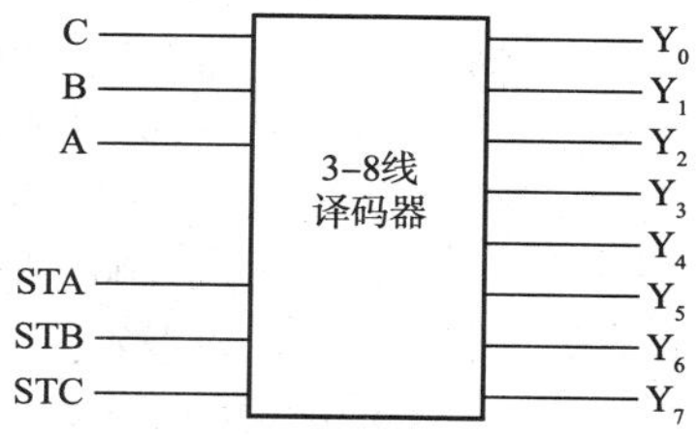

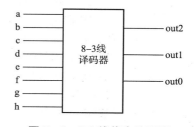

图 7—1　3-8 线译码器

【例 7—3】　用 VHDL 描述 8-3 线编码器。

图 7—2 所示为优先编码器，输入信号中 a 的优先级别最低，以此类推，h 的优先级别最高。

```
LIBRARY  IEEE；
USE IEEE. STD_LOGIC_1164. ALL；
ENTITY encoder83 IS
PORT (a，b，c，d，e，f，g，h：IN STD_LOGIC；
            out0，out1，out2：OUT STD_LOGIC)；
END encoder83；
ARCHITECTURE abc OF encoder83 IS
SIGNAL outvec：STD_LOGIC_VECTOR (2 DOWNTO 0)；
BEGIN
    Outvec<= "111" WHEN a = "1" ELSE
             "110" WHEN b = "1" ELSE
```

图 7—2　8-3 线优先编码器

189

```
            "101" WHEN c = "1" ELSE
            "100" WHEN d = "1" ELSE
            "011" WHEN e = "1" ELSE
            "010" WHEN f = "1" ELSE
            "001" WHEN g = "1" ELSE
            "000" WHEN h = "1" ELSE
            "ZZZ";
    out0<= outvec (0);
    out1<= outvec (1);
    out2<= outvec (2);
END abc;
```

【例 7—4】 用 VHDL 语言描述如图 7—3 所示的七段显示译码器。

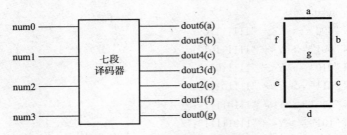

图 7—3 七段显示译码器

```
LIBRARY IEEE;
    USE IEEE. STD _ LOGIC _ 1164. ALL;
    ENTITY dec _ led IS
    PORT (num: IN STD _ LOGIC _ VECTOR (3 DOWNTO 0);
          dout: OUT STD _ LOGIC _ VECTOR (6 DOWNTO 0));
    END dec _ led;
    ARCHITECTURE abc OF dec _ led IS
    BEGIN
      PROCESS (num)
      BEGIN
      CASE num is
      WHEN "0000" => dout<= "1111110";
      WHEN "0001" => dout<= "0110000";
      WHEN "0010" => dout<= "1101101";
      WHEN "0011" => dout<= "1111001";
      WHEN "0100" => dout<= "0110011";
      WHEN "0101" => dout<= "1011011";
      WHEN "0110" => dout<= "1011111";
      WHEN "0111" => dout<= "1110000";
      WHEN "1000" => dout<= "1111111";
      WHEN "1001" => dout<= "1111011";
      WHEN OTHERS=> dout<= "0000000";
```

```
    END CASE;
  END PROCESS;
END abc;
```

【例7—5】 用 VHDL 描述三态门电路。

图7—4所示为三态门电路，当 en='1'时，dout=din；当 en='0'时，dout ='Z'（高阻态）。

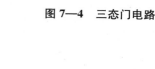

图7—4 三态门电路

```
    LIBRARY   IEEE;
    USE IEEE. STD_LOGIC_1164. ALL;
    ENTITY tristate IS
    PORT (din, en: in std_logic;
             dout:out std_logic);
    END tristate;
    ARCHITECTURE hh OF tristate IS
    BEGIN
        PROCESS（en, din）
    BEGIN
        IF en='1' THEN
            dout<= din;
    ELSE
        dout<= 'Z';
    END IF;
    END PROCESS;
    END hh;
```

7.2 时序逻辑电路的设计

7.2.1 触发器的 EDA 设计

【例7—6】 用 VHDL 设计 JK 触发器。

（1）基本 JK 触发器。JK 触发器有 J 和 K 两个输入端（或称激励端），当时钟出现有效边沿（上升沿或者下降沿）时，触发器动作。基本 JK 触发器应具备的脚位如下：

①数据输入端：J，K；

②时钟输入端：clk；

③输出端：Q，Qb。

程序一（基本 JK 触发器的参考程序）：

```
    LIBRARY IEEE;
    USE IEEE. STD_LOGIC_1164. ALL;
    ENTITY jkdff IS
    PORT (j, k: IN STD_LOGIC;
            clk: IN STD_LOGIC;
        q, qb: OUT STD_LOGIC);
    END jkdff;
    ARCHITECTURE a OF jkdff   IS
    SIGNAL qtmp, qbtmp: STD_LOGIC;
```

```
BEGIN
    PROCESS (clk, j, k)
    BEGIN
        IF clk='1' AND clk'event THEN
        IF j='0' AND k='0' THEN NULL;
        ELSIF j='0' AND k='1' THEN
                qtmp<= '0';
                qbtmp<= '1';
        ELSIF j='1' AND k='0' THEN
                qtmp<= '1';
                qbtmp<= '0';
    ELSE   qtmp<= NOT qtmp;
            qbtmp<= NOT qbtmp;
            END IF;
        END IF;
        q<= qtmp;
        qb<= qbtmp;
    END PROCESS;
    END a;
```

(2) 带异步复位/置位功能的 JK 触发器。所谓异步复位，是指只要复位端有效，不需等时钟的上升沿到来就立刻使 JK 触发器清零；而异步置位，是指只要复位端有效，不需等时钟的上升沿到来就立刻使 JK 触发器置位。若异步复位端与异步置位端同时有效，则输出为不定状态。

表 7—1 是带异步复位/置位功能的 JK 触发器的真值表，从表中可以看出，异步复位/置位端都是低电平有效。

表 7—1   带异步复位/置位功能的 JK 触发器

输入						输出	
ena	prn	clr	clk	J	K	Q	Q_b
1	0	1	X	X	X	1	0
1	1	0	X	X	X	0	1
1	0	0	X	X	X	X	X

脚位说明：数据输入端为 J，K；脉冲输入端为 clk；清除输入（复位）端为 clr；默认控制（预置位）端为 prn；使能输入端为 ena；输出端为 Q。

程序二（带异步复位/置位功能的 JK 触发器）：

```
LIBRARY IEEE;
USE IEEE. STD _ LOGIC _ 1164. ALL;
ENTITY jkdff2 IS
PORT (J, K: IN STD _ LOGIC;
        clk: IN STD _ LOGIC;
    prn, clr: IN STD _ LOGIC;
```

192

```
                q，qb:OUT STD _ LOGIC)；
    END jkdff2；
    ARCHITECTURE a OF jkdff2 IS
    SIGNAL qtmp，qbtmp：STD _ LOGIC；
    BEGIN
      PROCESS (clk, prn, clr, j, k)
      BEGIN
        IF prn='0' THEN
            qtmp<= '1';
            qbtmp<= '0'；
        ELSIF clr='0' THEN
              qtmp<= '0'；
            qbtmp<= '1'；
        ELSIF clk='1' AND clk'event THEN
            IF j='0' AND k='0' THEN NULL;
          ELSIF j='0' AND k='1' THEN
            qtmp<= '0';
            qbtmp<= '1';
          ELSIF j='1' AND k='0'   THEN
            qtmp<= '1';
              qbtmp<= '0';
          ELSE qtmp<= NOT qtmp;
              qbtmp<= NOT qbtmp;
            END IF;
          END IF;
        q<= qtmp；
        qb<= qbtmp；
      END PROCESS；
    END a；
```

7.2.2 计数器的 EDA 设计

【例 7—7】 设计一个带有同步清零端的计数器。

同步清零计数器只是在基本计数器的基础上增加了一个同步清零控制端，本例设计一个同步清零的递增计数器，如图 7—5 所示，它只需时钟输入端 clk、计数输出端 Q 和同步清零端 clr 这几个基本引脚。

(1) 原理图设计。

从图 7—6 中可以看出，同步清零信号高电平有效，而且必须等时钟有效边沿到达之后才起清零作用。

(2) VHDL 设计。

输入 VHDL 源程序：

```
LIBRARY IEEE；
USE IEEE. STD _ LOGIC _ 1164. ALL；
USE IEEE. STD _ LOGIC _ UNSIGNED. ALL；
```

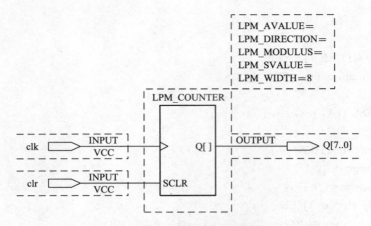

图 7—5　同步清零计数器的电路符号

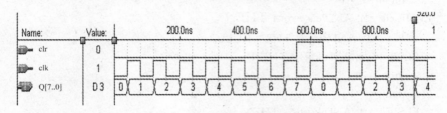

图 7—6　同步清零计数器的原理图

```
ENTITY countclr IS
 PORT (clk：IN STD _ LOGIC；
        clr：IN STD _ LOGIC；
           q：BUFFER STD _ LOGIC _ VECTOR (7 DOWNTO 0))；
END countclr；
ARCHITECTURE a OF countclr IS
 BEGIN
 PROCESS (clk)
 VARIABLE qtmp：STD _ LOGIC _ VECTOR (7 DOWNTO 0)；
 BEGIN
 IF clk'event AND clk='1' THEN
    IF clr='0' THEN qtmp：="00000000"；
    ELSE qtmp：=qtmp+1；
    END IF；
END IF；
q<= qtmp；
END PROCESS；
 END a；
```

（3）软件仿真。

对 VHDL 程序进行仿真的结果如图 7—7 所示。

波形分析：从仿真波形可以看出，每来一个时钟的上升沿，输出数据 Q 就累加一次，相当于对时钟进行计数，符合计数器的逻辑功能。当清零信号 clr 有效电平（低电平）到达时，并没有立刻清零，而是等清零有效电平到达后的下一时钟有效边沿到达时才使计数输出

194

清零。因此该 VHDL 设计能实现预期的同步计数器的有关逻辑功能。

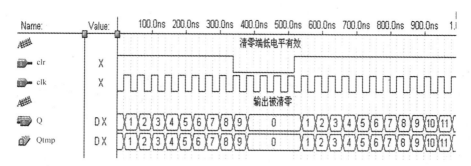

图 7—7　实体 countclr 仿真结果

【例 7—8】　设计一个具有同步预置数功能的计数器。

有时计数器不需要从 0 开始累计计数，而希望从某个数开始往前或往后计数。这时就需要有控制信号能在计数开始时控制计数器从期望的初始值开始计数，这就是可预加载初始计数值的计数器。本例设计了一个对时钟同步的预加载（或称预置）计数器。

一个同步清零、使能、同步预置数的计数器应具备的脚位有时钟输入端 clk、计数输出端 Q、同步清零端 clr、同步使能端 en、加载控制端 load 和加载数据输入端 din。

（1）VHDL 设计。

输入 VHDL 源程序：

```
LIBRARY IEEE;
USE IEEE. STD _ LOGIC _ 1164. ALL；
USE IEEE. STD _ LOGIC _ UNSIGNED. ALL；
ENTITY countload IS
PORT（clk：IN STD _ LOGIC；
clr，en，load；IN STD _ LOGIC；
        din；IN STD _ LOGIC _ VECTOR（7 DOWNTO 0）；
          q；BUFFER STD _ LOGIC _ VECTOR（7 DOWNTO 0））；
END countload；
ARCHITECTURE a OF countload IS
BEGIN
  PROCESS（clk）
    BEGIN
    IF clk'event AND clk＝'1' THEN
      IF clr＝'0' THEN
         q<＝ "00000000"；
      ELSIF EN＝'1' THEN
      IF load＝'1' THEN q<＝ din；
        ELSE q<＝ q＋1；
        END IF；
      END IF；
    END IF；
```

```
        END PROCESS;
    END a;
```

（2）软件仿真。

对 VHDL 程序进行仿真的结果如图 7—8 所示。

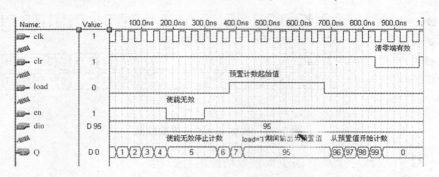

图 7—8 实体 countload 的仿真结果

波形分析：从仿真波形可以看出，该程序有 3 个同步控制端，这 3 个控制端都必须在时钟有效边沿到达时才能起效。同步清零端（低电平有效）信号有效后的时钟上升沿使计数器输出清零。同步加载端（高电平有效）可观察仿真波形中的预加载信号 load，该信号在下一时钟上升沿未到达之前，没有起预置数效果。等到下一上升沿到达后，将并行输入数据加载到计数器，并且随后从预置值开始计数。同步使能端（低电平有效）无效后，计数器停止计数，直到 en 端有效。

【例 7—9】 设计一个一百二十八进制的计数器。

前面几个实验中，计数最高值都受计数器输出位数的限制，当位数改变时，计数最高值也会发生改变。如对于 8 位计数器，其最高计数值为"11111111"，即每计 255 个脉冲后就回到"00000000"；而对于 16 位计数器，其最高计数值为"FFFFH"，每计 65 535 个时钟脉冲后就回到"0000H"。

如果需要计数到某特定值时就回到初始计数状态，则用以上程序就无法实现，这就提出了设计某个进制的计数器的问题。本例设计了一个一百二十八进制的计数器，为使该程序更具代表性，还增加了一些控制功能。

一个同步清零、使能、同步预置数的一百二十八进制计数器应具备的脚位有时钟输入端 clk、计数输出端 Q、同步清零端 clr、同步使能端 en、加载控制端 load 和加载数据输入端 din。

（1）VHDL 设计。

输入 VHDL 源程序：

```
LIBRARY IEEE;
USE IEEE. STD _ LOGIC _ 1164. ALL;
USE IEEE. STD _ LOGIC _ UNSIGNED. ALL;
ENTITY count128 IS
PORT (clk: IN STD _ LOGIC;
  clr, en, load: IN STD _ LOGIC;
```

```
        din：IN STD _ LOGIC _ VECTOR (7 DOWNTO 0)；
           q：BUFFER STD _ LOGIC _ VECTOR (7 DOWNTO 0))；
END count128；
ARCHITECTURE a OF count128 IS
BEGIN
    PROCESS（clk）
       BEGIN
       IF clk'event AND clk＝'1' THEN
         IF clr='0' THEN
             q<= "00000000"；
         ELSIF q="01111111" THEN
             q<= "00000000"；
         ELSIF en='1' THEN
           IF load='1' THEN q<= din；
           ELSE q<= q+1；
           END IF；
         END IF；
       END IF；
     END PROCESS；
   END a；
```

（2）软件仿真。

对 VHDL 程序进行仿真的结果如图 7—9 所示。

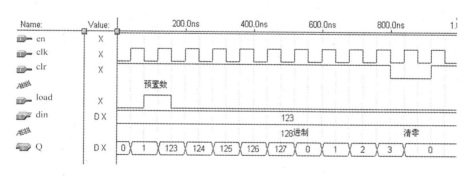

图 7—9　实体 count128 的仿真结果

波形分析：程序中已设定预置值为 123，从仿真波形可以看出，当 load 为高电平加载有效时，计数器的输出为预置值。当清零信号 clr 有效电平（低电平）到达时，并没有立刻清零，而是等清零有效电平到达后的下一时钟有效边沿到达时才使计数输出清零。当计数到达 127 时，计数值恢复为 0，说明确实实现了一百二十八进制。因此，该 VHDL 设计能实现预期的一百二十八进制计数器的有关逻辑功能。

7.2.3　基本移位寄存器的 EDA 设计

数字系统中，经常要用到可以存放二进制数据的部件，这种部件称为数据寄存器。从硬件上看，寄存器就是一组可储存二进制数的触发器，每个触发器都可储存一位二进制数，比如 12 位寄存器用 12 个 D 触发器组合即可实现。

【例 7—10】 设计一个基本移位寄存器（锁存器）。

基本寄存器的功能是将输入的并行数据保存起来，寄存器的输出就是它保存的数据。寄存器内的数据将被"寄存"保持不变，直到输入有改变且有效时钟到达后才改变。下面将介绍用原理图并采用参数化模块库（LPM）内的 LMP_FF 模块设计 12 位异步清零寄存器和用 VHDL 设计 12 位异步清零寄存器的方法。

（1）原理图设计。

①引入元件 LPM_FF：选取窗口菜单 Symbol→Enter Symbol，在 \ Maxplus2 \ max2lib \ mega_lpm 处双击，在 Symbol File 菜单中选取 LPM_FF 或直接键入 LPM_FF，单击【OK】按钮。或者双击空白区域也可进入 Enter Symbol 对话框。

②引入输入和输出脚：按步骤①选出输入脚 INPUT 和输出脚 OUTPUT。

③更改输入和输出脚的脚位名称：在 PIN_NAME 处双击鼠标左键，进行更名，输入脚为 D [11..0]、clk、clrn，输出脚为 Q。双击 LPM_FF 右上方的参数设置框，进入如图 7—10 所示的界面设置参数。

④连接：将各引脚做相应连接，移位寄存器的原理图如图 7—11 所示。

图 7—10 更改输入和输出脚的脚位名称

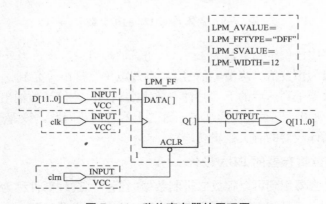

图 7—11 移位寄存器的原理图

（2）文本设计源程序。

```
ENTITY reg12 IS
    PORT（
        d：IN  BIT_VECTOR（11 DOWNTO 0）；
       clk：IN  BIT；
        q：OUT  BIT_VECTOR（11 DOWNTO 0））；
    END reg12；
    ARCHITECTURE a OF reg12 IS
    BEGIN
      PROCESS
      BEGIN
WAIT UNTIL clk = '1'；
      q<= d；
      END PROCESS；
    END a；
```

（3）软件仿真。

对 VHDL 程序进行仿真的结果如图 7—12 所示。

波形分析：从仿真波形可以看出，在时钟的上升沿，输入数据 D 被送到 Q 端输出，起到了寄存数据的作用，符合寄存器的逻辑功能。因此，该 VHDL 设计能实现预期的 12 位寄存器的有关逻辑功能。

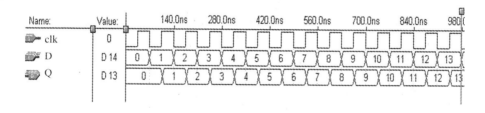

图 7—12　实体 reg12 的仿真结果

【例 7—11】　设计一个串入／串出移位寄存器。

基本串入／串出移位寄存器原理图如图 7—13 所示，8 位移位寄存器由 8 个 D 触发器串联构成，在时钟信号的作用下，前级的数据向后移动。图 7—13 中数据从低位向高位移动，可看作是右移寄存器。

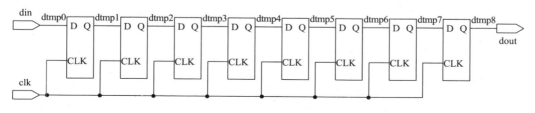

图 7—13　串入/串出移位寄存器原理图

一个串入／串出移位寄存器应具有的脚位：串行数据输入端 din、脉冲输入端 clk 和串行数据输出端 dout。

（1）VHDL 设计。

程序一（描述方法一）：

```
LIBRARY IEEE;
USE IEEE. STD _ LOGIC _ 1164. ALL;
ENTITY shift1 IS
PORT (din, clk: IN STD _ LOGIC;
         dout: OUT STD _ LOGIC);
END shift1;
ARCHITECTURE a OF shift1 IS
SIGNAL dtmp: STD _ LOGIC _ VECTOR (7 DOWNTO 0);
BEGIN
  PROCESS (clk)
BEGIN
IF clk'event AND clk='1' THEN
    dtmp (0) <= din;
    dtmp (7 DOWNTO 1) <= dtmp (6 DOWNTO 0);
    dout<= dtmp (7);
    END IF;
  END PROCESS;
END a;
```

程序二（描述方法二）：

```
LIBRARY IEEE;
USE IEEE. STD _ LOGIC _ 1164. ALL;
ENTITY shift2 IS
PORT (din, clk: IN STD _ LOGIC;
         dout: OUT STD _ LOGIC);
END shift2;
ARCHITECTURE a OF shift2 IS
 COMPONENT DFF
PORT (d, clk: IN STD _ LOGIC;
         q: OUT STD _ LOGIC);
 END COMPONENT;
SIGNAL dtmp: STD _ LOGIC _ VECTOR (8 DOWNTO 0);
BEGIN
  dtmp (0) <= din;
  GG: FOR i IN  0 TO 7 GENERATE
  UX: dff  PORT MAP (d=> dtmp (i), clk=> clk , q=> dtmp (i+1) );
    END GENERATE;
  dout<= dtmp (8);
END a;
```

（2）软件仿真。

对 VHDL 程序进行仿真的结果如图 7—14 所示。

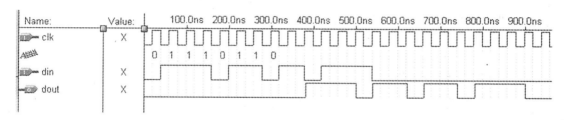

图 7—14　实体 shift1 的仿真结果

（3）硬件验证。

①锁定引脚：选取窗口菜单 Assign→Pin/Location/Chip，出现对话框，在 Node Name 中分别键入引脚名称。clk 的引脚编号为 1；din 的引脚编号为 30，该引脚编号对应的输入开关为 SW1，相当于与串入/串出移位寄存器的 din 端相连；dout 的引脚编号为 16，该引脚编号对应输出 D101，相当于与串入/串出移位寄存器的 dout 端相连。

②观察实验结果。

选取时钟信号为 1Hz，打开开关 SW1，观察输出信号灯 LED1 的亮灭，发现开始时 LED1 保持为灭，约几秒后 LED1 的亮灭情况与 SW1 的开关情况一致。

③实验结果解释。

输入开关打开表示输入“1”，与开关对应的 LED 灯亮；用输出 LED 灯亮代表输出端为“1”，用输出 LED 灯灭代表输出端为“0”。几秒后，输出 LED1 的亮灭情况与输入按键对应的 LED 的亮灭情况一致，表明串行输入数据经过约 8 个时钟后确实经移位寄存器的输出端串行输出了。

【例 7—12】　设计一个同步预置数串行输出移位寄存器。

一个同步预加载串行输出移位寄存器应具备的脚位有串行数据输入端 din、并行数据输入端 dload、脉冲输入端 clk、并行加载数据端 load 和串行数据输出端 dout。其真值表如表 7—2 所示。

表 7—2　　　　　　　　　同步预加载并行输出移位寄存器真值表

串行输入端 din	并行输入端 dload	并行加载端 load	时钟 clk	输出端 dout [7..0]
X	dload [7..0]	1	↑	dload [7..0]
din	X	0	↑	dout [6..0], din

（1）VHDL 设计程序。

```
LIBRARY IEEE;
USE IEEE. STD _ LOGIC _ 1164. ALL;
ENTITY shift3 IS
    PORT （din, clk, load: IN STD _ LOGIC;
                dout: OUT STD _ LOGIC _ VECTOR （7 DOWNTO 0）;
                dload: IN STD _ LOGIC _ VECTOR （7 DOWNTO 0））;
END shift3;
```

201

```
ARCHITECTURE a OF shift3 IS
SIGNAL dtmp：STD _ LOGIC _ VECTOR （7 DOWNTO 0）;
BEGIN
  PROCESS （clk）
  BEGIN
    IF clk'event AND clk＝'1' THEN
      IF load＝'1' THEN
        dtmp<= dload;
      ELSE
   dtmp （7 DOWNTO 0） <= dtmp （6 downto 0） &din;
      END IF;
    END IF;
    dout<= dtmp;
  END PROCESS;
END a;
```

（2）软件仿真。

对 VHDL 程序进行仿真的结果如图 7—15 所示。

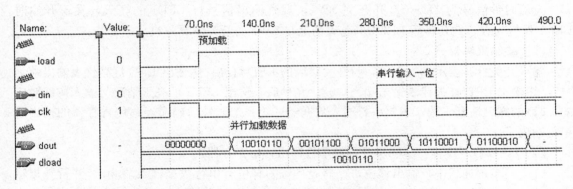

图 7—15 实体 shift3 的仿真结果

波形分析：从仿真波形可以看出，8 位的可预加载串行输出移位寄存器预加载信号 load 有效后，并行输入的数据被加载到移位寄存器。随着时钟上升沿的到来，并行输入的数据开始从输出端 dout 串行输出，观察到该程序使数据从较低位向较高位移位，实现了并入串出的逻辑功能。

若串行输入端 din 有数据输入，则在下个上升沿该数据也被串行输入到移位寄存器，并随后参加移位，实现了串入/串出的逻辑功能。

从以上分析可知，该 VHDL 程序能够实现预期的可预加载串行输出移位寄存器所要求的逻辑功能。

【例 7—13】 设计一个循环移位寄存器。

循环移位寄存器是指在移位过程中，移出的一位数据从构成循环移位寄存器的一端输出，同时又从另一端输入该移位寄存器。

一个循环移位寄存器应具备的脚位有串行数据输入端 din、并行数据输入端 data、脉冲输入端 clk、并行加载数据端 load 和移位寄存器输出端 dout。

（1）VHDL 设计。

输入 VHDL 源程序：

```
LIBRARY IEEE;
USE IEEE. STD _ LOGIC _ 1164. ALL;
ENTITY rotshif IS
  PORT (load, clk: IN STD _ LOGIC;
                data: IN STD _ LOGIC _ VECTOR (4 DOWNTO 0);
                dout: BUFFER STD _ LOGIC _ VECTOR (4 DOWNTO 0));
END rotshif;
ARCHITECTURE a OF rotshif IS
BEGIN
  PROCESS (clk)
    BEGIN
      IF clk'event AND clk='1' THEN
        IF load='1' THEN dout<= data;
      ELSE
        dout (4 DOWNTO 1) <= dout (3 DOWNTO 0);
        dout (0) <= dout (4);
        END IF;
      END IF;
    END PROCESS;
  END a;
```

（2）软件仿真。

对 VHDL 程序进行仿真的结果如图 7—16 所示。

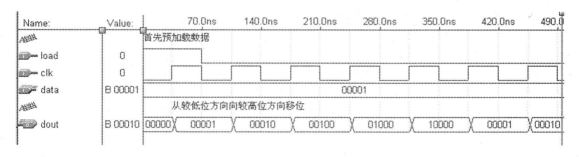

图 7—16　实体 rotshif 仿真结果

波形分析：从仿真波形可以看出，当预加载信号 load 有效且时钟上升沿到达时，并行输入的数据被加载到移位寄存器，从下一个时钟上升沿开始，并行输入的数据开始移位，观察到该程序使数据从较低位向较高位移动。

5 个时钟上升沿后，并行加载的数据被循环一次，移位寄存器的输出又回到初始值。从以上分析可知，该 VHDL 程序能够实现预期的循环移位寄存器所要求的逻辑功能。

【例 7—14】　设计一个 6 位双向移位寄存器。

双向移位寄存器既能从高位向低位移动，又能从低位向高位移动。为实现这一功能，必然要设置移动模式控制端。一个双向移位寄存器应具备的脚位有预置数据输入端 predata，脉冲输入端 clk，移位寄存器输出端 dout，工作模式控制端 M1、M0，左移（高位向低位）串行数据输入端 dsl，右移串行数据输入端 dsr 和寄存器复位端 reset。

一个 6 位双向移位寄存器的电路符号如图 7—17 所示，工作模式控制如表 7—3 所示。

表 7—3　　　　　　　工作模式控制

M1	M0	模式
0	0	保持
0	1	右移
1	0	左移
1	1	预加载

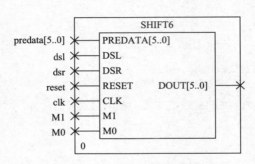

图 7—17　6 位双向移位寄存器的电路符号

（1）VHDL 设计。

输入 VHDL 源程序：

```
LIBRARY IEEE;
USE IEEE. STD_LOGIC_1164. ALL;
ENTITY shift6 IS
  PORT
              (predata：IN STD_LOGIC_VECTOR（5 DOWNTO 0）;
     dsl，dsr，reset，clk：IN STD_LOGIC;
              m1，m0：IN STD_LOGIC;
              dout：BUFFER  STD_LOGIC_VECTOR（5 DOWNTO 0））;
END shift6;
ARCHITECTURE behave OF shift6 IS
  BEGIN
    PROCESS（clk，reset）
BEGIN
    IF（clk'event AND clk='1'）THEN
      IF（reset='1'）THEN
        dout<=(OTHERS=> '0');
    ELSE
      IF m1='0' THEN
        IF m0='0' THEN
```

204

```
        NULL;                    ——空操作，表示输出数据保持不变
    ELSE
        dout<= dsr&dout（5 DOWNTO 1）；
    END IF；
    ELSIF m0='0' THEN
        dout<= dout（4 DOWNTO 0）& dsl；
    ELSE
        dout<= predata；
     END IF；
     END IF；
     END IF；
    END PROCESS；
 END behave；
```

（2）软件仿真。

对 VHDL 程序进行仿真的结果如图 7—18 所示。

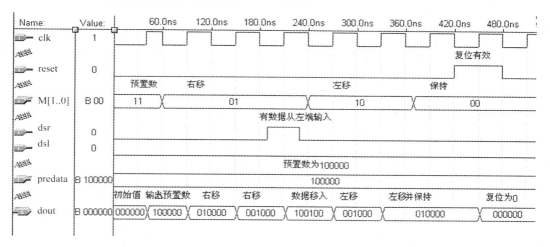

图 7—18　实体 shift6 的仿真结果

波形分析：从仿真波形可以看出，当工作模式为预置数"11"时，随着时钟上升沿的到达，并行输入的数据被加载到移位寄存器。工作模式随后变为右移模式"01"，下一个时钟上升沿到来时，并行输入的数据开始向右（从高位向低位）移位。右移过程中，若有右移串行数据 dsr 输入，则该数据也随着时钟右移。工作模式随后变为左移（从低位向高位移位）"10"，时钟有效边沿到达后，数据开始左移。

不管是左移还是右移，移位过程中，只要有异步复位信号 reset 的有效电平，移位寄存器输出立刻清零。

从以上分析可知，该 VHDL 程序能够实现预期的双向移位、同步加载移位寄存器所要求的逻辑功能。

实训 11　基本计数器的 EDA 设计

数字系统经常需要对脉冲的个数进行计数，以实现数字测量、状态控制和数据运算等，

205

计数器就是完成这一功能的逻辑器件。计数器是数字系统的一种基本部件，是典型的时序电路。计数器的应用十分广泛，常用于数/模转换、计时、频率测量等。

一、实训原理

基本计数器只能实现单一递增计数或递减计数功能，没有其他任何控制端。下面以递增计数器为例介绍其设计方法，递增计数器需要的基本引脚是时钟输入端 clk 和计数输出端 Q。

二、原理图设计

(1) 建立新文件：选取窗口菜单 File→New，出现对话框，选择 Graphic Editor file 选项，单击【OK】按钮，进入图形编辑画面。

(2) 保存：选取窗口菜单 File→Save，出现对话框，键入文件名 counter.gdf，单击【OK】按钮。

(3) 指定项目名称，要求与文件名相同：选取窗口菜单 File→Project→Name，键入文件名 counter，单击【OK】按钮。

(4) 确定对象的输入位置：在图形窗口内单击鼠标左键。

(5) 引入元件 LPM_FF：选取窗口菜单 Symbol→Enter Symbol，在 \ Maxplus2 \ max2lib \ mega_lpm 处双击鼠标左键，在 Symbol File 菜单中选取 LPM_COUNTER 或直接键入 LPM_COUNTER，单击【OK】按钮（或者双击空白区域也可进入 Enter Symbol 对话框）。

(6) 引入并更改输入和输出脚脚位名称：按步骤 (5) 选出输入脚 INPUT 和输出脚 OUTPUT 后，在 PIN_NAME 处双击，进行更名，输入脚为 clk，输出脚为 Q [7..0]。

(7) 设置数据宽度：双击 LPM_COUNTER 右上方的参数设置框，进入如图 7—19 所示的对话框，设置数据宽度。

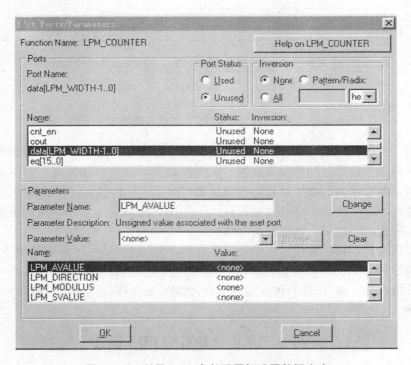

图 7—19 利用 LPM 参数设置框设置数据宽度

（8）连接：连接各相应引脚，如图 7—20 所示。

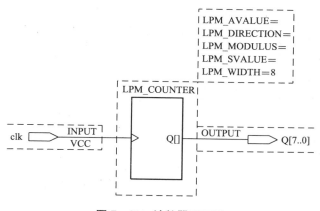

图 7—20　计数器原理图

（9）选择实际编码器件型号：选取窗口菜单 Assign→Device，出现对话框，选择 FLEX 10K 系列的 EPF10K10LC84-4。

（10）保存并查错：选取窗口菜单 File→Project→Save&Check，即可针对电路文件进行检查。

（11）修改错误：针对 Massage-countbasil 窗口所提供的信息修改电路文件，直到没有错误为止。

（12）保存并编译：选取窗口菜单 File→Project→Save&Compile，即可进行编译，产生 counter. sof 烧写文件。

（13）时间分析：选取窗口菜单 Utilities→Analyze Timing，再选取窗口菜单 Analysis→Delay Matrix，可以产生时间分析结果。

三、VHDL 设计

（1）建立新文件：选取窗口菜单 File→New，出现对话框，选择 Text Editor file 选项，单击【OK】按钮，进入文本编辑界面。

（2）保存：选取窗口菜单 File→Save，出现对话框，键入文件名 counterbasic. vhd，单击【OK】按钮。

（3）指定项目名称，要求与文件名相同：选取窗口菜单 File→Project→Name，键入文件名 counterbasic，单击【OK】按钮。

（4）选择实际编码器件型号：选取窗口菜单 Assign→Device，出现对话框，选择 FLEX 10K 系列的 EPF10K10LC84-4。

（5）输入 VHDL 源程序：

```
LIBRARY IEEE;
USE IEEE. STD _ LOGIC _ 1164. ALL;
USE IEEE. STD _ LOGIC _ UNSIGNED. ALL;
ENTITY countbasic IS
  PORT (clk：IN STD _ LOGIC;
    q：BUFFER STD _ LOGIC _ VECTOR (7 DOWNTO 0));
  END countbasic;
```

```
ARCHITECTURE a OF countbasic IS
BEGIN
PROCESS （clk）
    VARIABLE qtmp：STD _ LOGIC _ VECTOR （7 DOWNTO 0）；
    BEGIN
      IF clk 'event AND clk='1' THEN
        qtmp：＝qtmp＋1；
      END IF；
      q<= qtmp；
      END PROCESS；
    END a；
```

（6）保存并查错：选取窗口菜单 File→Project→Save&Check，即可将电路文件保存并进行检查。

（7）修改错误：针对 Massage-Compiler 窗口所提供的信息修改电路文件，直到没有错误为止。

（8）保存并编译：选取窗口菜单 File→Project→Save&Compile，即可进行编译，产生 countbasic. sof 烧写文件。

（9）仿真：进行软件仿真，观察仿真波形是否符合逻辑设计要求。

（10）创建电路符号：选取窗口菜单 File→Create Default Symbol，可以产生 countbasic. sym 文件，代表现在所设计的电路符号。选取 File→Edit Symbol，进入 Symbol Edit 进行编辑。

（11）创建电路包含文件：选取窗口菜单 File→Create Default Include File，产生用来代表现在所设计电路的 countbasic. inc 文件，供其他 VHDL 编译时使用。

（12）时间分析：选取窗口菜单 Utilities→Analyze Timing，再选取窗口菜单 Analysis→Delay Matrix，产生时间分析结果。

四、软件仿真

以对 VHDL 程序进行仿真为例。

（1）进入波形编辑窗口：选取窗口菜单 MAX＋plus Ⅱ→Waveform Editor，进入仿真波形编辑器。

（2）引入输入和输出脚：选取窗口菜单 Node→Enter Nodes from SNF，出现对话框，单击【List】按钮，选择 Available Nodes 中的输入与输出，按 "=>" 键将 clk、Q 移至右边，单击【OK】按钮进行波形编辑。

（3）设定时钟的周期：选取窗口菜单 Options→Gride Size，出现对话框，设定 Gride Size 为 35ns，单击【OK】按钮。

（4）设定初始值并保存：设定初始值，选取窗口菜单 File→Save，出现对话框，单击【OK】按钮。

（5）仿真：选取窗口菜单 MAX＋plus Ⅱ→Simulator，出现 Timing Simulation 对话框，单击【Start】按钮，出现 Simulator 对话框，单击【确定】按钮。

（6）观察输入结果的正确性：单击【A】按钮，可以在时序图中写字，并验证仿真结果的正确性。仿真结果如图 7—21 所示。

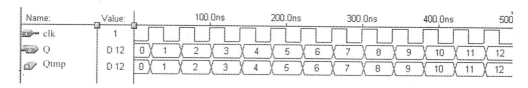

图 7—21 基本计数器的仿真结果

（7）波形分析：从仿真波形可以看出，每来一个时钟的上升沿，输出数据 Q 就累加一次，相当于对时钟进行计数，符合计数器的逻辑功能。因此该 VHDL 设计能实现预期的计数器的有关逻辑功能。

五、硬件验证

以对 VHDL 程序进行硬件验证为例。

（1）下载实验验证。

①选择器件：打开 MAX＋puls Ⅱ，选取窗口菜单 Assign→Device，出现对话框，选择 FLEX 10K 系列的 EPF10K10LC84-4。

②引脚锁定：选取窗口菜单 Assign→Pin/Location/Chip，出现对话框，在 Node Name 中分别键入引脚名称。其中，clk 引脚编号为 1；Q7～Q0 的引脚编号为 16、17、18、19、21、22、23、24，这些引脚编号分别对应输出 D101～D108。

③编译：选取窗口菜单 File→Project→Save&Compile，即可对输入的 VHDL 程序进行编译。

④烧写：选取窗口菜单 Programmer，在弹出的对话框内选择 Configure 进行烧写。烧入烧写文件后，EDA 实验箱即开始工作。

（2）观察实验结果。

将时钟设为 1Hz，VHDL 程序被载入芯片后，8 个 LED 灯的亮灭即发生变化，且变化规律是二进制递增的规律。当 8 个输出 LED 灯全亮后，又恢复到全灭，然后以同样的二进制递增的规律变化。

（3）实验结果解释。

8 个输出 LED 与计数器的输出 Q 端相连，LED 灯的亮灭情况符合二进制数据递增的规律，表明计数器确实在正常工作。当 8 个输出 LED 灯全亮时，表示计数器已计到"11111111"，下一个时钟在此基础上再加 1，根据二进制规律，结果应为"100000000"，使 D101～D108 对应"100000000"的低 8 位，所以输出 LED 恢复到全灭，表明计数器工作正常。

习　题　7

1. 什么是基本寄存器？什么是移位寄存器？

2. 使用寄存器时，应注意哪些问题？

3. 阐述集成移位寄存器 74LS194 是如何实现左、右移位，并进行加载数据、清零等控制的。

4. 用集成寄存器 74LS194 构成一个长度等于 10 的计数器。

5. 移位寄存器分频的原理是什么？

6. 请用 8D 锁存器 74LS374，组成一个 8 位移位寄存器。

7. 一个 8 位移位寄存器，可以构成的最长计数器的长度是多少，请画出电路图。

8. 实现 8 位双向移位寄存器，用 CASE 语句实现选择左移、右移、数据预置和保持 4 种功能。

9. 用元件例化语句实现一个 8 位的带异步清零端的寄存器。

10. 以下程序有何错处？改正后说明程序实现的逻辑功能。

（1）程序一：

```
LIBRARY IEEE;
USE IEEE. STD _ LOGIC _ 1164. ALL;
ENTITY find IS
  PORT (din, clk: IN STD _ LOGIC;
              dout: OUT STD _ LOGIC);
END find;
ARCHITECTURE a OF find IS
    COMPONENT DFF
      PORT (d, clk: IN STD _ LOGIC;
                q: OUT STD _ LOGIC);
END COMPONENT;
SIGNAL dtmp: STD _ LOGIC _ VECTOR (7 DOWNTO 0);
BEGIN
  dtmp (0) <= din;
    FOR i IN  0 TO 7 GENERATE
      UX : dff PORT MAP (dtmp (i) >= d, clk>= clk , dtmp (i+1) >= q );
      END GENERATE;
    dout<= dtmp (8);
END a;
```

（2）程序二：

```
LIBRARY IEEE;
USE IEEE. STD _ LOGIC _ 1164. ALL;
ENTITY shift3 IS
  PORT (din, clk, load: IN STD _ LOGIC;
                dout: OUT STD _ LOGIC _ VECTOR (7 DOWNTO 0);
                dload: IN STD _ LOGIC _ VECTOR (7 DOWNTO 0));
END shift3;
ARCHITECTURE a OF shift3 IS
SIGNAL dtmp: STD _ LOGIC _ VECTOR (7 DOWNTO 0);
BEGIN
  PROCESS (clk)
  BEGIN
    IF clk'event AND clk='1' THEN
      IF load='1' THEN
          dtmp<= dload;
        ELSE
```

```vhdl
        dtmp (7 DOWNTO 0) <= dtmp (6 DOWNTO 0) &din;
            END IF;
          END IF;
        END PROCESS;
    END a;
```

（3）程序三：

```vhdl
    LIBRARY IEEE;
    USE IEEE. STD _ LOGIC _ 1164. ALL;
    ENTITY jkdff2 IS
        PORT (j, k: IN STD _ LOGIC;
                clk:IN STD _ LOGIC;
              q, qb:OUT STD _ LOGIC);
    END jkdff2;
    ARCHITECTURE a OF jkdff2 IS
    SIGNAL qtmp, qbtmp: STD _ LOGIC;
    BEGIN
        PROCESS (clk, j, k)
        BEGIN
          IF pset='0' THEN
              qtmp<= '1';
              qbtmp<= '0';
          ELSIF clr='0' THEN
              qtmp<= '0';
              qbtmp<= '1';
          ELSIF clk='1' AND clk'event THEN
              IF j='0' AND k='0' THEN NULL;
    ELSIF j='0' AND k='1' THEN
              qtmp<= '0';
              qbtmp<= '1';
            ELSIF j='1' AND k='0'   THEN
              qtmp<= '1';
                qbtmp<= '0';
            ELSE qtmp<= NOT qtmp;
              qbtmp<= NOT qbtmp;
            END IF;
    END IF;
          q<= qtmp;
          qb<= qbtmp;
          END PROCESS;
        END a;
```

11. 用元件例化语句将 8 个 JK 触发器例化为一个 8 位的异步计数器。

211

第 3 篇　能力进阶篇

第8章　半导体存储器

8.1　概　述

在生活中，我们对存储器有了感性的认识：它能够将信息存储起来，并且可以按照需要从相应的地址取出信息。在实际应用中，存储器也是数字系统和计算机中不可缺少的组成部分，用来存放数据、资料及运算程序等二进制信息。若干位二进制信息构成一个字节，一个存储器能够存储大量的字节。例如，存储芯片 2764 能够存储 8K 个字节，其存储容量为 8K×8＝64KB。"2764"中的"64"就代表了存储器芯片的容量。大规模集成电路存储器的种类很多，不同的存储器的存储容量不同，具有的功能也有一定的差异，会使用不同的存储器，是学习数字电路和今后工作时的基本要求。

8.2　存储器的种类

按照内部信息的存取方式，存储器通常可以分为随机存取存储器 RAM 和只读存储器 ROM；RAM 按刷新方式可分为静态存储器 SRAM 和动态存储器 DRAM；ROM 按数据输入方式可分为掩膜 ROM、可编程 PROM 和 EPROM 等。

8.2.1　随机存取存储器 RAM

随机存取存储器 RAM 用于存放二进制信息（数据、程序指令和运算的中间结果等）。它可以在任意时刻，对任意选中的存储单元进行信息的存入（写）或取出（读）的信息操作，因此称为随机存取存储器，其结构示意图如图 8—1 所示。

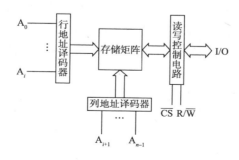

图8—1　RAM 结构示意图

1. RAM 的结构

随机存取存储器一般由存储矩阵、地址译码器、片选控制和读/写控制电路等组成，如图 8—1 所示。

（1）存储矩阵。

该部分是存储器的主体，由若干个存储单元组成。每个存储单元可存放一位二进制信息。为了存取方便，通常将这些存储单元设计成矩阵形式，即若干行和若干列。例如，一个容量为 256×4（256 个字，每个字 4 位）的存储器，共有 1 024 个存储单元，这些单元可排成如图 8—2 所示的 32 行×32 列的矩阵。

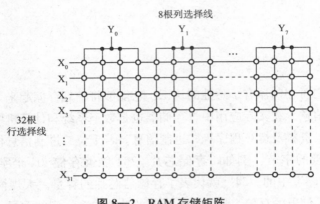

图 8—2　RAM 存储矩阵

图 8—2 中的存储矩阵每行有 32 个存储单元（圆圈代表存储单元），每 4 个存储单元为一个字，因此每行可存储 8 个字，称为 8 个字列。每根行选择线选中一行，每根列选择线选中一个字列。因此，该 RAM 存储矩阵共需要 32 根行选择线和 8 根列选择线。

（2）地址译码器。

由上所述，一片 RAM 由若干个字组成（每个字由若干位组成，例如 4 位、8 位、16 位等），通常信息的读写也是以字为单位进行的。为了区别不同的字，将存放同一个字的存储单元编为一组，并赋予一个号码，则该号码被称为地址。不同的字具有不同的地址，从而在进行读写操作时，可以按照地址选择欲访问的单元。

地址的选择是通过地址译码器来实现的。在存储器中，通常将输入地址分为两部分，分别由行译码器和列译码器译码得到。例如，上述的 256×4 的存储矩阵，256 个字需要 8 根地址线（$A_7 \sim A_0$）区分（$2^8 = 256$）。其中，地址码的低 5 位 $A_4 \sim A_0$ 作为行译码输入，产生 $2^5 = 32$ 根行选择线，地址码的高 3 位 $A_7 \sim A_5$ 用于列译码，产生 $2^3 = 8$ 根列选择线。只有当行选择线和列选择线都被选中的单元，才能被访问。例如，若输入地址 $A_7 \sim A_0$ 为 00011111 时，位于 X_{31} 和 Y_0 交叉处的单元被选中，可以对该单元进行读写操作。

（3）片选与读写控制。

数字系统中的 RAM 一般由多片组成，而系统每次读写时，只选中其中的一片（或几片）进行读写，因此在每片 RAM 上均加有片选信号线$\overline{CS}$。只有该信号有效（$\overline{CS} = 0$）时，RAM 才被选中，可以对其进行读写操作，否则该芯片不工作。

某芯片被选中后，该芯片执行读还是写操作由读写信号 R/$\overline{W}$控制。图 8—3 所示为片选与读写控制电路。

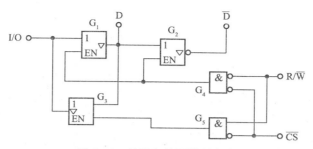

图 8—3　片选与读写控制电路

当片选信号 $\overline{CS}=1$ 时，三态门 G_1、G_2、G_3 均为高阻态，此片未选中，不能进行读或写操作。当片选信号 $\overline{CS}=0$ 时，芯片被选中。若 $R/\overline{W}=1$，则 G_3 导通，G_1、G_2 高阻态截止。此时若输入地址 $A_7 \sim A_0$ 为 00011111，则位于 [31，0] 的存储单元所存储的信息送出到 I/O 端，存储器执行的是读操作；若 $R/\overline{W}=0$，则 G_1、G_2 导通，G_3 高阻态截止，I/O 端的数据以互补的形式出现在数据线 D、$\overline{D}$，并被存入 [31，0] 存储单元，存储器执行的是写操作。

2. RAM 的存储单元

RAM 的核心元件是存储矩阵中的存储单元。按工作原理分，RAM 的存储单元可分为静态存储单元和动态存储单元。

（1）静态存储单元（SRAM）。

静态存储单元是在静态触发器的基础上附加门控管而构成的。因此，它是靠触发器的自保功能存储数据的。

图 8—4 是用六管 CMOS（增强型）组成的静态存储单元。图中 CMOS 管 $V_1 \sim V_4$ 构成基本 RS 触发器，用于存储一位二进制信息。V_5，V_6 管是由行线 X_i 控制的门控管，控制触发器与位线的接通与断开。V_7、V_8 控制位线与数据线 D、$\overline{D}$ 的通断（因为 V_7，V_8 被列内各单元公用，故不计入存储单元的器件数目）。图中 $V_1 \sim V_8$ 各管为浮栅雪崩式 MOS 管，简称 FAMOS 管。栅极上有小圆圈的 V_2、V_4 为 P 沟道 FAMOS 管，而栅极上没有小圆圈的为 N 沟道 FAMOS 管。浮栅雪崩式 MOS 管的工作原理与一般 MOS 管基本相同，详细内容请阅读有关书籍。

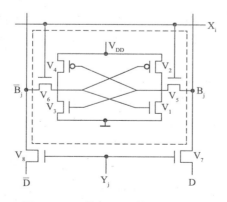

图 8—4　六管 CMOS 静态存储单元

六管 NMOS 静态存储单元的电路结构与图 8—4 基本相同，只是各 MOS 管均为 NMOS

管。采用 NMOS 静态存储单元的常用静态 RAM 芯片有 2114（1K×4）、2128（2K×8）等。NMOS 静态 RAM 功耗极大，而且无法实施断电保护。

（2）动态存储单元 DRAM。

动态存储单元是利用 MOS 管栅极电容的暂存作用来存储信息的。考虑到电容上的电荷不可避免地因漏电等因素而有损失，因此，为保持原存储信息不变，需要不间断地对存储信息的电容定时地进行充电（也称刷新）。

动态 RAM 8118 是采用三管动态存储单元的一种 RAM，它的存储容量为 16K×1 位。

动态存储单元比静态存储单元所用元件少、集成度高，适用于大容量存储器。静态存储单元虽然使用元件多，集成度低，但不需要刷新电路，使用方便，适用于小容量存储器。随着新技术的开发，目前静态存储单元的集成度已大大提高，再加上采用 CMOS 工艺，因此它的功耗和速度指标得以改善而备受用户青睐。现在用的 64K 静态 RAM，每片功耗只有 10mW，其维持功耗可低至 15nW，完全可用电池作为后备电源，构成不挥发存储器。

3. RAM 的扩展

一片 RAM 的存储容量是一定的。在数字系统或计算机中，单个芯片往往不能满足存储容量的需要，因此就要将若干个存储器芯片组合起来，以扩展存储器容量，从而达到要求。RAM 的扩展分为位扩展和字扩展两种。

（1）位扩展。

RAM 的地址线为 n 条，则该片 RAM 就有 2^n 个字，若只需扩展位数而不需扩展字数时，说明字数满足了要求，即地址线不用增加。要扩展位数，只需把若干位数相同的 RAM 芯片地址线共用，R/$\overline{\text{W}}$ 线共用，片选 $\overline{\text{CS}}$ 线共用，每个 RAM 的 I/O 端并行输出即可。

【例 8—1】 试用 1 024×1RAM 扩展成 1 024×8 存储器。

解：扩展为 1 024×8 存储器需要 1 024×1RAM 的片数为

$$N=\frac{\text{总存储量}}{\text{一片存储量}}=\frac{1\ 024\times 8}{1\ 024\times 1}=8\ （\text{片}）$$

只要把 8 片 RAM 的十位地址线并联在一起，R/$\overline{\text{W}}$ 线并联在一起，片选 $\overline{\text{CS}}$ 线也并联在一起，每片 RAM 的 I/O 端并行输出到 1 024×8 存储器的 I/O 端作为数据线 I/O$_0$～I/O$_7$，即实现了位扩展，连接图如图 8—5 所示。

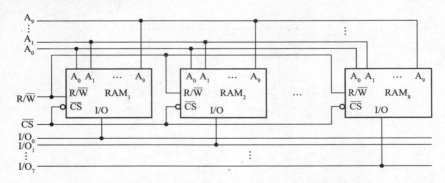

图 8—5 用 1 024×1RAM 组成 1 024×8 存储器

（2）字扩展。

在存储器的数据位数满足要求而字数达不到要求时，需要字扩展。字数若增加，地址线需要做相应的增加，下面举例说明。

【例 8—2】　试用 256×4 RAM 扩展成 $1\,024 \times 4$ 存储器。

解：需用的 256×4 RAM 芯片数为

$$N = \frac{总存储量}{一片存储量} = \frac{1\,024 \times 4}{256 \times 4} = 4（片）$$

将 4 片芯片的 I/O 线、R/$\overline{W}$ 线和 8 位地址线 $A_7 \sim A_0$ 并联在一起，就可实现扩展。因为字数扩展 4 倍，故应增加两位高位地址线 A_8、A_9，这可以通过外加译码器控制芯片的片选输入端 $\overline{CS}$ 来实现。增加的地址线 A_8、A_9 与译码器的输入相连，译码器的低电平输出分别接到 4 片 RAM 的片选输入端 $\overline{CS}$。当 $A_9A_8A_7 \sim A_0$ 为 $0000000000 \sim 0011111111$ 时，芯片 1 的 $\overline{CS} = 0$，即该片被选中，可以对该片的 256 个字进行读写操作；当 $A_9A_8A_7 \sim A_0$ 为 $0100000000 \sim 0111111111$ 时，芯片 2 的 $\overline{CS} = 0$，即该片被选中，可以对该片的 256 个字进行读写操作；当 $A_9A_8A_7 \sim A_0$ 为 $1000000000 \sim 1011111111$ 时，芯片 3 的 $\overline{CS} = 0$，即该片被选中，可以对该片进行读写操作；当 $A_9A_8A_7 \sim A_0$ 为 $1100000000 \sim 1111111111$ 时，芯片 4 的 $\overline{CS} = 0$，即该片被选中，可以对该片进行读写操作，电路连接图如图 8—6 所示。

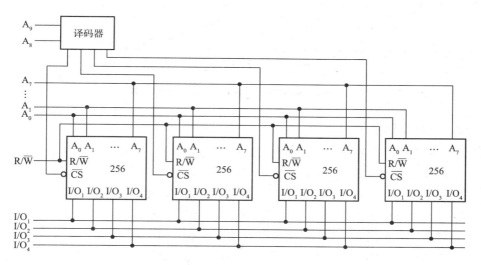

图 8—6　用 256×4 RAM 组成 $1\,024 \times 4$ 存储器

（3）RAM 的字位同时扩展。

【例 8—3】　试把 64×2 RAM 扩展为 256×4 存储器。

解：扩展为 256×4 存储器需 64×2 RAM 的芯片数为

$$N = \frac{总存储量}{一片存储量} = \frac{256 \times 4}{64 \times 2} 片 = 8 \ 片$$

对于字、位同时扩展的 RAM，一般先进行位扩展后再进行字扩展。先将 64×2 RAM 扩展为 64×4 RAM，需两片 64×2 RAM。字数由 64 扩展为 256，即字数扩展了 4 倍，故应增加两位地址线。通过译码器产生 4 个相应的低电平分别去连接 4 组 64×4 RAM 的片选端。这样 256×4 RAM 的地址线由原来的 6 条 $A_5 \sim A_0$ 扩展为 8 条 $A_7 \sim A_0$。电路连接图如图 8—7

所示。

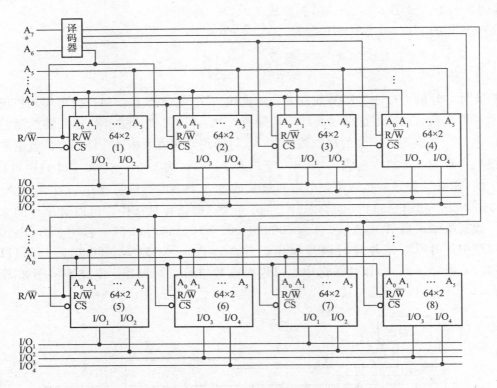

图 8—7　64×2RAM 扩展成 256×4 存储器

8.2.2　只读存储器 ROM

前面讨论的随机存取存储器，无论是静态的还是动态的，当电源断电时，它所存储的信息便消失，具有易失性。而在计算机中，有一些信息需要长期存放，例如常数表、函数、固定程序、表格和字符等，因此需要一种存储器来长期保存信息，只读存储器 ROM 就是这样的一种存储器。其特点是在数据存入后，只能读出其中存储单元的信息，而不能写入，断电后不丢失存储内容，故称之为只读存储器（Read Only Memory，ROM）。实训中使用的 2764 就是一种 ROM，其内容一旦写入就不会丢失，除非使用紫外线照射。

只读存储器可分为以下几类：

掩膜 ROM：这种 ROM 在制造时就把需要存储的信息用电路结构固定下来，用户使用时不能更改其存储内容，所以又称为固定存储器。

可编程 ROM（PROM）：PROM 存储的数据是由用户按自己的需求写入的，但只能写一次，一经写入就不能更改。

可改写 ROM（EPROM、E²PROM、Flash Memory）：这类 ROM 由用户写入数据（程序），当需要变动时还可以修改，使用较灵活。

根据逻辑电路的特点，ROM 属于组合逻辑电路，即给一组输入（地址），存储器相应地给出一种输出（存储的字）。因此要实现这种功能，可以采用一些简单的逻辑门。

1. 掩膜 ROM

掩膜 ROM，又称固定 ROM，这种 ROM 在制造时，生产厂利用掩膜技术把信息写入存储器中。按使用的器件来分,掩膜 ROM 可分为二极管掩膜 ROM、双极型三极管 ROM 和 MOS 管 ROM 三种类型。这里主要介绍二极管掩膜 ROM,图 8—8 是 4×4 的二极管掩膜 ROM 电路原理图。

(1) ROM 电路结构。

ROM 的电路结构包含存储矩阵、地址译码器和输出缓冲器 3 个组成部分,如图 8—8 所示。

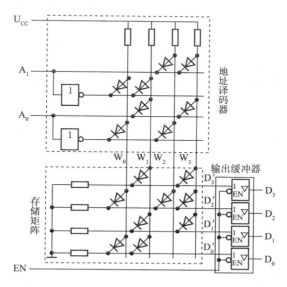

图 8—8 4×4 二极管掩膜 ROM 电路原理图

存储矩阵由许多存储单元排列而成。存储单元可以用二极管、双极型三极管或 MOS 管构成,每个单元能存放 1 位二进制代码(1 或 0)。每一个或一组存储单元有一个对应的地址代码。

地址译码器的作用是将输入的地址代码译成相应的控制信号,用它从存储矩阵中将指定的单元选出,并把其中的数据送到输出缓冲器。

输出缓冲器的作用有两个,一是能提高存储器的带负载能力,二是实现对输出状态的三态控制,以便与系统的总线连接。

(2) 工作原理。

图 8—8 是具有 2 位地址输入和 4 位数据输出的 ROM 电路,它的存储单元由二极管构成,它的地址译码器由 4 个二极管与门组成。2 位地址代码 A_1A_0 能给出 4 个不同的地址,地址译码器将这 4 个地址代码分别译成 $W_0 \sim W_3$ 4 根线上的高电平信号。

存储矩阵实际上是由 4 个二极管或门组成的译码器,当 $W_0 \sim W_3$ 每根线上给出高电平信号时,都会在 $D_3 \sim D_0$ 4 根线上输出一个 4 位二进制代码。通常将每个输出代码称作一个字,把 $W_0 \sim W_3$ 叫做字线,把 $D_3 \sim D_0$ 叫做位线(或数据线),而把 A_1、A_0 称为地址线。

在读取数据时,只要输入指定的地址码且 $\overline{EN}=0$,则被指定的地址内各存储单元所存的数据便会输出到数据线上。例如,当 $A_1A_0=10$,$W_2=1$,其余字线为低电平时,由于只有 D_2' 一根线与 W_2 间接有二极管,它导通后使 D_2' 为高电平,而其余各线为低电平,于是在数据线（位线）上得到 $D_3D_2D_1D_0 = 0100$。地址码 A_1A_0 的 4 个地址内的存储数据如表 8—1 所示。

　　在图 8—8 的存储矩阵中，字线和位线的每个交叉点代表一个存储单元，交叉处接有二极管的单元，表示存储数据为"1"，无二极管的单元表示存储数据为"0"。交叉点的数目也就是存储单元数。习惯上用存储单元的数目表示存储器的容量，并写成"（字数）×（位数）"的形式。本例 ROM 的容量是"4×4 位"。

　　这种 ROM 的存储矩阵可采用简化画法，有二极管的交叉点画有实心点，无二极管的交叉点不画。

　　用于存储矩阵的或门阵列也可由双极型或 MOS 型三极管构成，这里不再赘述，其工作原理与二极管 ROM 相同。

表 8—1　　　　　　　　　　　　　　二极管存储器矩阵的真值表

A_1	A_0	D_3	D_2	D_1	D_0
0	0	0	1	0	1
0	1	1	0	1	1
1	0	0	1	0	0
1	1	1	1	1	0

2. 可编程 PROM

　　可编程 PROM 封装出厂前，存储单元中的内容全为"1"（或全为"0"），用户可根据需要进行一次性编程处理，将某些单元的内容改为"0"（或"1"）。图 8—9 是熔丝型 PROM 的一个存储单元，它由三极管和熔丝组成。在存储矩阵中所有存储单元都具有这种结构。出厂前，所有存储单元的熔丝都是通的，存储内容全为"1"。用户在使用前进行一次性编程。例如，若想使某单元的存储内容为"0"，只需选中该单元后，再在 U_{CC} 端加上电脉冲，使熔丝通过足够大的电流，把熔丝烧断即可。

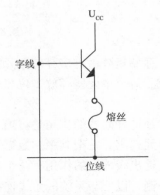

图 8—9　熔丝型 PROM 存储单元

　　熔丝一旦烧断将无法接上，也就是说存储单元一旦写成"0"后就无法再重写成"1"了。因此 PROM 只能编程一次，使用起来很不方便。可改写 ROM（EPROM）则克服了这一缺点。

3. 紫外线可擦除 EPROM

　　EPROM 是另外一种广泛使用的存储器。当不需要 EPROM 中的原有信息时，可以将它擦除后重写。若要擦去所写入的内容，可用 EPROM 擦除器产生的强紫外线，对 EPROM 照射 20min 左右，使全部存储单元恢复"1"后，然后就可以写入新信息了。

　　常用的 EPROM 有 2716、2732、…、27512 等，即标号以 27 打头的芯片都是 EPROM。实训中使用的 2764 就属于这一类型。

4. E^2PROM

　　E^2PROM 是近年来被广泛使用的一种只读存储器，被称为电擦除可编程只读存储器，有时也写作 EEPROM。其主要特点是能在应用系统中进行在线改写，并能在断电的情况下保存数据而不需保护电源。特别是 +5V 电擦除 E^2PROM，通常不需单独的擦除操作，它可在写入过程中自动擦除，使用非常方便。E^2PROM 芯片以 28 打头。

5. Flash Memory

闪速存储器（Flash Memory）又称快速擦写存储器或快闪存储器，是由 Intel 公司首先发明的，它是近年来较为流行的一种新型半导体存储器件。它在不加电的情况下，信息可以保存 10 年，可以在线进行擦除和改写。Flash Memory 是在 E^2PROM 基础上发展起来的，属于 E^2PROM 类型，其编程方法和 E^2PROM 类似，但 Flash Memory 不能按字节擦除。Flash Memory 既具有 ROM 非易失性的优点，又具有存取速度快、可读可写、集成度高、价格低、耗电省的优点，目前被广泛使用。Flash Memory 的型号也以 28 打头。

6. 串行 E^2PROM

上述介绍的存储器都是并行的，每块芯片都需要若干根地址总线和 8 位的数据总线。为了节省总线的引线数目，可以采用具有串行总线的 E^2PROM，即不同于传统存储器的串行 E^2PROM 芯片。对于二线制总线 E^2PROM，它用于需要 I^2C 总线的应用中，目前较多地应用在单片机的设计中。器件型号以 24 或 85 打头的芯片都是二线制 I^2C 串行 E^2PROM。其基本的总线操作端只有两个：串行时钟端 SCL 和串行数据/地址端 SDA。在 SDA 端，E^2PROM 根据 I^2C 总线协议串行传输地址信号和数据信号。串行 E^2PROM 的优点是引线数目大大减少，目前已被广泛使用。

8.3 存储器的应用

存储器用于存放二进制信息（数据、程序指令、运算的中间结果等），同时还可以实现代码的转换、函数运算、时序控制等。

8.3.1 存储数据、程序

在单片机系统中，都含有一定单元的程序存储器 ROM（用于存放编好的程序和表格常数）和数据存储器 RAM。图 8—10 是以 EPROM 2716 作为外部程序存储器的单片机系统，图 8—11 是用 6116 组成的单片机外部数据存储器。

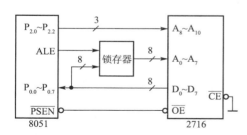

图 8—10 单片机系统的外部程序存储器（用 2716）

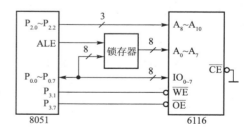

图 8—11 单片机系统的外部数据存储器（用 6116）

8.3.2 实现逻辑函数

ROM 除用作存储器外，还可以用来实现各种组合逻辑函数。若把 ROM 的 n 位地址端作为逻辑函数的输入变量，则 ROM 的 n 位地址译码器的输出就是由输入变量组成的 2^n 个最小项，而存储矩阵是把有关的最小项相或后输出，就获得了输出函数。

【例8—4】 试用 ROM 实现下列各函数。

$$Y_1 = \overline{A}\,\overline{B}C + \overline{A}B\,\overline{C} + A\overline{B}\,\overline{C} + ABC$$

$$Y_2 = BC + CA$$

$$Y_3 = \overline{A}\,\overline{B}\,\overline{C}\,\overline{D} + \overline{A}\,BCD + \overline{A}B\overline{C}\,\overline{D} + A\overline{B}\,\overline{C}D + AB\overline{C}\,\overline{D} + ABCD$$

$$Y_4 = ABC + ABD + ACD + BCD$$

解：按题意，选用容量为 16×4ROM。依 A、B、C、D 顺序排列变量，将 Y_1、Y_2、Y_3 和 Y_4 扩展成 4 变量的逻辑函数：

$$Y_1 = \sum m\,(2,\ 3,\ 4,\ 5,\ 8,\ 9,\ 14,\ 15)$$

$$Y_2 = \sum m\,(6,\ 7,\ 10,\ 11,\ 14,\ 15)$$

$$Y_3 = \sum m\,(0,\ 3,\ 6,\ 9,\ 12,\ 15)$$

$$Y_4 = \sum m\,(7,\ 11,\ 13,\ 14,\ 15)$$

据此画出存储矩阵接线图，如图 8—12 所示。

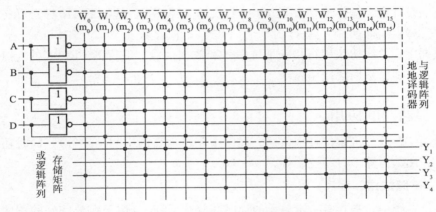

图8—12 16×4ROM 存储矩阵接线图

从上述例子看出，用 ROM 能够实现任何与或标准式的组合逻辑函数，方法非常简单，根据要实现函数的与或标准式（或列出该函数的真值表），使其有关的最小项相或，即可直接画出存储矩阵的编程图。

8.4 存储器常用芯片简介

在集成电路中，有多种类型的 RAM 和 ROM，它们主要在存储容量、工作方式和编程电压等方面有所不同，其他方面基本相同。本节主要介绍随机存取存储器 6116 和可编程 EPROM 2764 的管脚和功能。

8.4.1 6116 芯片

6116 是一种典型的 CMOS 静态 RAM，其引脚图如图 8—13 所示。图中 $A_0 \sim A_{10}$ 是 11 个地址输入线，$D_0 \sim D_7$ 是数据输入/输出端。显然，6116 可存储的字数为 $2^{11} = 2\,048$(2K)，字长为 8 位，其容量为 $2\,048$ 字×8 位=16 384。$\overline{CE}$ 为片选端，低电平有效；$\overline{OE}$ 为输出使能端，低电平有效。$\overline{WE}$ 为读/写控制端。电路采用标准的 24 脚双列直插式封装，电源电压为

5V，输入、输出电平与 TTL 电平兼容。

6116 有以下三种工作方式。

（1）写入方式。

当 $\overline{CE}=0$，$\overline{OE}=1$，$\overline{WE}=0$ 时，数据线 $D_0 \sim D_7$ 上的内容存入 $A_0 \sim A_{10}$ 所对应的单元中。

（2）读出方式。

当 $\overline{CE}=0$，$\overline{OE}=0$，$\overline{WE}=1$ 时，$A_0 \sim A_{10}$ 所对应的单元的内容输出到数据线 $D_0 \sim D_7$。

（3）低功耗维持方式。

当 $\overline{CE}=1$ 时，芯片进入这种工作方式，此时器件电流仅 $20\mu A$ 左右，为系统断电时用电池保持 RAM 内容提供了可能。

8.4.2 EPROM 2764 芯片

2716（2K×8 位）、2732（32K×8 位）、…、27512（64K×8 位）等 EPROM 集成芯片，除存储容量和编程高电压等参数不同外，其他方面基本相同。

2764 是一个 8K×8 位紫外线可擦除可编程 ROM 集成电路，其引脚图见图 8—14。2764 共有 2^{13} 个存储单元，存储容量为 8K×8 位。2764 的引线包括 13 根地址线 $A_0 \sim A_{12}$，8 根数据线 $D_0 \sim D_7$，控制线 $\overline{CE}$、$\overline{OE}$ 和 $\overline{PGM}$，编程电压 U_{PP}、电源 U_{CC} 和地 GND 等。

2764 有 5 种工作方式，如表 8—2 所示。

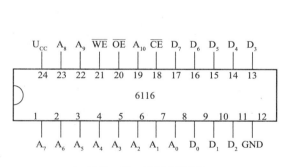

图 8—13　6116 引脚图

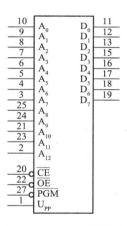

图 8—14　2764 引脚图

表 8—2　　　　　　　　　　　　　　　EPROM 2764 的工作方式

操作方式	控 制 输 入					功　能
	$\overline{CE}$	$\overline{OE}$	$\overline{PGM}$	U_{PP}/V	U_{CC}/V	
编程写入	0	1	0	25	5	$D_0 \sim D_7$ 上的内容存入 $A_0 \sim A_{10}$ 对应单元
读出数据	0	0	1	5	5	$A_0 \sim A_{10}$ 对应单元的内容输出到 $D_0 \sim D_7$ 上
低功能维持	1	×	×	5	5	$D_0 \sim D_7$ 呈高阻态
编程校验	0	0	1	25	5	数据读出
编程禁止	1	×	×	25	5	$D_0 \sim D_7$ 呈高阻态

集成存储器的产品还有很多，现将常见的 IC 列于表 8—3 中。

225

表 8—3　　　　　　　　　　常用集成存储器

型　　　　号	类 型 说 明
6116、6114、6264	RAM
2716、2732、2764、27128	
27264、27512	EPROM
2864	E^2 PROM
29BV010、29BV020、29BV040	Flash Memory
24C00、24C01、24AA01、24LC21	
24LC21A、24LC41A、24LCS61	I^2C EPROM
37LV65、37LV36、37LV128	串行 EPROM

实训 12　EPROM 的固化与擦除

一、实训目的

（1）掌握 EPROM 2764 的基本工作原理和使用方法。

（2）学会使用 ALL—07 编程器对 EPROM 进行数据的存入。

（3）弄懂 EPROM 擦除的工作过程。

二、实训设备和器件

实训设备：台式计算机、ALL—07（或 ALL—11）编程器、紫外线擦除器、直流电源、示波器、单脉冲发生器。

实训器件：EPROM 2764（或 E^2 PROM 2864）一片、74LS161 一片、发光二极管 8 个、510Ω 电阻 8 个、导线若干、面包板一块。

三、实训电路图

实训电路图如图 8—15 所示。

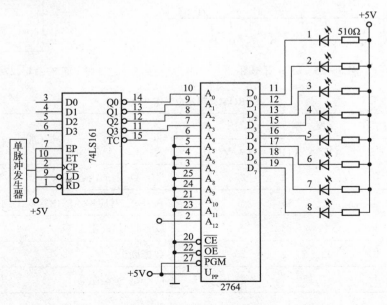

图 8—15　实训 12 电路图

四、实训步骤与要求

（1）插入芯片。

在编程器中插入 2764 并固定，注意芯片一定要按照编程器上的标识插在正确的位置。打开编程器的电源开关。

（2）进入 EPROM 编程软件。

打开计算机，执行 ACCESS 命令，即可进入编程程序，选择"EPROM"，执行 EPROM 的操作程序，进入到下一个界面，选择生产厂家和芯片型号。其中芯片的编程电压是一个重要的参数，所选择芯片的编程电压必须和所使用的 2764 的编程电压相同，一般有 21V，12.5V 和 25V 等几种。

（3）检查 2764 的内容。

选好合适的芯片类型并回车后，就进入到编程界面，在此选择"M"和"T"可以修改芯片的生产厂家和类型。键入"B"，可以检查 2764 的内容是否为空（BLANK CHECK）。检查后若显示"OK"，则说明 2764 的存储内容为空，可以进行步骤（4）。否则说明 2764 中有信息，需要擦除后再进行写入操作。擦除操作见步骤（6）。

（4）向 2764 写入内容。

键入"4"，执行编辑缓冲器操作（EDIT BUFFER），回车后出现编辑界面。在该界面下可以显示 2764 的所有存储单元 0000～1FFF 的内容，未写入时全为 1。可以根据自己的需要在相应的单元写入内容。为了测试方便，写入以下内容：

0000～000F 单元：FE FF FC FF F8 FF F0 FF E0 FF C0 FF 80 FF 00 FF

1000～100F 单元：FE FF FD FF FB FF F7 FF EF FF DF FF BF FF 7F FF

其他单元的内容不变，全为 FF。这里 0～F 代表十六制数。

（5）2764 内容测试。

按照图 8—15 连接线路，接好电源，注意一定不要接错线，然后按照以下步骤进行测试：

①2764 的 2 脚接地。根据单脉冲发生器产生的脉冲可以看到，电路中的发光二极管的点亮规律为：1♯亮；全灭；1♯、2♯亮；全灭；1♯、2♯、3♯亮；全灭；…；全亮；全灭，16 个脉冲后又重新按照上述规律循环。

②2764 的 2 脚接+5V。根据单脉冲发生器产生的脉冲可以看到，电路中的发光二极管的点亮规律为：8 个发光二极管依次点亮，即 1♯亮；全灭；2♯亮；全灭；3♯亮；全灭；…；8♯亮；全灭。16 个脉冲后又重新按照上述规律循环。

（6）擦除 2764 中的内容并测试。

取下电路中的 2764，放进紫外线擦除器中，设定 10min 左右的定时时间，插上电源，开始对 2764 中的内容进行擦除。擦除结束，重复步骤（1），（2），（3），可以看到 2764 中的内容为空。再插入实训电路中，所有发光二极管均不会点亮。

五、实训总结与分析

（1）74LS161 是一个 4 位二进制计数器，它的工作原理已在前面有关章节进行了介绍。2764 是一个 8K×8 的存储器，共有 8K 个字节，每个字节 8 位；有 A_0～A_{12} 共 13 根地址线。当 A_0～A_{12} 从 0000000000000～1111111111111 变化时，对应于 0000H～1FFFH（H 表示十六进制）单元，每个单元 8 位。2764 的每个单元写入内容后，通过地址线选中某单元，可读出其中的 8 位信息。

（2）分析步骤（4）所写入的内容。在0000H单元写入的内容为11111110（FEH），当读出该单元内容时，由实训电路可知，1♯发光二极管的负极接低电平，因此1♯发光二极管点亮。对0000H～000FH和1000H～100FH单元，按照同样的方法分析，可以得出其点亮规律。

（3）对于步骤（5）的第①种情况，A_{12}和$A_4 \sim A_{11}$都接地，当74LS161对脉冲计数时，使2764的$A_0 \sim A_3$地址线状态按照0000～1111的规律循环，因此依次选中2764的单元为0000000000000～0000000001111，即2764的0000H～000FH，所以按照步骤（5）的第①种规律点亮。

（4）对于步骤（5）的第②种情况，A_{12}接U_{CC}，$A_4 \sim A_{11}$仍然接地，当74LS161对脉冲计数时，使2764的$A_0 \sim A_3$地址线状态按0000～1111的规律循环，因此依次选中2764的单元为1000000000000～1000000001111，即2764的1000H～100FH，所以按照步骤（5）的第②种规律点亮。

（5）将EPROM中的内容擦除后，所有单元都为1，即所有单元的内容全部都为FFH。再将2764接入实训电路中，由于发光二极管负极接的都是高电平，所以均不亮。

由以上分析可知，EPROM是一种可改写的只读存储器，通过地址线的选择，可选中相应的存储单元并读出其中数据，同时也观察到EPROM的数据可以通过紫外线来擦除，并可以重新写入新的数据。

实训13　RAM的测试

一、实训目的

（1）掌握EPROM 2716的基本工作原理和使用方法。

（2）学会使用ALL－07编程器对EPROM进行数据的存入。

（3）掌握用存储器实现组合逻辑函数的方法。

二、实训器材

（1）示波器一台，逻辑电平开关盒一个；

（2）数字万用表一个；

（3）24脚集成座一个；

（4）集成电路：EPROM 2716一片；

（5）数码管一个；

（6）面包板一个，导线若干。

三、实训内容及步骤

（1）使用2716实现一个3位二进制译码器的真值表，其表如表8—4所示。

表8—4　　　　　　　　　　　　　3位二进制译码器真值表

C	B	A	Y_7	Y_6	Y_5	Y_4	Y_3	Y_2	Y_1	Y_0
0	0	0	0	0	0	0	0	0	0	1
0	0	1	0	0	0	0	0	0	1	0
0	1	0	0	0	0	0	0	1	0	0
0	1	1	0	0	0	0	1	0	0	0

C	B	A	Y_7	Y_6	Y_5	Y_4	Y_3	Y_2	Y_1	Y_0
1	0	0	0	0	0	1	0	0	0	0
1	0	1	0	0	1	0	0	0	0	0
1	1	0	0	1	0	0	0	0	0	0
1	1	1	1	0	0	0	0	0	0	0

EPROM 2716 芯片容量为 2K×8 位，有 11 位地址 A_{10}～A_0，8 位数据线 O_7～O_0，3 根控制线 $\overline{CE}$、$\overline{OE}$、$\overline{PGM}$。EPROM 2716 的功能如表 8—5 所示，读出时，$\overline{CE}$、$\overline{OE}$ 均为逻辑低电平，$\overline{PGM}$ 接逻辑高电平。

表 8—5   EPROM 2716 功能表

$\overline{CE}$	$\overline{OE}$	$\overline{PGM}$	U_{PP}	U_{CC}	O_0～O_7	工作模式
0	0	1	+5V	+5V	数据输出	读出
0	1	1	+5V	+5V	高阻	禁止输出
1	Φ	Φ	+5V	+5V	高阻	芯片未选中
0	1	0	+21V	+5V	数据输入	编程
0	0	1	+21V	+5V	数据输出	校验
1	Φ	Φ	+21V	+5V	高阻	禁止编程

（2）实训电路图及接线。实训电路图如图 8—16 所示。

将 2716 地址线 A_0、A_1、A_2 线分别作为译码器的 C、B、A 输入端，2716 数据线 O_7～O_0 分别作为译码器的输出端 Y_7～Y_0，$\overline{CE}$、$\overline{OE}$ 两线分别接地，$\overline{PGM}$ 接高电平。

值得注意的是在译码器使用之前应在地址为 000～111 的各存储单元中一次分别将表 8—4 真值表中右侧输出 Y_7～Y_0 的取值存入。地址为 000 的存储单元中存入 00000001，地址为 001 的存储单元存入 00000010，如此按照表填入，未用的地址线 A_3～A_{10} 接低电平。

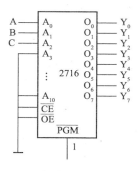

图 8—16 EPROM 2716 实现 3 位二进制译码器

习 题 8

1. RAM 2114（1 024×4 位）的存储矩阵为 64×64，它的地址线、行选择线、列选择线、输入/输出数据线各是多少？

2. 现有容量为 256×8 的 RAM 一片，试回答：

(1) 该片 RAM 共有多少个存储单元？

(2) RAM 共有多少个字？字长多少位？

(3) 该片 RAM 共有多少条地址线？

(4) 访问该片 RAM 时，每次会选中多少个存储单元？

3. 试用 2114（1 024×4）扩展成 1 024×8 的 RAM，画出连接图。

4. 把 256×4 RAM 扩展成 1 024 的 RAM，说明各片的地址范围。

5. 把 256×2 RAM 扩展成 512×4 的 RAM，说明各片的地址范围。

6. 固定 ROM 和 PROM、EPROM 及 E²PROM 各有什么相同和不同之处。

7. 已知 ROM 的阵列图如图 8—17 所示，请写出该图的逻辑函数表达式，并说明其逻辑功能。

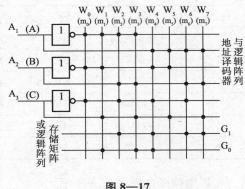

图 8—17

8. 试用 8×3 PROM 实现下列逻辑函数的阵列图：

$F_1 (A, B, C) = \overline{A}B + \overline{A}\,\overline{C} + BC$

$F_2 (A, B, C) = (2, 4, 5, 7)$

$F_3 (A, B, C) = \overline{A}\,\overline{B}\,\overline{C} + A\,\overline{B}C + AB\overline{C} + ABC$

第9章　A/D、D/A 转换

9.1　A/D 转换的基本原理和类型

在过程控制和信息处理中遇到的大多是连续变化的物理量，如话音、温度、压力、流量等，它们的值都是随时间连续变化的。工程上要求处理这些信号，首先要经过传感器，将这些物理量变成电压、电流等电信号模拟量，再经模拟—数字转换器变成数字量后才能送给计算机或数字控制电路进行处理。处理的结果又需要经过数字—模拟转换器变成电压、电流等模拟量实现自动控制。图 9—1 所示为一个典型的数字控制系统框图。可以看出，A/D 转换（模拟/数字转换）和 D/A 转换（数字/模拟转换）是现代数字化设备中不可缺少的部分。它是数字电路和模拟电路的中间接口电路。

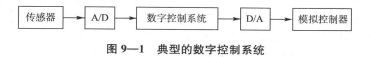

图 9—1　典型的数字控制系统

本章主要介绍 A/D、D/A 转换的原理，几种常用的转换方法及常用 A/D、D/A 转换器的应用。

9.1.1　A/D 转换的基本原理

A/D 转换器（ADC）是一种将输入的模拟量转换为数字量的转换器。要实现将连续变化的模拟量变为离散的数字量，通常要经过采样、保持、量化和编码 4 个步骤。一般前两步由采样保持电路完成，量化和编码由 ADC 来完成。

1. 采样与保持

所谓采样，就是将一个时间上连续变化的模拟量转化为时间上离散变化的模拟量的过程。模拟信号的采样过程如图 9—2 所示。其中，$u_I(t)$ 为输入模拟信号，$u_O(t)$ 为输出模拟信号。采样过程的实质就是将连续变化的模拟信号变成一串等距不等幅的脉冲。

采样的宽度往往是很窄的，为了使后续电路能很好地对这个采样结果进行处理，通常需要将采样结果存储起来，直到下次采样，这个过程称作保持。一般，采样器和保持电路一起总称为采样保持电路。图 9—3（a）是常见的采样保持电路，图 9—3（b）是采样保持过程的示意图。开关 S 闭合时，输入模拟量对电容 C 充电，这是采样过程；开关 S 断开时，电容 C 上的电压保持不变，这是保持过程。

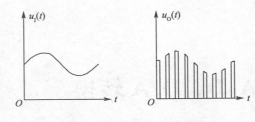

图 9—2　信号的采样过程

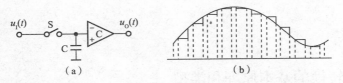

图 9—3　采样保持电路及波形

2. 量化与编码

采样的模拟电压经过量化编码电路后转换成一组 n 位的二进制数输出。采样保持电路的输出，即量化编码的输入仍然是模拟量，它可取模拟输入范围里的任何值。如果输出的数字量是 3 位二进制数，则仅可取 000～111 八种可能值，因此用数字量表示模拟量时，需先将采样电平归一化为与之接近的离散数字电平，这个过程称作量化。由零到最大值（U_{max}）的模拟输入范围被划分为 1/8，2/8，…，7/8 共 2^3-1 个值，称为量化阶梯。而相邻量化阶梯之间的中点值 1/16，3/16，…，13/16 称为比较电平。采样后的模拟值同比较电平相比较，并赋给相应的量化阶梯值。例如，采样值为（7/32）U_{max}，相比较后赋值为（2/8）U_{max}。

把量化的数值用二进制数来表示称作编码，编码有不同的方式。例如上述的量化值（2/8）U_{max}，若将其用 3 位自然加权二进制码编码，则为 010。

9.1.2　A/D 转换器的类型

模数转换电路很多，按比较原理分为两种，即直接比较型和间接比较型。直接比较型就是将输入模拟信号直接与标准的参考电压比较，从而得到数字量。这种类型常见的有并行 ADC 和逐次比较型 ADC。间接比较型电路中，输入模拟量不是直接与参考电压比较的，而是将二者变为中间的某种物理量再进行比较，然后将比较所得的结果进行数字编码。这种类型常见的有双积分式 V—T 转换和电荷平衡式 V—F 转换。

1. 直接 ADC

（1）并行 ADC。

图 9—4 是输出为 3 位的并行 A/D 转换原理电路，8 个电阻将参考电压分成 8 个等级，其中 7 个等级的电压分别作为 7 个比较器的比较电平。输入的模拟电压经采样保持后与这些比较电平进行比较。当模拟电压高于比较器的比较电平时，比较器输出为 1；当模拟电压低于比较器的比较电平时，比较器输出为 0。比较器的输出状态由 D 触发器存储，并送给编码器，经过编码器编码得到数字输出量。表 9—1 为该电路的转换真值表。

对于 n 位输出二进制码，并行 ADC 就需要 2^n-1 个比较器。显然，随着位数的增加所需硬件将迅速增加，当 $n>4$ 时，并行 ADC 较复杂，一般很少采用。因此并行 ADC 适用于速度要求很高，而输出位数较少的场合。

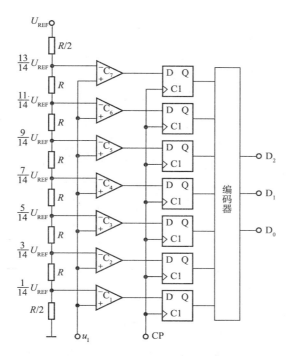

图 9—4　3 位并行 A/D 转换原理电路

表 9—1 　　　　　　　　　　　　　　　　　3 位并行 ADC 转换真值表

输入模拟信号	比较器输出							数字输出		
	C_7	C_6	C_5	C_4	C_3	C_2	C_1	D_2	D_1	D_0
$0 < U_1 < U_{REF}/14$	0	0	0	0	0	0	0	0	0	0
$U_{REF}/14 < U_1 < 3U_{REF}/14$	0	0	0	0	0	0	1	0	0	1
$3U_{REF}/14 < U_1 < 5U_{REF}/14$	0	0	0	0	0	1	1	0	1	0
$5U_{REF}/14 < U_1 < 7U_{REF}/14$	0	0	0	0	1	1	1	0	1	1
$7U_{REF}/14 < U_1 < 9U_{REF}/14$	0	0	0	1	1	1	1	1	0	0
$9U_{REF}/14 < U_1 < 11U_{REF}/14$	0	0	1	1	1	1	1	1	0	1
$11U_{REF}/14 < U_1 < 13U_{REF}/14$	0	1	1	1	1	1	1	1	1	0
$13U_{REF}/14 < U_1 < U_{REF}$	1	1	1	1	1	1	1	1	1	1

（2）逐次比较型 ADC。

逐次比较型 ADC，又叫逐次逼近 ADC，是目前用得较多的一种 ADC。图 9—5 为 4 位逐次比较型 ADC 的原理框图。它由比较器 C、电压输出型 DAC 及逐次比较寄存器（简称 SAR）组成。其工作原理描述如下。

首先，使逐次比较寄存器的最高位 B_1 为"1"，并输入到 DAC。经 DAC 转换为模拟信号输出（$U_{REF}/2$）。该量与输入模拟信号在比较器中进行第一次比较。如果模拟输入大于 DAC 输出，则 $B_1 = 1$ 在寄存器中保存；如果模拟输入小于 DAC 输出，则 B_1 被清除为 0。然后 SAR 继续令 B_2 为 1，连同第一次比较结果，经 DAC 转换再同模拟输入比较，并根据比较结果，决定 B_2 在寄存器中的取舍。如此逐位进行比较，直到最低位比较完毕，整个转

233

换过程结束。这时，DAC 输入端的数字即为模拟输入信号的数字量输出。

假定模拟输入的变化范围为（9/16）U_{REF}～（10/16）U_{REF}，图 9—6 为上述转换过程的时序波形。

逐次比较型 ADC 具有速度快，转换精度高的优点，目前应用相当广泛。

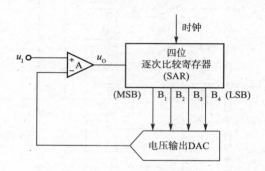

图 9—5　4 位逐次比较型 ADC 原理框图

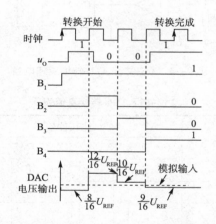

图 9—6　4 位逐次比较型 ADC 转换时序波形

2. 间接 ADC

（1）双积分型。

双积分型 ADC 又称双斜率 ADC，它的基本原理是对输入模拟电压和参考电压分别进行两次积分，变换成和输入电压平均值成正比的时间间隔，利用计数器测出时间间隔，计数器的输出就是转换后的数字量。

图 9—7 为双积分型 ADC 的电路图，该电路由运算放大器 C 构成的积分器、检零比较器 C_1、时钟输入控制门 G、定时器和计数器等组成。下面分别介绍它们的功能。

①积分器：由集成运放和 RC 积分环节组成，其输入端接控制开关 S_1。S_1 由定时信号控制，可以将极性相反的输入模拟电压和参考电压分别加在积分器，进行两次方向相反的积分。其输出接比较器的输入端。

②检零比较器：其作用是检查积分器输出电压过零的时刻。当 $U_O > 0$ 时，比较器输出 $U_{C1} = 0$；当 $U_O < 0$ 时，比较器输出 $U_{C1} = 1$。比较器的输出信号接时钟控制门的一个输入端。

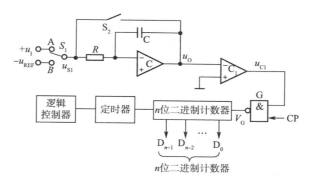

图 9—7 双积分型 ADC 电路图

③时钟输入控制门 G：标准周期为 T_{CP} 的时钟脉冲 CP 接在控制门 G 的一个输入端。另一个输入端由比较器的输出 U_{C1} 进行控制。当 $U_{C1}=1$ 时，允许计数器对输入时钟脉冲的个数进行计数；当 $U_{C1}=0$ 时，禁止时钟脉冲输入到计数器。

④定时器、计数器：计数器对时钟脉冲进行计数。当计数器计满（溢出）时，定时器被置 1，发出控制信号使开关 S_1 由 A 接到 B，从而可以开始对 U_{REF} 进行积分。

其工作过程可分为两段，如图 9—8 所示。

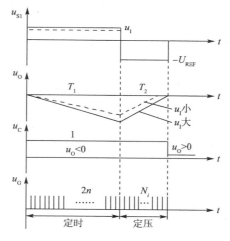

图 9—8 双积分型 ADC 波形图

第一段对模拟输入积分。此时，电容 C 放电为 0，计数器复位，控制电路使 S_1 接通模拟输入 u_1，用集成运算放大器 C 构成的积分器开始对 u_1 积分，积分输出为负值，U_{C1} 输出为 1，计数器开始计数。计数器溢出后，发出控制信号使 S_1 接通参考电压 U_{REF}，积分器结束对 u_1 积分，这段的积分输出波形为一段负斜率线性斜坡。积分时间 $T_1=2^n T_{CP}$，n 为计数器的位数。因此该阶段又称为定时积分。

第二段对参考电压积分，又称定压积分。因为参考电压与输入电压极性相反，可使积分器的输出沿正斜率线性斜坡恢复为 0。回 0 后结束对参考电压积分，比较器的输出 U_{C1} 为 0。通过控制门 G 的作用，禁止时钟脉冲输入，计数器停止计数。此时计数器的计数值 $D_0 \sim D_{n-1}$ 就是转换后的数字量。此阶段的积分时间 $T_2=N_i T_{CP}$，N_i 为此定压积分段计数器的计数个数。输入电压 u_1 越大，N_i 越大。

（2）电压/频率转换器。

电压/频率转换器（VFC）根据电荷平衡的原理，将输入的模拟电压转换成与之成正比的频率信号输出。把该频率信号送入计数器定时计数，就可以得到与输入模拟电压成正比的二进制数字量。因此，VFC 可以作为 A/D 转换器的前置电路，实现模拟量到数字量的转换，它是一种间接 ADC。

9.2 D/A 转换的基本原理和类型

9.2.1 D/A 转换的基本原理

D/A 转换器（DAC）就是一种将离散的数字量转换为连续变化的模拟量的电路。数字量是用代码按数位组合起来表示的，每位代码都有一定的权。为了将数字量转换为模拟量，必须将每一位的代码按其权的大小转换成相应的模拟量，然后将代表每位的模拟量相加，所得的总模拟量就与数字量成正比，这是 D/A 转换器的基本指导思想。

图 9—9 为数模转换示意图。D/A 转换器将输入的二进制数字量转换成相应的模拟电压，经运算放大器 A 的缓冲，输出模拟电压 u_O。

图中，$D_0 \sim D_{n-1}$ 为输入的 n 位二进制数字量（其十进制最大值为 2^{n-1}），D_0 为最低位（LSB），D_{n-1} 为最高位（MSB），u_O 为输出模拟量，U_{REF} 为实现转换所需的参考电压（又称基准电压）。三者应满足下列关系式：

$$u_O = X \cdot \frac{U_{REF}}{2^n}$$

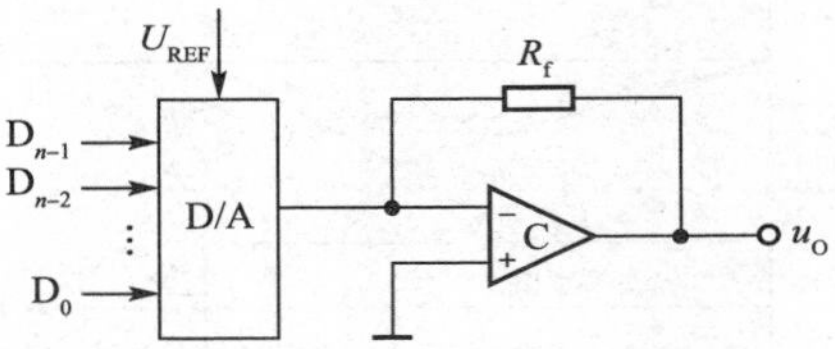

图 9—9 数模转换示意图

其中，

$$X = (D_{n-1}2^{n-1} + D_{n-2}2^{n-2} + \cdots + D_i 2^i + D_1 2^1 + D_0 2^0)$$

为二进制数字量所代表的十进制数。所以

$$u_O = \frac{U_{REF}}{2^n}(D_{n-1}2^{n-1} + D_{n-2}2^{n-2} + \cdots + D_i 2^i + D_1 2^1 + D_0 2^0)$$

例如，当 $n=3$、参考电压为 10V 时，D/A 转换器输入二进制数和转换后的输出模拟电压量如表 9—2 所示。

表 9—2   **D/A 转换器输入二进制数和转换后的输出模拟电压量**

输入	000	001	010	011	100	101	110	111
U_O/V	0	1.25	2.5	3.75	5	6.25	7.5	8.75

一般来说，D/A 转换器的基本组成有 4 部分，即电阻译码网络、模拟开关、基准电源

和求和运算放大器。

9.2.2 D/A 转换器的类型

按工作原理分，D/A 转换器可分为两大类，即权电阻网络 D/A 转换器和 T 形电阻网络 D/A 转换器；按工作方式分有电压相加型 D/A 转换器及电流相加型 D/A 转换器；按输出模拟电压极性又可分为单极性 D/A 转换器和双极性 D/A 转换器。这里介绍几种常见的 D/A 转换电路。

1. 权电阻 DAC

4 位二进制权电阻 DAC 的电路如图 9—10 所示。

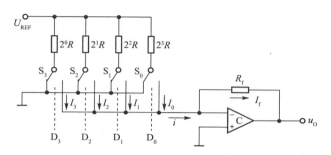

图 9—10 权电阻 DAC 电路原理图

由图 9—10 可以看出，此类 DAC 由权电阻网络、模拟开关和运算放大器组成，U_{REF} 为基准电源。电阻网络的各电阻的值呈二进制权的关系，并与输入二进制数字量对应的位权成比例关系。

输入数字量 D_3、D_2、D_1 和 D_0 分别控制模拟电子开关 S_3、S_2、S_1 和 S_0 的工作状态。当 D_i 为 "1" 时，开关 S_i 接通参考电压 U_{REF}；反之，当 D_i 为 "0" 时，开关 S_i 接地。这样流过所有电阻的电流之和 I 就与输入的数字量成正比。求和，运算放大器总的输入电流为

$$
\begin{aligned}
I &= I_0 + I_1 + I_2 + I_3 \\
&= \frac{U_{REF}}{2^3 R} D_0 + \frac{U_{REF}}{2^2 R} D_1 + \frac{U_{REF}}{2^1 R} D_2 + \frac{U_{REF}}{2^0 R} D_3 \\
&= \frac{U_{REF}}{2^3 R} (2^0 D_0 + 2^1 D_1 + 2^2 D_2 + 2^3 D_3) \\
&= \frac{U_{REF}}{2^3 R} \sum_{i=0}^{3} 2^i D_i
\end{aligned}
$$

若运算放大器的反馈电阻 $R_f = R/2$，由于运放的输入电阻无穷大，所以 $I_f = I$，则运放的输出电压为

$$
\begin{aligned}
u_O &= -I_f R_f = -\frac{R}{2} \times \frac{U_{REF}}{2^3 R} \sum_{i=0}^{3} 2^i D_i \\
&= -\frac{U_{REF}}{2^4} \sum_{i=0}^{3} 2^i D_i
\end{aligned}
$$

对于 n 位的权电阻 D/A 转换器，其输出电压为

$$
u_O = -\frac{U_{REF}}{2^n} \sum_{i=0}^{n-1} 2^i D_i
$$

由上式可以看出，二进制权电阻 D/A 转换器的模拟输出电压与输入的数字量成正比关系。当输入数字量全为 0 时，DAC 输出电压为 0V；当输入数字量全为 1 时，DAC 输出电压为 $-U_{REF}(1-\dfrac{1}{2^n})$。权电阻网络 DAC 的优点是电路结构简单，适用于各种权码，其主要缺点是构成网络电阻的阻值范围较宽，品种较多。为保证 D/A 转换的精度，要求电阻的阻值很精确，这给生产带来了一定的困难。因此在集成电路中很少采用。

2. 倒 T 形 DAC

图 9—11 为 4 位 R-2R 倒 T 形 D/A 转换器。此 DAC 由倒 T 形电阻网络、模拟开关和运算放大器组成，其中，倒 T 形电阻网络由 R、2R 两种阻值的电阻构成。输入数字量 D_3、D_2、D_1 和 D_0 分别控制模拟电子开关 S_3、S_2、S_1 和 S_0 的工作状态。当 D_i 为"1"时，开关 S_i 接通右边，相应的支路电流流向运算放大器；当为"0"时，开关 S_i 接通左边，相应的支路电流流向地。

根据运算放大器虚短路的概念不难看出，分别从虚线 A、B、C、D 向右看的二端网络等效电阻都是 2R，所以

$$I_3 = I'_3 = I_{REF}/2, \qquad\qquad I_2 = I'_2 = I'_3/2 = I_{REF}/4,$$
$$I_1 = I'_1 = I'_2/2 = I_{REF}/8, \quad I_0 = I'_0 = I'_1/2 = I_{REF}/16$$

其中 I_{REF} 为基准电压 U_{REF} 输出的总电流，即 $I_{REF} = U_{REF}/R$。假设所有开关都接右边，则有：

$$I = I_0 + I_1 + I_2 + I_3 = \frac{U_{REF}}{R}\left(\frac{1}{16} + \frac{1}{8} + \frac{1}{4} + \frac{1}{2}\right)$$

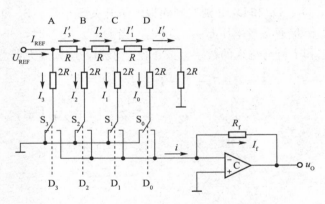

图 9—11　4 位 R-2R 倒 T 形 D/A 转换器

由于输入的二进制数控制模拟开关，$D_i = 1$ 表示开关接通右边，故有

$$I = \frac{U_{REF}}{R}\left(\frac{D_0}{2^4} + \frac{D_1}{2^3} + \frac{D_2}{2^2} + \frac{D_3}{2^1}\right)$$

推广到 n 位，则有

$$I = \frac{U_{REF}}{R}\left(\frac{D_0}{2^n} + \frac{D_1}{2^{n-1}} + \frac{D_2}{2^{n-2}} + \cdots + \frac{D_{n-1}}{2^1}\right)$$
$$= \frac{U_{REF}}{2^n R}(D_0 2^0 + D_1 2^1 + D_2 2^2 + \cdots + D_{n-1} 2^{n-1})$$

$$=-\frac{U_{REF}}{2^n R}\sum_{i=0}^{n-1}2^i D_i$$

若 $R_f = R$，则运算放大器 C 的输出为

$$U_O = -R_f I = -\frac{U_{REF} R_f}{2^n R}(D_0 2^0 + D_1 2^1 + D_2 2^2 + \cdots + D_{n-1}2^{n-1})$$

$$= -\frac{U_{REF} R_f}{2^n R}(D_0 2^0 + D_1 2^1 + D_2 2^2 + \cdots + D_{n-1}2^{n-1})$$

$$= -\frac{U_{REF}}{2^n}\sum_{i=0}^{n-1}2^i D_i$$

倒 T 形 DAC 的特点是：模拟开关不管处于什么位置，流过各支路 2R 的电流总是接近于恒定值；该 D/A 转换器只采用 R 和 2R 两种电阻，故在集成芯片中应用非常广泛，是目前 D/A 转换器中速度最快的一种。

3. 电流激励 DAC

上述几种 DAC，模拟开关的导通电阻都串联接于各支路中，这就不可避免地要产生压降，从而引起转换误差。为了克服这一缺点，提高 DAC 的转换精度，又出现了电流激励 DAC，图 9—12 是其基本工作原理图。

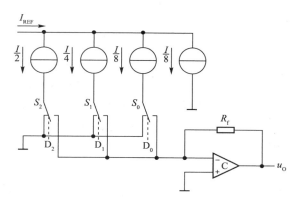

图 9—12 电流激励 DAC 工作原理图

在图 9—12 中，电阻网络被呈二进制"权"关系的恒流源所代替，输入数字量 D_0、D_1、D_2 通过模拟开关 S_0、S_1、S_2 分别控制相应的恒流源连接到输出端或地。由于采用恒流源，所以模拟开关的导通电阻对转换精度无影响。容易得出，这时的输出电压如下：

$$U_O = -IR_f\left(\frac{D_2}{2}+\frac{D_1}{2^2}+\frac{D_0}{2^3}\right)$$

9.3 常用集成 ADC 简介

单片机集成 ADC 有很多种，读者可根据自己的要求参阅手册进行选择。这里主要介绍两种集成 ADC 和一个应用实例。

9.3.1 ADC0809

ADC0809 是一种逐次比较型 ADC。它是采用 CMOS 工艺制成的 8 位 8 通道 A/D 转换

器，采用 28 只引脚的双列直插封装，其原理图和引脚图如图 9—13 所示。

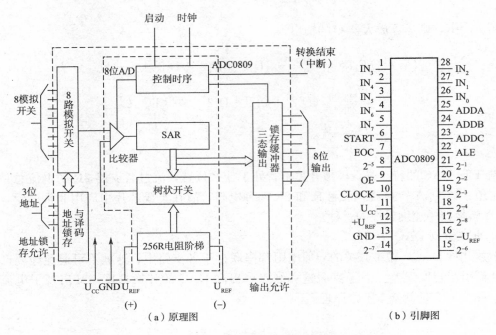

图 9—13 ADC0809 原理图和引脚图

该转换器有 3 个主要组成部分：256 个电阻组成的电阻阶梯及树状开关、逐次比较寄存器 SAR 和比较器。电阻阶梯和开关树是 ADC0809 的特点。ADC0809 与一般逐次比较 ADC 的另一个不同点是，它含有一个 8 通道单端信号模拟开关和一个地址译码器。地址译码器选择 8 个模拟信号之一送入 ADC 进行 A/D 转换，因此适用于数据采集系统。表 9—3 为通道选择表。

图 9—13（b）中各引脚功能如下：

(1) $IN_0 \sim IN_7$ 是 8 路模拟输入信号。

(2) ADDA、ADDB、ADDC 为地址选择端。

(3) $2^{-1} \sim 2^{-8}$ 为变换后的数据输出端。

(4) START（6 脚）是启动输入端，输入启动脉冲的下降沿使 ADC 开始转换，脉冲宽度要求大于 100ns。

表 9—3　　　　　　　　　通道选择表

地　　址　　输　　入			选中通道
ADDC	ADDB	ADDA	
0	0	0	IN_0
0	0	1	IN_1
0	1	0	IN_2
0	1	1	IN_3
1	0	0	IN_4
1	0	1	IN_5
1	1	0	IN_6
1	1	1	IN_7

（5）ALE（22 脚）是通道地址锁存输入端。当 ALE 上升沿来到时，地址锁存器可将 ADDA、ADDB、ADDC 锁定。为了稳定锁存地址，即为了在 ADC 转换周期内模拟多路转换开关稳定地接通在某一通道，ALE 脉冲宽度应大于 100ns，下一个 ALE 上升沿允许通道地址更新。实际使用中，要求 ADC 开始转换之前地址就应锁存，所以通常将 ALE 和 START 连在一起，使用同一个脉冲信号，上升沿锁存地址，下降沿启动转换。

（6）OE（9 脚）为输出允许端，它控制 ADC 内部三态输出缓冲器。当 OE＝0 时，输出端为高阻态，当 OE＝1 时，允许缓冲器中的数据输出。

（7）EOC（7 脚）是转换结束信号，由 ADC 内部控制逻辑电路产生。EOC＝0 表示转换正在进行，EOC＝1 表示转换已经结束。因此 EOC 可作为微机的中断请求信号或查询信号。显然只有当 EOC＝1 以后，才可以让 OE 为高电平，这时读出的数据才是正确的转换结果。

9.3.2 MC14433

MC14433 是 $3\frac{1}{2}$ CMOS 双积分型 A/D 转换器。所谓 $3\frac{1}{2}$ 位，是指输出数字量的 4 位十进制数，最高位仅有 0 和 1 两种状态，而低三位则每位都有 0～9 十种状态。MC14433 把线性放大器和数字逻辑电路同时集成在一个芯片上。它采用动态扫描输出方式，其输出是按位扫描的 BCD 码。使用时只需外接两个电阻和两个电容，即可组成具有自动调零和自动极性转换功能的 A/D 转换系统。它是数字面板表的通用器件，也可用在数字温度计、数字量具和遥测/遥控系统中。

1. 电路框图及引脚说明

MC14433 的原理电路和引脚图如图 9—14 所示。该电路包括多路选择开关、CMOS 模拟电路、逻辑控制电路、时钟和锁存器等。它采用 24 只引脚，双列直插封装，与国产同类产品 5G14433 的功能、外形封装、引脚排列以及参数性能均相同，可以替换使用。

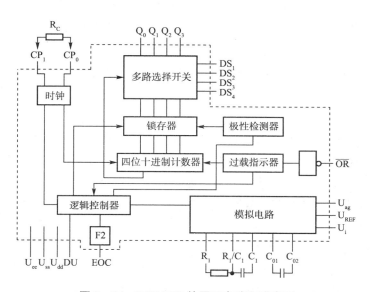

图 9—14　MC14433 的原理电路和引脚图

各引脚功能说明如下：

U_{ag}：模拟地，作为输入模拟电压和参考电压的参考点。

U_{REF}：参考电压输入端。当参考电压分别为 200mV 和 2V 时，电压量程分别为 199.9mV 和 1.999V。

R_1，R_1/C_1，C_1：外接电阻、电容的接线端。

C_{01}，C_{02}：补偿电容 C_0 的接线端。补偿电容用于存放失调电压，以便自动调零。

DU：控制转换结果的输出。DU 端送正脉冲时，数据送入锁存器；反之，锁存器保持原来的数据。

CP_1：时钟信号输入端，外部时钟信号由此输入。

CP_0：时钟信号输出端。在 CP_1 和 CP_0 之间接一电阻 R_C，内部即可产生时钟信号。

U_{ee}：负电源输入端。

U_{ss}：电源公共地。

EOC：转换结束信号。正在转换时为低电平，转换结束后输出一个正脉冲。

$\overline{OR}$：溢出信号输出，溢出时为 0。

$DS_1 \sim DS_4$：输出位选通信号，DS_4 为个位，DS_1 为千位。

$Q_0 \sim Q_3$：转换结果的 BCD 码输出，可连接显示译码器。

U_{dd}：正电源输入端。

2. 工作原理

MC14433 是双积分式 A/D 转换器。双积分式的特点是线路结构简单，外接元件少，抗共模干扰能力强，但转换速度较慢。

MC14433 的逻辑部分包括时钟信号发生器、4 位十进制计数器、多路开关、逻辑控制器、极性检测器和溢出指示器等。

时钟信号发生器由芯片内部的反相器、电容以及外接电阻 R_C 所构成。R_C 通常可取 750kΩ、470kΩ、360kΩ 等典型值，相应的时钟频率 f_0 依次为 50kHz、66kHz、100kHz。采用外部时钟频率时，不得接 RC。

计数器是 4 位十进制计数器，计数范围为 0~1 999。锁存器用来存放 A/D 转换结果。

MC14433 的输出为 BCD 码，4 位十进制数按时间顺序从 $Q_0 \sim Q_3$ 输出，$DS_1 \sim DS_4$ 是路选择开关的选通信号，即位选通信号。当某一个 DS 信号为高电平时，相应的位被选通，此刻 $Q_0 \sim Q_3$ 输出的 BCD 码与该位数据相对应，如图 9—15 所示。由图可见，当 EOC 为正脉冲时，选通信号就按照 DS_1（最高位，千位）→DS_2（百位）→DS_3（十位）→DS_4（最低位，个位）的顺序选通。选通信号的脉冲宽度为 18 个时钟周期（$18T_{cp}$）。相邻的两个选通信号之间有 $2T_{cp}$ 的位间消隐时间。这样在动态扫描时，每一位的显示频率为 $f_1 = f_0/80$。若时钟频率为 66kHz，则 $f_1 = 800$Hz。

实际使用 MC14433 时，一般只需外接 R_C、R_1、C_1 和 C_0 即可。若采用外部时钟，就不接 R_C，外部时钟由 CP_1 输入。使用内部时钟时 R_C 的选择前面已经叙述。积分电阻 R_1 和积分电容 C_1 的取值和时钟频率的电压量程有关。若时钟频率为 66kHz，$C_1 = 0.1\mu F$，量程为 2V 时，R_1 取 470Ω；量程为 200mV 时，R_1 取 27kΩ。失调补偿电容 C_0 的推荐值为 $0.1\mu F$。DU 端一般和 EOC 短接，保证每次转换的结果都被输出。

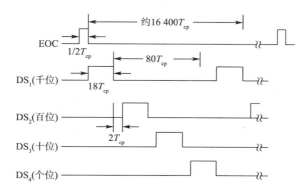

图 9—15 EOC 和 DS₁～DS₄ 信号时序图

实际应用中的 ADC 还有很多种，读者可根据需要选择模拟输入量程、数字量输出位数均合适的 A/D 转换器。现将常见集成 ADC 列于表 9—4 中。

表 9—4 　　　　　　　　　　　　　　　　　　常用 ADC

类　　型	功　能　说　明
ADC0801、ADC0802、ADC0803	8 位 A/D 转换器
ADC0831、ADC0832、ADC0834	
ADC10061、ADC10062	10 位 A/D 转换器
ADC10731、ADC10734	11 位 A/D 转换器
AD7880、AD7883	12 位 A/D 转换器
AD7884、AD7885	16 位 A/D 转换器

9.3.3　ADC 的应用实例

图 9—16 是以 MC14433 为核心组成的 $3\frac{1}{2}$ 位数字电压表的电路原理图，图中用了 4 块集成电路：MC14433 用作 A/D 转换；CC4511 为译码驱动电路（LED 数码管为共阴极）；MC1403 为基准电压源电路；MC1413 为七组达林顿管反相驱动电路。DS₁～DS₄ 信号经 MC1413 缓冲后驱动各位数码管的阴极。由此可见，MC14433 是将输入的模拟电压转换为数字电压的核心芯片，其余都是它的外围辅助芯片。

MC1403 的输出接至 MC14433 的 U_{REF} 输入端，为后者提供高精度、高稳定度的参考电源。

CC4511 接收 MC14433 输出的 BCD 码，经译码后送给 4 个 LED 七段数码管。4 个数码管 a～g 分别并联在一起。

MC1413 的 4 个输出端 O_1～O_4 分别接至 4 个数码管的阴极，为数码管提供导电通路。它接收 MC14433 的选通脉冲 DS₁～DS₄，使 O_4～O_1 轮流为低电平，从而控制 4 个数码管轮流工作，实现所谓扫描显示。

电压极性符号"一"由 MC14433 的 Q_2 端控制。当输入负电压时，$Q_2=0$，"一"通过 R_M 点亮；当输入正电压时 $Q_2=1$，"一"熄灭。小数点由电阻 R_{dp} 供电点亮。当电源电压为 5V 时，R_M、R_{dp} 和 7 个限流电阻的阻值为 270～390Ω。

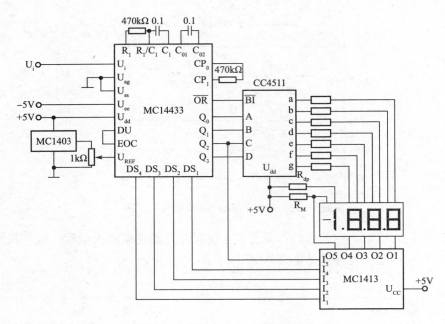

图 9—16 $3\frac{1}{2}$ 位数字电压表电路原理图

9.4 常用集成 DAC 简介

9.4.1 DAC0830 系列

DAC0830 系列包括 DAC0830、DAC0831 和 DAC0832，它是由 CMOS Cr-Si 工艺实现的 8 位乘法 DAC，可直接与 8080、8048、Z80 及其他微处理器接口。该电路采用双缓冲寄存器，使它能方便地应用于多个 DAC 同时工作的场合。数据输入能以双缓冲、单缓冲或直接通过三种方式工作。DAC0830 系列各电路的原理、结构及功能都相同，参数指标略有不同。为叙述方便，下面以实训中所使用的 DAC0832 为例进行说明。

1. 引脚功能

DAC0832 的逻辑功能框图和引脚图示见图 9—17，它由 8 位输入寄存器、8 位 DAC 寄存器和 8 位乘法 DAC 组成。8 位乘法 DAC 由倒 T 形电阻网络和电子开关组成，其工作原理已在前面的内容中讲述。DAC0832 采用 20 只引脚双列直插封装，各引脚的功能说明如下：

$\overline{CS}$：输入寄存器选通信号，低电平有效，同 $\overline{WR_1}$ 组合选通 ILE。

ILE：输入寄存器锁存信号，高电平有效（当 $\overline{CS}=\overline{WR_1}=0$ 时，只要 ILE＝1，则 8 位输入寄存器将直通数据，即不再锁存）。

$\overline{WR_1}$：输入寄存器写信号，低电平有效，在 $\overline{CS}$ 和 ILE 都有效且 $\overline{WR_1}=0$ 时，$\overline{LI}=1$ 将数据送入输入寄存器，即为"透明"状态。当 $\overline{WR_1}$ 变高或 ILE 变低时数据锁存。

$\overline{XFER}$：传送控制信号，低电平有效，用来控制 $\overline{WR_2}$ 选通 DAC 寄存器。

$\overline{WR_2}$：DAC 寄存器写信号，低电平有效。当 $\overline{WR_2}$ 和 $\overline{XFER}$ 同时有效时，$\overline{LE}$ 为高，将输入寄存器中的数据装入 DAC 寄存器；$\overline{LE}$ 负跳变锁存装入的数据。

$DI_0 \sim DI_7$：8 位数据输入端，DI_0 为最低位，DI_7 为最高位。

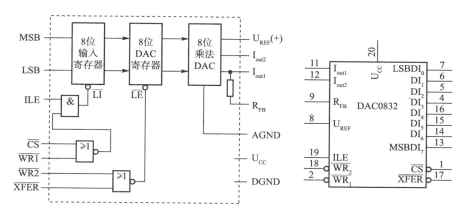

图9—17　DAC0832的逻辑功能框图和引脚图

I_{out1}：DAC电流输出1。

I_{out2}：DAC电流输出2。$I_{out1}+I_{out2}$＝常数。

R_{FB}：反馈电阻。

U_{REF}：参考电压输入，可在$-10\sim+10V$之间选择。

U_{CC}：电源输入端，$+15V$为最佳工作状态。

AGND：模拟地。

DGND：数字地。

2. 工作方式

（1）双缓冲方式。

DAC0832包含两个数字寄存器——输入寄存器和DAC寄存器，因此称为双缓冲。这是不同于其他DAC的显著特点，即数据在进入倒T形电阻网络之前，必须经过两个独立控制的寄存器，这对使用者是有利的。首先，在一个系统中，任何一个DAC都可以同时保留两组数据；其次，双缓冲允许在系统中使用任何数目的DAC。

（2）单缓冲与直通方式。

在不需要双缓冲的场合，为了提高数据通过率，可采用这两种方式。例如，$\overline{CS}=\overline{WR_2}=\overline{XFER}=0$，ILE＝1，这样DAC寄存器处于"透明"状态，即直通。$\overline{WR_1}=1$时，数据锁存，模拟输出不变；$\overline{WR_1}=0$时，模拟输出更新，这称为单缓冲工作方式。又如，当$\overline{CS}=\overline{WR_2}=\overline{XFER}=\overline{WR_1}=0$，ILE＝1时，两个寄存器都处于直通状态，模拟输出能够快速反映输入数码的变化。实训15中的0832就接成了直通方式，使输入的二进制信息直接转换为模拟输出。

9.4.2　10位CMOS DAC-AD7533

AD7533是单片集成DAC，与早期产品AD7530、AD7520完全兼容。它由一组高稳定性能的倒R-2R电阻网络和10个CMOS开关组成，其引脚图如图9—18所示。

它使用时需外接参考电压和求和运算放大器，将DAC的电流输出转换为电压输出。AD7533既可作为单极性使用，也可作为双极性使用。

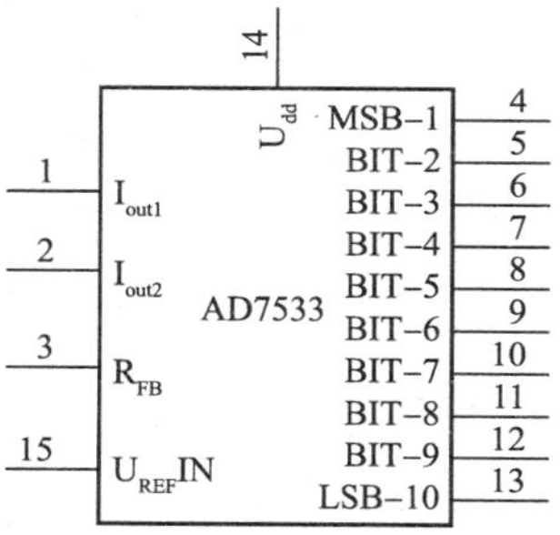

实际应用中还有很多种D/A转换器，例如DAC1002、

图9—18　AD7533引脚图

DAC1022、DAC1136、DAC1222、DAC1422 等，用户在使用时，可查阅相关手册。现将常见的 D/A 转换器列于表 9—5 中。

表 9—5   **常用的 D/A 转换器**

类 型	功 能 说 明
DAC0830、DAC0831、DAC0832	8 位 D/A 转换器
DAC1000、DAC1001、DAC1002	10 位 D/A 转换器
DAC1006、DAC1007、DAC1008	
DAC1230、DAC1231、DAC1232	12 位 D/A 转换器
DAC700、DAC701、DAC702	16 位 D/A 转换器
DAC703、DAC712	
DAC811、DAC813	12 位 D/A 转换器
AD7224、AD7228A、AD7524	8 位 D/A 转换器
AD7533	10 位 D/A 转换器
AD7534、AD7535、AD7538	14 位 D/A 转换器

实训 14 　模数转换器

一、实训目的
（1）熟悉 A/D 转换器的基本工作原理。
（2）掌握 A/D 转换集成芯片 ADC0809 的性能及其使用方法。

二、实训前准备
（1）复习 A/D 转换器的工作原理。
（2）熟悉 ADC0809 芯片各管脚的排列及其功能。
（3）了解 ADC0809 的使用方法。
（4）预习下面"实训内容与步骤"。

三、实训器材
（1）万用表一只；
（2）逻辑电平开关盒一个；
（3）28 脚集成座一个；
（4）集成电路：A/D 转换器 ADC0809 一片；
（5）1kΩ 电位器一只。

四、实训内容及步骤
（1）8 位 A/D 转换器 ADC0809 的模/数转换方法为逐次逼近法，它采用 CMOS 工艺，共有 28 个引脚，其引脚图见图 9—19，各管脚的功能如下：

①$IN_0 \sim IN_7$：8 个模拟量输入端。

②STA（START）：A/D 转换的启动信号，STA 为高电平时开始 A/D 转换。

③EOC：转换结束信号，A/D 转换完毕后，发出一个正脉冲，表示 A/D 转换结束；此信号可做 A/D 转换是否结束的检测信号，或中断申请信号（加一个反相器）。

④C、B、A：通道号地址输入端，C、B、A 为二进制数输入，C 为最高位，A 为最低

位，CBA 从 000～111 分别选中通道 IN_0～IN_7。

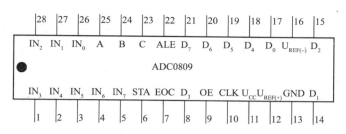

图 9—19 ADC0809 引脚图

⑤ALE：地址锁存信号，高电平有效。当 ALE 高电平时，允许 C、B、A 所示的通道被选中，并把该通道的模拟量接入 A/D 转换器。

⑥CLK（CLOCK）：外部时钟脉冲输入端，本实验接实验台的矩形脉冲源。

⑦D_7～D_0：数字量输出端。

⑧$U_{REF(+)}$、$U_{REF(-)}$：参考电压输入端子，用于提供模数转换器权电阻的标准电平。一般 $U_{REF(+)}=5V$，$U_{REF(-)}=0V$。

⑨U_{CC}：电源电压，+5V。

⑩GND：接地端。

（2）按图 9—20 接线，其中 D_7～D_0 接逻辑电平显示二极管，CLK 接实验台上的矩形脉冲，地址码 C、B、A 接逻辑电平开关。

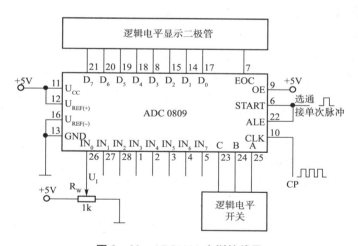

图 9—20 ADC0809 实训接线图

（3）检查接线无误后，接通电源。CP 脉冲调到 1kHz 以上，通过逻辑电平开关，将地址码 CBA 置为 000，调节 R_w，并用万用表测量 U_I 为 4V，按一下单次脉冲（实验台上的正脉冲源），观察逻辑电平显示二极管的发光情况，并将结果填入表 9—6 中。

（4）按上面的方法，调节 R_w 使 U_I 分别为 3V、2V、1V、0.5V、0.2V、0.1V、0V（每次都必须按一下单次脉冲），观察发光二极管的情况，将结果填入表 9—6 中。

表 9—6 实训记录表

输入模拟量/V	输出数字量							
	D_7	D_6	D_5	D_4	D_3	D_2	D_1	D_0
4								
3								
2								
1								
0.5								
0.2								
0.1								
0								

(5) 调节 R_W，使 $D_7 \sim D_0$ 全为 1，测量这时输入的模拟电压值。调节 R_W 使输入电压 U_I 大于该值，观察输出数字量 $D_7 \sim D_0$ 有没有变化？

(6) 将 CBA 置为 001，将 U_I 由 IN_0 改接到 IN_1，再进行（3）～（5）步的实验操作，将结果填于自拟的表格中。

五、分析与思考

(1) 整理实验数据与表格。

(2) 若输入的模拟电压大于 6V，该电路还能不能正常进行 A/D 转换。如果要求将一个 10V 的模拟电压转换为数字量，用 ADC0809 应如何实现？试考虑一下其接线。

实训 15　数模转换器

一、实训目的

(1) 熟悉 D/A 转换器的基本工作原理。

(2) 掌握 D/A 转换集成芯片 DAC0832 的性能及使用方法。

二、实训前准备

(1) 复习 D/A 转换器的工作原理以及同步二进制计数器 74LS161 的逻辑功能。

(2) 预习下面"实训内容与步骤"。

三、实训器材

(1) 示波器一台，逻辑电平开关盒一个；

(2) 数字万用表一个，14 脚、16 脚、20 脚集成座各一个；

(3) 集成电路：D/A 转换器 DAC0832 一片，同步二进制计数器 74LS161 一片，集成运算放大器 μA741 一片；

(4) 电位器：10kΩ、1kΩ 各一只。

四、实训内容及步骤

1. 基本题

（1）集成运算放大器 μA741 的引脚图见图 9—21，其中 2 脚 IN_、3 脚 IN+ 为运放的输入端；4 脚 －V、7 脚 ＋V 为电源接线端，4 脚接负电源，7 脚接正电源；对于 μA741，电源电压 $U_{CC} \leqslant \pm 22V$，而 μA741C 的电源电压 $U_{CC} \leqslant \pm 18V$；1 脚 OA_1、5 脚 OA_2 为调零端，可以对输出端进行"调零"；6 脚 OUT 为输出端。

（2）D/A 转换器 DAC0832 的引脚图见图 9—22，各引脚的功能如下：

① $D_7 \sim D_0$：八位数字输入端，D_7 为最高位，D_0 为最低位。

② I_{O1}：模拟电流输出端 1，当 DAC 寄存器为全 1 时 I_{O1} 最大，全 0 时 I_{O1} 最小。

③ I_{O2}：模拟电流输出端 2，$I_{O1} + I_{O2} = U_{REF}/R$，一般接地。

④ R_f：为外接运放提供的反馈电阻引出端。

⑤ U_{REF}：基准电压参考端，其电压范围为 $-10 \sim +10V$。

⑥ U_{CC}：电源电压，一般为 $+5 \sim +15V$。

⑦ DGND：数字电路接地端。

⑧ AGND：模拟电路接地端，通常与 DGND 相连。

⑨ $\overline{CS}$：片选信号，低电平有效。

⑩ ILE：输入锁存使能端，高电平有效，与 $\overline{WR_1}$、$\overline{CS}$ 信号共同控制输入寄存器选通。

⑪ $\overline{WR_1}$：写信号 1，低电平有效，当 $\overline{CS}=0$，ILE=1 时，$\overline{WR_1}$ 才能把数据总线上的数据输入寄存器中。

⑫ $\overline{WR_2}$：写信号 2，低电平有效，与 XFER 配合，当二者均为 0 时，将输入寄存器中当前的值写入 DAC 寄存器中。

⑬ $\overline{XFER}$：控制传送信号输入端，低电平有效。用来控制 $\overline{WR_2}$ 选通 DAC 寄存器。

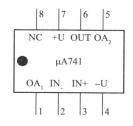

图 9—21　μA741 引脚图

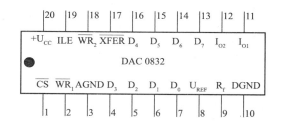

图 9—22　DAC0832 引脚图

（3）按图 9—23 接线，由于 DAC0832 转换后输出的是电流，所以当要求转换结果是电压而不是电流时，可以在输出端接一个运算放大器，将电流信号转换成电压信号。图中参考电压 U_{REF} 接 $+5V$ 时，输出电压范围为 $-5 \sim 0V$，若 U_{REF} 接 $+10V$，则输出电压的范围是 $-10 \sim 0V$。可见，该电路是单极性电压输出，若要获得双极性电压输出，必须再加一个运放。

（4）检查无误后，将输入数据 $D_7 \sim D_0$ 全部置 0，接通电源，调节运放的调零电位器，使输出电压 $U_O=0$。

（5）将输入数据 $D_7 \sim D_0$ 均置为 1，调节 R_f，改变运放电路的放大倍数，使输出满量程。

（6）将输入信号从低位向高位逐位置 1，并测量其输出模拟电压 U_O，填入表 9—7 中。

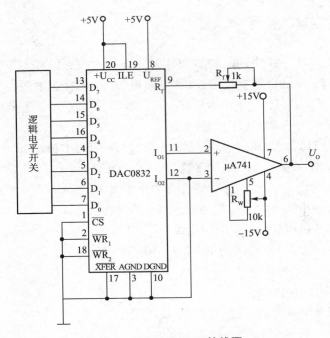

图 9—23　DAC0832 接线图

表 9—7　　　　　　　　　　　　　　　　　实验记录表

输入数字量								输出模拟电压	
D_7	D_6	D_5	D_4	D_3	D_2	D_1	D_0	实测值	理论值
0	0	0	0	0	0	0	0		
0	0	0	0	0	0	0	1		
0	0	0	0	0	0	1	1		
0	0	0	0	0	1	1	1		
0	0	0	0	1	1	1	1		
0	0	0	1	1	1	1	1		
0	0	1	1	1	1	1	1		
0	1	1	1	1	1	1	1		
1	1	1	1	1	1	1	1		

2. 选做题

将图 9—23 中的逻辑电平开关撤去，将二进制计数器 74LS161 的 $Q_3 \sim Q_0$ 端对应接到 DAC0832 的 $D_7 \sim D_4$ 端，$D_3 \sim D_0$ 端接地，时钟脉冲 CP 接实验台上的脉冲源（接线图见图 9—24，不断输入脉冲，用示波器观察并记录输出电压的波形。

其中同步二进制计数器 74LS161 的引脚图见图 9—25 引脚的功能如下：

(1) CO：进位输出端；

(2) CP：时钟输入端，上升沿有效；

(3) $D_3 \sim D_0$：并行数据输入端；

250

（4）$Q_3 \sim Q_0$：输出端；

（5）CR：异步清零端，低电平有效；

（6）LD：同步并行置数控制端，低电平有效，在 CR＝1、LD＝0 时，将并行数据输入端 D_3、D_2、D_1、D_0 的数据对应地送到输出端 Q_3、Q_2、Q_1、Q_0；

（7）CT_P、CT_T：计数控制端，在 CR、LD 均为 1 时，若 CT_P、CT_T 中有一个为 0，则输出信号保持不变，若 CT_P、CT_T 均为 1，则作二进制加法计数。

五、分析与思考

（1）整理实验数据，分析理论值与实际值的误差。

（2）选做题：若将计数器的输出接 $D_3 \sim D_0$，$D_7 \sim D_4$ 接地，结果是否相同？

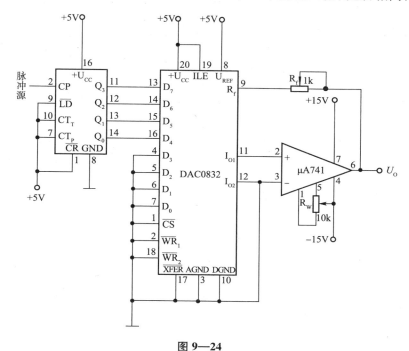

图 9—24

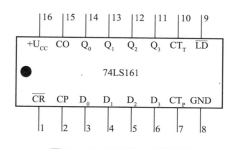

图 9—25　74LS161 引脚图

习 题 9

1. 常见的 A/D 转换器有几种，其特点分别是什么？

2. 常见的 D/A 转换器有几种，其特点分别是什么？

3. 为什么 A/D 转换需要采样、保持电路？

4. 若一理想的 6 位 DAC 具有 10V 的满刻度模拟输出，当输入为自然加权二进制码"100100"时，此 DAC 的模拟输出为多少？

5. 若一理想的 3 位 ADC 满刻度模拟输入为 10V，当输入为 7V 时，求此 ADC 采用自然二进制编码时的数字输出量。

6. 在图 9—10 所示电路中，当 $U_{REF}=10V$，$R_f=R/2$ 时，若输入数字量 $D_3=1$，$D_2=0$，$D_1=1$，$D_0=0$，则各模拟开关的位置和输出 u_O 为多少？

7. 在图 9—11 所示电路中，当 $U_{REF}=10V$，$R_f=R$ 时，若输入数字量 $D_3=0$，$D_2=1$，$D_1=1$，$D_0=0$，则各模拟开关的位置和输出 u_O 为多少？

8. 试画出 DAC0832 工作于单缓冲方式的引脚接线图。

9. 在图 9—5 所示电路中，若输入信号在 $(7/16)U_{REF}$ 到 $(8/16)U_{REF}$ 之间，画出类似图 9—6 的时序图。

第10章　数字电路及其 EDA 技术课程设计

10.1　交通灯控制器

10.1.1　任务目标

（1）学习 VHDL 程序设计方法。

（2）熟悉 VHDL 程序结构。

（3）练习程序的编译与错误修改。

10.1.2　交通灯控制器的实现

1. 分析设计题目

设东西方向和南北方向的车流量大致相同，因此两个方向的红、黄、绿灯亮的时间也相同。黄灯是红灯变绿灯、绿灯变红灯时的过渡信号，一是提醒司机和行人注意信号的变化；二是让已经出发但未能走完的行人和车辆通过。设红灯每次亮34s，黄灯每次亮4s，绿灯每次亮30s。用时钟脉冲的个数表示时间，假设一个时钟周期就是1s。用1代表灯亮、0代表灯暗。交通灯的循环顺序如表10—1所示。

表 10—1　　　　　　　　　　　　交通灯的循环顺序

时间/s	东西方向			南北方向		
	红灯	黄灯	绿灯	红灯	黄灯	绿灯
30s	1	0	0	0	0	1
2s	1	0	0	0	1	0
2s	0	1	0	0	1	0
2s	0	1	0	1	0	0
30s	0	0	1	1	0	0
2s	0	1	0	1	0	0
2s	0	1	0	0	1	0
2s	1	0	0	0	1	0

从表10—1中可以看出，交通灯共有8种状态，某个方向红灯亮的时间等于另一个方向绿灯和黄灯发光时间之和，每个方向信号灯发光顺序是红→黄→绿→黄→红。

2. 实体的确定

根据表10—1所示，应该有一个输入端（clk），可采用标准逻辑类型（SID_LOGIC）；

一个输出端（y），由于要代表两个方向共 6 个信号灯的状态，数据类型应该使用标准逻辑数组类型（STD_LOGIC_VECTOR），用包含 6 个元素的数组代表 6 个信号灯。实体的名称取 traffic。

3. 结构体的确定

为了描述表 10—1 所示的逻辑关系，设一个代表时间的变量 m，m 计算时钟的个数，利用 m 的数值区间实现要求的逻辑关系。全部程序如下：

```
LIBRARY   IEEE;
USE IEEE. STD_LOGIC_1164. ALL;
ENTITY traffic IS
  PORT ( clk: IN   STD_LOGIC;
              y: OUT   STD_LOGIC_VECTOR (5 DOWNTO 0));
END traffic;
ARCHITECTURE a OF traffic IS
  BEGIN
    PROCESS （clk）
VARIABLE m: INTEGER RANGE 0 to 72;            ——整数类型取值范围 0～72
  BEGIN
   IF clk'EVENT AND clk='1'THEN
   IF m>= 72 THEN m: =1;
   ELSE m: =m+1;
      IF m<= 30 THEN y<= "100001";
      ELSIF m<= 32 THEN y<= "100010";
      ELSIF m<= 34 THEN y<= "010010";
      ELSIF m<= 36 THEN y<= "010100";
      ELSIF m<= 66 THEN y<= "001100";
      ELSIF m<= 68 THEN y<= "010100";
      ELSIF m<= 70 THEN y<= "010010";
      ELSE y<= "100010";
      END IF;
    END IF;
   END IF;
  END PROCESS;
END a;
```

10.2   数字频率计的设计与制作

设计一个数字频率计，要求其能测量标准 TTL 波形的频率，并在 EDA 实验平台上通过数码管指示测得的频率值。

10.2.1   测频原理

频率计的基本原理是用一个频率稳定度高的频率源作为基准时钟，对比测量其他信号的频率。通常情况下计算每秒内待测信号的脉冲个数，此时我们称闸门时间为 1s。闸门时间也可以大于或小于 1s。闸门时间越长，得到的频率值就越准确，但闸门时间越长则每测一次频率的间隔就越长。闸门时间越短，测得频率值刷新就越快，但测得的频率精度就受影响。

10.2.2　频率计的实现

频率计的结构包括一个测频控制信号发生器、一个计数器和一个锁存器。

1. 测频控制信号发生器

设计频率计的关键是设计一个测频控制信号发生器，产生测量频率的控制时序。控制时钟信号 clk 取为 1Hz，二分频后即可产生一个脉宽为 1s 的时钟 test_en，以此作为计数闸门信号。当 test_en 为高电平时，允许计数；当 test_en 由高电平变为低电平（下降沿到来）时，应产生一个锁存信号，将计数值保存起来；锁存数据后，还要在下次 test_en 上升沿到来之前产生清零信号 clear，将计数器清零，为下次计数作准备。

2. 计数器

计数器以待测信号作为时钟，清零信号 clear 到来时，异步清零；test_en 为高电平时开始计数。计数以十进制数显示，本例设计了一个简单的 10kHz 以内信号的频率计，如果需要测试较高频率的信号，则将 dout 的输出位数增加，当然锁存器的位数也要相应增加。

3. 锁存器

当 test_en 下降沿到来时，将计数器的计数值锁存，这样可由外部的七段译码器译码并在数码管上显示。设置锁存器的好处是显示的数据稳定，不会由于周期性的清零信号而不断闪烁。锁存器的位数应跟计数器完全一样。

数字频率计外部接口如图 10—1 所示。

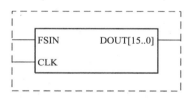

图 10—1　数字频率计外部接口

10.2.3　VHDL 程序

VHDL 程序如下：

```
Library ieee;
Use ieee. std_logic_1164. all;
Use ieee. std_logic_unsigned. all;
Entity freq is
 Port (fsin：in std_logic;
Clk, clk1：in std_logic;
     dou：out std_logic_vector (6 downto 0);
     wei：out std_logic_vector (2 downto 0));
End freq;
Architecture one of freq is
component aa
  port (m：in std_logic_vector (3 downto 0);
```

```vhdl
                    n:out std _ logic _ vector (6 downto 0));
      end component;
Signal test _ en: std _ logic;
    Signal clear:std _ logic;
    Signal data :std _ logic _ vector (31 downto 0);
      Signal gg :std _ logic _ vector (6 downto 0);
      Signal ss:std _ logic _ vector (6 downto 0);
      Signal bb:std _ logic _ vector (6 downto 0);
      Signal qq:std _ logic _ vector (6 downto 0);
      Signal ww:std _ logic _ vector (6 downto 0);
      Signal sw:std _ logic _ vector (6 downto 0);
      Signal bw:std _ logic _ vector (6 downto 0);
      Signal qw:std _ logic _ vector (6 downto 0);
    Signal scan:std _ logic _ vector (2 downto 0);
    signal Dout:std _ logic _ vector (31 downto 0);
    Begin
Process (clk)
    Begin
    If clk' event and clk='1' then test _ en<= not test _ en;
       End if;
    End process;
    Clear<= not clk and not test _ en;
Process (fsin)
    Begin
      If   clear ='1' then data<= "00000000000000000000000000000000";
      elsif fsin' event and fsin ='1'then
      If data (27 downto 0) ="1001100110011001100110011001" then data<=data
+"0110011001100110011001100111";
      elsif data (23 downto 0) ="100110011001100110011001" then data<= data
+"011001100110011001100111";
      elsif data (19 downto 0) ="10011001100110011001" then data<= data
+"0110011001100110111";
      elsif data (15 downto 0) ="1001100110011001" then data<= data
+"0110011001100111";
      elsif data (11 downto 0) ="100110011001" then data<= data+"011001100111";
      elsif data (7 downto 0) ="10011001" then data<= data+"01100111";
      elsif data (3 downto 0) ="1001" then data<= data+"0111";
      else data<= data+'1';
        End if;
      End if;
      End process;
      Process (test _ en, data)
      Begin
        If test _ en' event and test _ en='0' then dout<= data;
```

End if;

End process;

```
u0: aa port map (m=> dout (3 downto 0), n=> gg);
u1: aa port map (m=> dout (7 downto 4), n=> ss);
u2: aa port map (m=> dout (11 downto 8), n=> bb);
u3: aa port map (m=> dout (15 downto 12), n=> qq);
u4: aa port map (m=> dout (19 downto 16), n=> ww);
u5: aa port map (m=> dout (23 downto 20), n=> sw);
u6: aa port map (m=> dout (27 downto 24), n=> bw);
u7: aa port map (m=> dout (31 downto 28), n=> qw);
Process (clk1)
Begin
   if clk1'event and clk1='1'then scan<= scan+1;
   end if;
   end process;
process (scan, gg, ss, bb, qq, ww, sw, bw, qw)
begin
case scan is
when"000" => dou<= gg; wei<= "000";
when"001" => dou<= ss; wei<= "001";
when"010" => dou<= bb; wei<= "010";
when"011" => dou<= qq; wei<= "011";
when"100" => dou<= ww; wei<= "100";
when"101" => dou<= sw; wei<= "101";
when"110" => dou<= bw; wei<= "110";
when"111" => dou<= qw; wei<= "111";
when others=> dou<= "0000000"; wei<= "000";
   end case;
   end process;
End one;
```

以上的程序用到例化语句，被例化的元件设计程序如下：

```
Library ieee;
Use ieee. std _ logic _ 1164. all;
Use ieee. std _ logic _ unsigned. all;
Entity aa is
   Port (m: in std _ logic _ vector (3 downto 0);
         n:out std _ logic _ vector (6 downto 0));
   end aa;
Architecture ll of aa is
Begin
   process (m)
    begin
   Case m is
```

```
        When"0000" => n<= "1111110";
        When"0001" => n<= "0110000";
        When"0010" => n<= "1101101";
        When"0011" => n<= "1111001";
        When"0100" => n<= "0110011";
        When"0101" => n<= "1011011";
        When"0110" => n<= "1011111";
        When"0111" => n<= "1110000";
        When"1000" => n<= "1111111";
        When"1001" => n<= "1111011";
        When others=> n<= "0000000";
    End case;
  End process;
  end ll;
      END one;
```

10.3 音乐发生器

本设计利用可编程逻辑器件配以一个小扬声器设计一个音乐发生器，其结构如图 10—2 所示。本例产生的音乐选自《梁祝》片段。

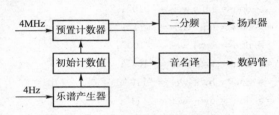

图 10—2 音乐发生器原理框图

10.3.1 音名与频率的关系

音乐的十二平均率规定：每两个八度音（如简谱中的中音 1 与高音 1）之间的频率相差一倍。在两个八度音之间，又可分为十二个半音，每两个半音的频率比为 $\sqrt[12]{2}$。另外，音名 A（简谱中的低音 6）的频率为 440Hz，音名 B 到 C 之间、E 到 F 之间为半音，其余为全音。由此可以计算出简谱中从低音 1 至高音 1 之间每个音名的频率如表 10—2 所示。

表 10—2   简谱中的音名与频率的关系

音名	频率/Hz	音名	频率/Hz	音名	频率/Hz
低音 1	261.63	中音 1	523.25	高音 1	1 046.50
低音 2	293.67	中音 2	587.33	高音 2	1 174.66
低音 3	329.63	中音 3	659.25	高音 3	1 318.51
低音 4	349.23	中音 4	698.46	高音 4	1 396.92
低音 5	391.99	中音 5	783.99	高音 5	1 567.98
低音 6	440	中音 6	880	高音 6	1 760
低音 7	493.88	中音 7	987.76	高音 7	1 975.52

由于音阶频率多为非整数，而分频系数又不能为小数，故必须将计算得到的分频数四舍五入取整。若基准频率过低，则由于分频系数过小，四舍五入取整后的误差较大。若基准频率过高，虽然误码差变小，但分频结构将变大。实际的设计应综合考虑两方面的因素，在尽量减小频率误差的前提下取合适的基准频率。本例中选取 4MHz 的基准频率。若无 4MHz 的时钟频率，则可以先分频得到 4MHz 或换一个新的基准频率。实际上，只要各个音名间的相对频率关系不变，C 作 1 与 D 作 1 演奏出的音乐听起来都不会"走调"。

本例需要演奏的是《梁祝》片段，此片段内各音阶频率及相应的分频比如表 10—3 所示。为了减小输出的偶次谐波分量，最后输出到扬声器的波形应为对称方波，因此在到达扬声器之前，有一个二分频的分频器。表 10—3 中的分频比就是从 4MHz 频率二分频得到的 2MHz 频率基础上计算得出的。

表 10—3 各音阶频率对应的分频值

音名	分频系数		音名	分频系数		音名	分频系数
低音 3	6 067	2 124	中音 2	3 405		4 786
低音 5	5 102	3 089	中音 3	3 034		5 157
低音 6	4 545	3 646	中音 5	2 551		5 640
低音 7	4 050	4 141	中音 6	2 273		5 918
中音 1	3 822	4 369	高音 1	1 911		6 280

由于最大的分频系数为 6 067，故采用 13 位二进制计数器已能满足分频要求。在表 10—2 中，除给出了分频比以外，还给出了对应于各个音阶频率时计数器不同的初始值。对于不同的分频系数，只要加载不同的初始值即可。采用加载初始值而不是将分频输出译码反馈，可以有效地减少本设计占用可编程逻辑器件的资源，这也是同步计数器的一个常用设计技巧。

对于乐曲中的休止符，只要将分频系数设为 0，即初始值为 $2^{13}-1=8\ 191$ 即可，此时扬声器将不会发声。

10.3.2 音长的控制

本例演奏的《梁祝》片段，最小的节拍为 1/4 拍。将 1 拍的时长定为 1s，则只需要再提供一个 4Hz 的时钟频率即可产生 1/4 拍的时长。演奏的时间控制通过记谱来完成，对于占用时间较长的节拍（一定是 1/4 拍的整数倍），如 2/4 拍，只需将该音名连续记录两次即可。

本例要求演奏时能循环进行，因此需另外设置一个时长计数器，当乐曲演奏完成时，保证能自动从头开始演奏。

10.3.3 演奏时音名的动态显示

如果有必要，可以通过一个数码管或 LED 来显示乐曲演奏时对应的音符。如用三个数码管，分别显示本例中的高、中、低音名，就可实现演奏的动态显示，且十分直观。本设计通过三个数码管来动态显示演奏时的音名，其中 HIGH 显示高音区音阶（仅高音 1），MED [2..0] 显示中音区音阶（中音 6，5，3，2，1），LOW [2..0] 显示低音区音阶（低音 7，6，5，3）。数码管显示的七段译码电路在此不作专门讨论。需要说明的是，七段译码电路输入为 4 位，而将 HIGH、MED、LOW 用作输入时，不足 4 位的高位均为低电平"0"。

259

10.3.4 VHDL 程序

本设计的外部接口如图 10—3 所示。

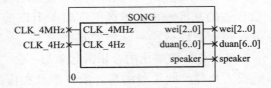

图 10—3 音乐产生器外部接口

VHDL 程序如下：

```
LIBRARY IEEE;
USE IEEE. STD _ LOGIC _ 1164. ALL;
USE IEEE. STD _ LOGIC _ UNSIGNED. ALL;
ENTITY song IS
  PORT（
    clk _ 4MHz, clk _ 4Hz: IN STD _ LOGIC;
    wei: OUT STD _ LOGIC _ VECTOR（2 DOWNTO 0）;
    duan: OUT STD _ LOGIC _ VECTOR（6 DOWNTO 0）;
   speaker: out STD _ LOGIC  ）;
END song;
ARCHITECTURE song _ arch OF song IS
SIGNAL divider, origin: STD _ LOGIC _ VECTOR（12 DOWNTO 0）;
SIGNAL counter: integer range 0 to 140;
SIGNAL count: STD _ LOGIC _ VECTOR（1 DOWNTO 0）;
SIGNAL carrier: STD _ LOGIC;
SIGNAL digit: STD _ LOGIC _ VECTOR（6 DOWNTO 0）;
BEGIN
PROCESS（clk _ 4MHz）
BEGIN
  IF（clk _ 4MHz'event AND clk _ 4MHz='1'）THEN
    IF（divider="1111111111111"）THEN
      carrier<= '1';
      divider<= origin;
    ELSE
      divider<= divider+'1';
      carrier<= '0';
    END IF;
  END IF;
END PROCESS;
PROCESS（carrier）
BEGIN
  IF（carrier'event AND carrier='1'）THEN
    count<= count+'1';
```
260

```
        IF count="00" THEN
            speaker<= '1';
        ELSE
            speaker<= '0';
        END IF;
    END IF;
END PROCESS;
PROCESS (clk _ 4Hz)
BEGIN
    IF (clk _ 4Hz'event AND clk _ 4Hz='1') THEN
        IF (counter=140) THEN
            counter<= 0;
        ELSE
            counter<= counter+1;
        END IF;
    END IF;
CASE counter IS
WHEN 0=> digit<= "0000011";       WHEN 1=> digit<= "0000011";
WHEN 2=> digit<= "0000011";       WHEN 3=> digit<= "0000011";
WHEN 4=> digit<= "0000101";       WHEN 5=> digit<= "0000101";
WHEN 6=> digit<= "0000101";       WHEN 7=> digit<= "0000110";
WHEN 8=> digit<= "0001000";       WHEN 9=> digit<= "0001000";
WHEN 10=> digit<= "0001000";      WHEN 11=> digit<= "0010000";
WHEN 12=> digit<= "0000110";      WHEN 13=> digit<= "0001000";
WHEN 14=> digit<= "0000101";      WHEN 15=> digit<= "0000101";
WHEN 16=> digit<= "0101000";      WHEN 17=> digit<= "0101000";
WHEN 18=> digit<= "0101000";      WHEN 19=> digit<= "1000000";
WHEN 20=> digit<= "0110000";      WHEN 21=> digit<= "0101000";
WHEN 22=> digit<= "0011000";      WHEN 23=> digit<= "0101000";
WHEN 24=> digit<= "0010000";      WHEN 25=> digit<= "0010000";
WHEN 26=> digit<= "0010000";      WHEN 27=> digit<= "0010000";
WHEN 28=> digit<= "0010000";      WHEN 29=> digit<= "0010000";
WHEN 30=> digit<= "0010000";      WHEN 31=> digit<= "0000000";
WHEN 32=> digit<= "0010000";      WHEN 33=> digit<= "0010000";
WHEN 34=> digit<= "0010000";      WHEN 35=> digit<= "0011000";
WHEN 36=> digit<= "0000111";      WHEN 37=> digit<= "0000111";
WHEN 38=> digit<= "0000110";      WHEN 39=> digit<= "0000110";
WHEN 40=> digit<= "0000101";      WHEN 41=> digit<= "0000101";
WHEN 42=> digit<= "0000101";      WHEN 43=> digit<= "0000110";
WHEN 44=> digit<= "0001000";      WHEN 45=> digit<= "0001000";
WHEN 46=> digit<= "0010000";      WHEN 47=> digit<= "0010000";
WHEN 48=> digit<= "0000011";      WHEN 49=> digit<= "0000011";
WHEN 50=> digit<= "0001000";      WHEN 51=> digit<= "0001000";
WHEN 52=> digit<= "0000110";      WHEN 53=> digit<= "0000101";
```

```vhdl
        WHEN 54=> digit<= "0000110";        WHEN 55=> digit<= "0001000";
        WHEN 56=> digit<= "0000101";        WHEN 57=> digit<= "0000101";
        WHEN 58=> digit<= "0000101";        WHEN 59=> digit<= "0000101";
        WHEN 60=> digit<= "0000101";        WHEN 61=> digit<= "0000101";
        WHEN 62=> digit<= "0000101";        WHEN 63=> digit<= "0000101";
        WHEN 64=> digit<= "0011000";        WHEN 65=> digit<= "0011000";
        WHEN 66=> digit<= "0011000";        WHEN 67=> digit<= "0101000";
        WHEN 68=> digit<= "0000111";        WHEN 69=> digit<= "0000111";
        WHEN 70=> digit<= "0010000";        WHEN 71=> digit<= "0010000";
        WHEN 72=> digit<= "0000110";        WHEN 73=> digit<= "0001000";
        WHEN 100=> digit<= "0101000";       WHEN 101=> digit<= "0101000";
        WHEN 102=> digit<= "0101000";       WHEN 103=> digit<= "0011000";
        WHEN 104=> digit<= "0010000";       WHEN 105=> digit<= "0010000";
        WHEN 106=> digit<= "0011000";       WHEN 107=> digit<= "0010000";
        WHEN 108=> digit<= "0001000";       WHEN 109=> digit<= "0001000";
        WHEN 110=> digit<= "0000110";       WHEN 111=> digit<= "0000101";
        WHEN 112=> digit<= "0000011";       WHEN 113=> digit<= "0000011";
        WHEN 114=> digit<= "0000011";       WHEN 115=> digit<= "0000011";
        WHEN 116=> digit<= "0001000";       WHEN 117=> digit<= "0001000";
        WHEN 118=> digit<= "0001000";       WHEN 119=> digit<= "0001000";
        WHEN 120=> digit<= "0000110";       WHEN 121=> digit<= "0001000";
        WHEN 122=> digit<= "0000110";       WHEN 123=> digit<= "0000101";
        WHEN 124=> digit<= "0000011";       WHEN 125=> digit<= "0000101";
        WHEN 126=> digit<= "0000110";       WHEN 127=> digit<= "0001000";
        WHEN 128=> digit<= "0000101";       WHEN 129=> digit<= "0000101";
        WHEN 130=> digit<= "0000101";       WHEN 131=> digit<= "0000101";
        WHEN 132=> digit<= "0000101";       WHEN 133=> digit<= "0000101";
        WHEN 134=> digit<= "0000101";       WHEN 135=> digit<= "0000101";
        WHEN 136=> digit<= "0000000";       WHEN 137=> digit<= "0000000";
        WHEN 138=> digit<= "0000000";       WHEN 139=> digit<= "0000000";
        WHEN others=> digit<= "0000000";
    END CASE;
  CASE digit IS
WHEN "0000011" => wei<= "000";          ——2124
    WHEN "0000101" => wei<= "000";      ——3089
    WHEN "0000110" => wei<= "000";      ——3646
    WHEN "0000111" => wei<= "000";      ——4141
    WHEN "0001000" => wei<= "001";      ——4369
    WHEN "0010000" => wei<= "001";      ——4786
    WHEN "0011000" => wei<= "001";      ——5157
    WHEN "0101000" => wei<= "001";      ——5640
    WHEN "0110000" => wei<= "001";      ——5918
    WHEN "1000000" => wei<= "010";      ——6280
    WHEN others=> wei<= "010";          ——8191
```

```
      END    CASE;
      CASE digit IS
        WHEN "0000011" => duan<= "1001111";      ——2124
        WHEN "0000101" => duan<= "1101101";      ——3089
        WHEN "0000110" => duan<= "1111101";      ——3646
        WHEN "0000111" => duan<= "0000111";      ——4141
        WHEN "0001000" => duan<= "0000110";      ——4369
        WHEN "0010000" => duan<= "1011011";      ——4786
        WHEN "0011000" => duan<= "1001111";      ——5157
        WHEN "0101000" => duan<= "1101101";      ——5640
        WHEN "0110000" => duan<= "1111101";      ——5918
        WHEN "1000000" => duan<= "0000110";      ——6280
        WHEN others=> duan<= "0000110";          ——8191
      END    CASE;
      CASE digit IS
        WHEN "0000011" => origin<= "0100001001100";    ——2124
        WHEN "0000101" => origin<= "0110000010001";    ——3089
        WHEN "0000110" => origin<= "0111000111110";    ——3646
        WHEN "0000111" => origin<= "1000000101101";    ——4141
        WHEN "0001000" => origin<= "1000100010001";    ——4369
        WHEN "0010000" => origin<= "1001010110010";    ——4786
        WHEN "0011000" => origin<= "1010000100101";    ——5157
        WHEN "0101000" => origin<= "1011000001000";    ——5640
        WHEN "0110000" => origin<= "1011100011110";    ——5918
        WHEN "1000000" => origin<= "1100010001000";    ——6280
        WHEN others=> origin<= "1111111111111";        ——8191
      END    CASE;
      END PROCESS;
    END song _ arch;
```

实训 16 数字系统设计实例

一、设计任务

设计一个数字电子钟，要求该数字电子钟能够根据振荡器提供的时间标准信号（秒脉冲）来计时，用 LED 实现显示时、分、秒，计时周期是 24h，显满刻度为"23 时 59 分 59秒"，然后清零，重新开始计时。

二、设计思路

数字电子钟的基本原理框图如图 10—4 所示，该电路由秒信号发生器，"时、分、秒"计数器，译码器和显示器组成。

（1）采用 555 定时器构成的多谐振荡器可以产生秒信号，是提供给整个系统的时间基准。

（2）计数器构成计时电路。众所周知，1min＝60s，所以秒计数器为六十进制计数器，从 0 开始计数，满 60 后向分计数器进位；1h＝60min，分计数器也是六十进制，从 0 开始计数，满 60 后向小时计数器进位；一天有 24h，因此小时计数器是二十四进制计数器。

（3）每个计数器的输出信号分别经过其所对应的译码器传送到对应的 LED 显示器中显示时间。

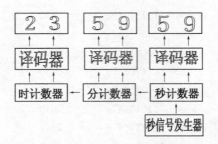

图 10—4　数字电子钟基本原理框图

三、电路组成分析

（1）秒信号发生器电路。

在数字钟电路中，秒信号的准确度是时钟计时精度的关键。本设计采用 555 定时器组成的多谐振荡器产生秒信号。电路如图 10—5 所示。

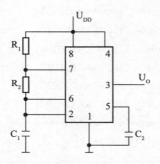

图 10—5　555 定时器组成的多谐振荡器

该电路输出波形为矩形波，可以作为数字钟的秒信号。输出波形的周期取决于电容 C_1 充放电的时间常数，充电时间常数 $T_1 = (R_1 + R_2)C$，放电时间常数 $T_2 = R_2 C$，因此输出的矩形波的周期为 $T = T_1 + T_2 = 0.7(R_1 + 2R_2)C$。只要改变电容 C_1 的充放电时间常数，就可以改变输出矩形波形的周期和脉冲宽度。

本设计需要秒信号发生器输出一个周期为 1s 的波形，一般来说，选取电容 $C_1 = 10\mu F$，设定 $R_1 = R_2$，根据矩形波周期公式，令 $T = 1s$，可得 $R_1 = R_2 = 47k\Omega$，这样，就可以使 555 定时器组成的多谐振荡器输出周期是 1 秒的矩形波。

（2）秒、分、小时计数器单元电路。

秒计数器根据秒信号发生器发出的周期为 1s 的信号每累计 60 个周期（即 60s）就向分计数器进位一次；分计数器累计 60 次后向小时计数器进位一次；等到小时计数器进位 24 后，全部计数器清零，重新开始计时。此电子钟的最大显示数值是 23 时 59 分 59 秒。因此，本设计选用 HEF4518B 的双 BCD 十进制同步递加型计数器芯片和 TTL 74LS00 四—二输入与非门芯片，采用反馈清零法设计两个六十进制的计数器分别作为秒计数器和分计数器，一个二十四进制的计数器作为小时计数器，如图 10—6 所示。

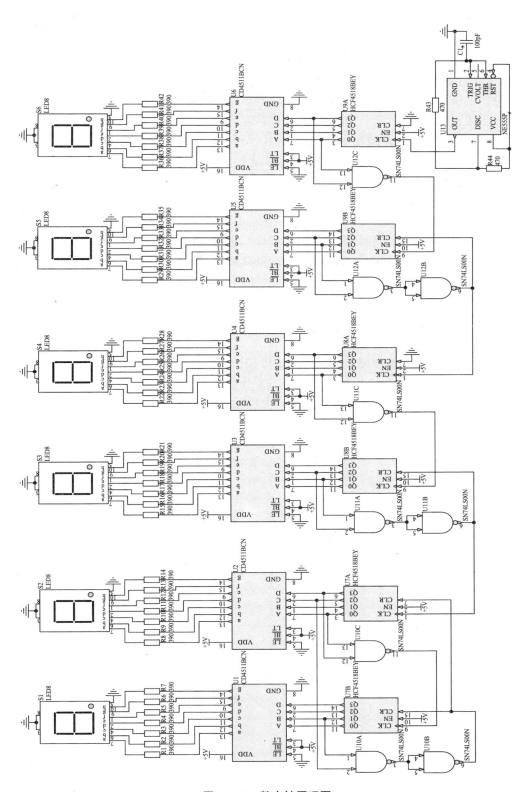

图 10—6　数字钟原理图

①六十进制计数器（秒计数器和分计数器）的设计方法。

六十进制计数器电路适用于秒计数器和分计数器。按照两位十进制数的进位规则，六十进制计数器电路实现的功能为：个位计数从8421码的0000（十进制的"0"）开始，当计数到1001（十进制的"9"）时发出进位信号给十位计数器加1计数。等到计数器计数到60时，个位、十位计数器输出端全部清零，重新开始新一轮的计数。

②二十四进制计数器（小时计数器）的设计方法。

二十四进制计数器电路适用于小时计数器。与六十进制计数器电路的设计相似，二十四进制计数器电路实现的功能为：个位计数从8421码的0000（十进制的"0"）开始，当计数到1001（十进制的"9"）时发出进位信号给十位计数器加1计数。等到计数器计数到24时，个位、十位计数器输出端全部清零，重新开始新一轮的计数。

（3）译码显示单元电路。

本设计要求将时、分、秒计数器输出的四位二进制数代码翻译成相应的十进制数，并通过显示器显示出来，选用锁存/7段译码/驱动器集成电路CD4511B芯片和七段数码显示器LC5011芯片。

CD4511的4个输入端A、B、C、D，其中D为最高位，A为最低位，分别输入的是各个计数器输出的四位8421BCD码；7个输出端a、b、c、d、e、f、g则分别与七段数码管显示器的对应管脚连接。

LC5011是一种共阴极数码显示器，将阴极接低电平，阳极则由译码器输出端的信号驱动，当译码器输出某段码是高电平时，对应的发光二极管就会导通发光。利用不同的组合方式可以显示0～9十个十进制数码，如图10—6所示。

参考文献

1. 秦雯. 数字电子技术. 北京：清华大学出版社，2012.

2. 彭克发，冯思泉. 数字电子技术. 北京：北京理工大学出版社，2011.

3. 张秀香. 电子技术. 北京：清华大学出版社，北京交通大学出版社，2008.

4. 辜志烽. 电工电子技术. 北京：人民邮电出版社，2006.

5. 家才. EDA 工程实践技术. 北京：化学工业出版社，2005.

6. 卢庆林. 数字电子技术. 北京：机械工业出版社，2005.

7. 沈任元，吴勇. 数字电子技术基础. 北京：机械工业出版社，2004.

8. 唐亚平. 电子设计自动化（EDA）技术. 北京：化学工业出版社，2002.

9. 于润伟. 数字系统设计与 EDA 技术. 北京：机械工业出版社，2006.

10. 刘守义，钟苏. 数字电子技术. 西安：西安电子科技大学出版社，2001.

11. 顾斌，赵明忠，姜志鹏，马才根. 数字电子 EDA 设计. 西安：西安电子科技大学出版社，2004.

12. 王家继. 脉冲与数字电路. 北京：高等教育出版社，1992.

13. 肖雨亭. 数字电子技术. 北京：机械工业出版社，1996.

14. 魏立君等. CMOS4000 系列 60 种常见集成电路的应用. 北京：人民邮电出版社，1993.

15. 秦曾煌. 电工学（第 4 版）. 北京：高等教育出版社，1990.

16. 阎石. 数字电子技术基础（第 4 版）. 北京：高等教育出版社，1998.

17. 康华光. 电子技术基础（第 3 版）. 北京：高等教育出版社，1990.

18. 张友汉. 数字电子技术基础. 北京：高等教育出版社，2004.

19. 冯涛，王程. MAX plus Ⅱ入门与提高. 北京：人民邮电出版社，2002.

20. 王延才，赵德申. 电工电子技术 EDA 仿真实验. 北京：机械工业出版社，2003.

21. Altera Data Book. 2002.

22. Lattie Data Book. 2002.

23. 高书莉，罗朝霞. 可编程逻辑设计技术及应用. 北京：人民邮电出版社，2001.

24. 谭会生，张昌凡. EDA 技术及应用. 西安：西安电子科技大学出版社，2001.

图书在版编目（CIP）数据

数字电子技术及 EDA 设计项目教程/王艳芬等主编. —北京：中国人民大学出版社，2013.3
全国高等院校计算机职业技能应用规划教材
ISBN 978-7-300-16568-4

Ⅰ.①数…　Ⅱ.①王…　Ⅲ.①数字电路-电子技术-高等学校-教材　②电子电路-电路设计-计算机辅助设计-高等学校-教材　Ⅳ.①TN79　②TN702

中国版本图书馆 CIP 数据核字（2013）第 044368 号

全国高等院校计算机职业技能应用规划教材
数字电子技术及 EDA 设计项目教程
主　编　王艳芬　侯聪玲
副主编　刘益标

出版发行	中国人民大学出版社		
社　　址	北京中关村大街 31 号	**邮政编码**	100080
电　　话	010 - 62511242（总编室）		010 - 62511398（质管部）
	010 - 82501766（邮购部）		010 - 62514148（门市部）
	010 - 62515195（发行公司）		010 - 62515275（盗版举报）
网　　址	http://www.crup.com.cn		
	http://www.ttrnet.com（人大教研网）		
经　　销	新华书店		
印　　刷	北京昌联印刷有限公司		
规　　格	185 mm×260 mm　16 开本	**版　　次**	2013 年 11 月第 1 版
印　　张	17.25	**印　　次**	2018 年 1 月第 2 次印刷
字　　数	428 000	**定　　价**	35.00 元